AEDR | 探索家

The Lore
and Mythology of
Amphibians
and Reptiles

EYE
OF
NEWT

〔美〕马蒂·克伦普（*Marty Crump*）著

黎芮 译

and

*TOE OF
FROG,
ADDER's FORK*

and

LIZARD's LEG

两栖爬行动物的

神话与传说

贵州出版集团
贵州人民出版社

两栖爬行动物的神话与传说

〔美〕马蒂·克伦普 / 著

黎茵 / 译

图书在版编目(CIP)数据

两栖爬行动物的神话与传说 / (美)马蒂·克伦普著；
黎茵译 . — 贵阳 : 贵州人民出版社 , 2020.1
　ISBN 978-7-221-15735-5

　I. ①两… II. ①马… ②黎… III. ①两栖动物—通
俗读物 ②爬行纲—通俗读物 IV. ①Q959.5-49
②Q959.6-49

中国版本图书馆 CIP 数据核字 (2019) 第 275800 号

EYE OF NEWT AND TOE OF FROG, ADDER'S FORK AND LIZARD'S LEG:
The Lore and Mythology of Amphibians and Reptiles

by Marty Crump

Licensed by The University of Chicago Press, Chicago, Illinois, U.S.A.

© 2015 by The University of Chicago. All rights reserved.

Simplified Chinese edition © 2020 by United Sky (Beijing) New Media Co., Ltd.

著作权合同登记号 图字:22-2019-36 号

选题策划	联合天际·边建强
责任编辑	张 薇
特约编辑	王书平 谭秀丽
封面设计	赵玮玮
美术编辑	程 阁 梁全新

出　版	贵州出版集团 贵州人民出版社
发　行	未读(天津)文化传媒有限公司
地　址	贵州省贵阳市观山湖区会展东路 SOHO 公寓 A 座
邮　编	550081
电　话	0851-86820345
网　址	http://www.gzpg.com.cn
印　刷	小森印刷(北京)有限公司
经　销	新华书店
开　本	787 毫米 ×1092 毫米 1/16 19.5 印张
版　次	2020 年 1 月第 1 版 2020 年 1 月第 1 次印刷
I S B N	978-7-221-15735-5
定　价	148.00 元

未 A 志 探索家
读 DR

关注未读好书

未读 CLUB
会员服务平台

本书若有质量问题，请与本公司图书销售中心联系调换
电话：(010) 52435752

目录

1

与动物对话

我们需时刻谨记的一点，就是要与动物对话。当我们试图与动物对话时，它们也会反过来回应我们。而当我们拒绝与动物交流时，动物也会对我们缄口不言。这样，我们就不会了解动物，随之而来的就是对动物的恐惧。恐惧让我们毁灭动物，而毁灭动物，就是毁灭我们自己。

——奇夫·丹·乔治[1]，不列颠哥伦比亚省，北温哥华，堤斯李瓦图斯原住民保留区

在世界的另一边——远离不列颠哥伦比亚省的澳大利亚维多利亚州，一位老年原住民正在和他年幼的孙子一起在河岸上钓鱼。他讲起了故事："孩子，我有许多事情要教给你。河流和湖泊养育着我们。森林是我们祖先安息的地方，是灵魂栖息的家园。如果大地死去，水源干涸，我们一样也会衰亡。我们依靠彩虹蛇[2]，她教导我们必须爱护陆地、水和所有动物。"他继续说：

最初，在大地表面尚未有生命之前，彩虹蛇和其他所有动物都睡在地底下。有一天，彩虹蛇醒了，她爬到地面上，察看了干涸、空无一物的大地，然后降下雨来。

雨水渗入了龟裂的土地。经过多年降雨，水注满了彩虹蛇巨大身躯蜿蜒而过留下

1　奇夫·丹·乔治（Chief Dan George, 1899—1981），加拿大堤斯李瓦图斯原住民保留区的一位酋长，同时也是演员、诗人和作家。本书脚注若无特别说明，均为译者所注。

2　彩虹蛇（Rainbow Serpent），人类从彩虹特性中幻想出来的传说生物，职掌天雨的巨大神蛇。澳大利亚原住民的彩虹蛇，就好像中国人的龙，他们相信是彩虹蛇创造了澳大利亚各地的人和土地。

的痕迹，形成了河流、洼地和水坑。当彩虹蛇拱入土地时，她造就了山丘、山谷和山脉。她的乳汁滋润了大地。树木葱茏，灌丛茂密，芳草繁盛。

当彩虹蛇对大地的变化感到满意时，她就滑进地底下，唤醒了其他动物。她把野狗带到沙漠，把袋鼠带到灌木丛，把鹰带上高山，并让鸸鹋来到平原。她把青蛙引往池塘，让乌龟来到潟湖，而昆虫、蜘蛛和蝎子则被带到岩石与裂缝之间。

最后，她唤醒了一个男人和一个女人，把他们带到一个有充足食物和水的地方。她教他们如何生活，最重要的是，她还教他们尊重其他所有生物并善待大地。在返回地下之前，彩虹蛇警告男人和女人，他们不是大地的主人，而是它的守护者。她告诫道，如果男人和女人伤害了大地，她会再次出现并创造一个全新的世界，在那里，将不会再有男人和女人的立足之地。

祖父母们通过讲述动物故事将传统的生活方式传授给孙辈。这就是民间故事的神奇魅力，也是将我们与其他动物紧密相连的力量和热情。

长久以来，我对人类与两栖动物和爬行动物之间的复杂关系十分着迷：为什么人

1.1 彩虹蛇在大地上蜿蜒而过的时候，形成了河床、山峡、谷地和山脉

类会对它们有着种种感觉？这些感觉对它们未来的生存意味着什么？我知道那些故事反映了人类对动物的看法，于是，1966年，我还在堪萨斯大学读本科的时候，就开始着手两栖动物和爬行动物民间传说的研究了，大把大把的时间都是在沃森图书馆的地下书库里度过的。那时候已经有复印机，但对于我来说还是太贵了。我保存至今的文件盒里装满了那时留下的手写笔记。几年之前，我觉得写这本书的时机已然成熟，终于可以证明一直以来在图书馆里度过的时间没有白费。所有那些本该在图书馆学习化学，调整讲座内容，准备南美洲专题讨论会提纲的时间，都被我用来研究两栖动物和爬行动物了。对近五十年来的调查结果的筛选和总结收获颇丰，不过，令人沮丧的是，我不得不舍弃一些东西。

我的前提是我们的观念对环境保护非常重要，这一点是从民间传说以及我作为两栖爬行动物学家和保护生物学家的职业生涯中提炼而来的。如果某种特定的动物备受我们的尊重和欣赏，这种动物更有可能受到保护。消极的观念会导致保护缺失，甚至导致某种动物被斩尽杀绝。因此，保护生物学家们若想与公众有效地沟通，并在保护濒危物种的活动上得到他们的支持，首先必须承认传统文化所特有的信仰。如果我们要改变人们对动物的认知，还需要了解这些认知的基础。我们的价值观和态度来自认知和情感（情绪或感觉），不过，情感对我们认知的影响要比我们想象的还要大。

1.2 弗里蒙特人一千年前将蜥蜴岩画刻在了他们生活环境周围的岩石上，这些古代人当时在喀布里克里克地区生活，该地区现为美国犹他州恐龙化石国家保护区

在着重谈论两栖动物和爬行动物之前，我们先来大致看看人类与其他动物之间的关系。有些动物会被人类吃掉，有些动物则会吃掉人类。人类驯养了一些动物来为自己效力，有的则成了人类忠实的伙伴。人类把动物视为神的象征，或者直接视为神本身。动物在人类的民间故事、音乐、美术、文学、传统药物、魔法和巫术中都占据着突出的地位。人类赋予动物超自然的力量，并相信它们的灵魂可以代表自己行动。人类的灵魂也会轮回进入其他动物的身体。有些动物为人类带来经济收益。而有些动物则令人恐惧或者被人类视为害虫，因而遭到毒手。人类对一些动物既欣赏又爱护，而对另一些则既害怕又憎恨。大部分动物只不过是作为人类周围环境的一部分生存着，被人忽视，除非它们侵扰到人类的安宁。在《为什么狗是宠物猪是食物？》中，哈尔·赫尔佐格总结了人类与其他动物反复无常、自相矛盾、复杂混乱的关系。这是多么写实！

许多学者指出，在个体层面上，我们对特定动物的感觉影响着我们对待那些动物的方式。而在社会层面上，我们的观念影响着法规和公共政策的制定，这些法规政策又涉及动物福利、动物权利以及有关驯养动物和野生动物的其他事项。因此，了解我们对待动物态度的根源意义重大。

我们与其他动物亲密关系的证据充溢在日常对话中。我们说某某人是忙碌的蜜蜂、积极的河狸、狡猾的毒蛇或贪婪的猪。一个人可以像响尾蛇一样狠毒，像蛤一样高兴（美国俚语：形容高兴的合不拢嘴），或者油滑得像条鳝鱼。我们像石斑鱼一样豪饮，病得像条狗，还会玩猫捉老鼠的游戏。我们会流下鳄鱼的眼泪，互相熊抱，沽名钓誉，吃饭时狼吞虎咽，鹦鹉学舌似的重复听到的话。我们当中有些人是凶猛的鲨鱼、好战的老鹰或者和平的鸽子。华尔街上的牛市和熊市决定了我们的金融期货，大象和驴子在华盛顿领导着我们。

我们驾驶着甲壳虫、黄貂鱼、黑斑羚、野马、美洲豹和眼镜蛇[1]。亚利桑那响尾蛇、巴尔的摩金莺、芝加哥熊和迈阿密海豚为我们带来精彩的比赛[2]。我们也可以从星座名称中看到动物：长蛇座，是水蛇；蝎虎星座，是蜥蜴；大犬座和小犬座，是狗；还有大熊座和小熊座，是熊。一些学院和大学把狼、狮子和老虎等强壮的动物作为自己的吉祥物，还有的选择了猫头鹰、角蛙（实际上是角蜥）、棉铃象甲和香蕉蛞蝓。金枪鱼查

1　这里全部指的是汽车名称。

2　本句中的动物名称指的是美国的棒球队及橄榄球队。

1.3 我们以不同的方式与其他动物互相影响和互相感知。左上：许多人不喜欢蝙蝠，是因为对它们缺乏了解（普通伏翼，*Pipistrellus abramus*）。右上：我们驯养了一些动物，例如，猫，使它们成为我们的伙伴。左下：我们驯养了羊驼和其他动物为我们所用。右下：在我们眼里，一些动物，例如，长颈鹿，十分迷人、独特

理、蜥蜴盖科[1]、百威青蛙、塔可钟吉娃娃小狗，还有劲量兔子，都会勾起我们购买其代言产品的欲望。

我们会根据动物与其他动物的相关性或相似性来给它们命名：犀甲虫、马蝇、蟹蛛、猫鱼、鹦嘴鱼、虎螈、牛蛙、鼠蛇、斑马雀、袋鼠鼠和骡鹿。我们用动物的名称给植物起名：蜘蛛草、蟾蜍亚麻、蛇根马兜铃、野牛草、蜥蜴尾、猫尾、马尾草。我们以动物的名字为城镇和地貌命名：澳大利亚的蝎子疫（Scorpion Blight）、尼加拉瓜

1　GEICO保险公司的形象大使。

1.4 动物是我们日常生活不可分割的组成部分，包括作为学院或者大学的吉祥物（比如佛罗里达大学的吉祥物是短吻鳄）。我们将它们纳入日常的语言当中，甚至会用它们的名字来给汽车命名

的蚊子群礁（Mosquito Cays）、宾夕法尼亚州的奔跑鳟鱼（Trout Run）、佐治亚州的蛙叫溪、阿肯色州的蟾蜍吮吸、加利福尼亚州的蜥蜴峡谷、佛罗里达州的鳄鱼巷、怀俄明州的响尾蛇山、蒙大拿州的麋鹿城、亚拉巴马州的猪眼、科罗拉多州的兔子耳朵山口、肯塔基州的猴子眉毛。

　　哈佛大学生物学家 E. O. 威尔逊在他 1984 年的著作《亲生命性》（Biophilia）中，假设人类天生就有亲近大自然的倾向——亲生命性，字面意思就是"对生命的热爱"。威尔逊认为，人类会下意识地去寻求与其他生物之间的联系，并且在进化过程中，这种特性始终伴随着人类，至今仍然根植在人类的基因组之中。狩猎、捕鱼、徒步旅行和观鸟是人们主要的消遣方式。在美国和加拿大，很多人会去参观动物园和水族馆，而不是去观看足球、篮球及其他职业体育联合赛事。威尔逊此后重新修改了"亲生命性"的概念，表明人类希望与自然建立联系的强烈愿望也是后天习得的。其他科学家认为，亲生命性基本上是一种习得的心理状态，因此我们需要从小培养孩子们对大自然的热爱。

1.5 我们会根据动物和植物外貌给它们起相同的名字。左上：斑马尾蜥蜴（*Callisaurus*）。右上：蜘蛛百合。左下：豹纹林蛙（*Lithobates chiricahuensis*）。右下：虎纹天牛

　　许多特性影响着我们对动物的感觉。大多数人对在系统发育上与我们亲缘关系相近的动物（其他灵长类动物）或在认知方面与我们相似的动物（如海豚）的好感度，比对那些亲缘关系较远和智力低下的动物（如蚯蚓）的好感度要高。我们特别喜欢有些动物（如海豹幼崽、小猫、小狗），那是因为它们的某些特征（大额头、大眼睛、肉乎乎的脸蛋）让我们联想到婴儿。濒危的珍稀动物，如澳大利亚的鸭嘴兽、中国的大熊猫，会勾起我们的同情心。

　　我们把自己的价值观强加给其他动物。我们大多数人都会欣赏那些我们认为美丽、

优雅、聪明、勤劳、勇敢或者强大的动物，我们鄙视那些被认为丑陋、笨拙、迟钝、懒惰、怯懦或者软弱的动物。我们尊重那些对我们"有帮助"的动物，例如，为植物授粉的蝴蝶和蜂鸟，吃掉花园里的蚱蜢的蓝知更鸟。我们不喜欢做出不雅举动的动物（即使这些举动至关重要），例如，吃被轧死的动物尸体的红头美洲鹫、吃粪便的蜣螂。尽职的父母，例如，帝企鹅、大象和海马，深深地吸引着我们。我们鄙视对我们有害的动物，例如，吸我们的血、侵吞我们的食物或者会引起疾病的寄生虫，传播疾病的啮齿动物和家蝇，毒蛇和黑寡妇蜘蛛。

我站在西方视角，使用了"我们"这个词，这是我的文化背景使然。当然，不同文化背景的人看待动物的方式是截然不同的。宾夕法尼亚大学的人与动物关系学家詹姆斯·瑟普尔提出了一个简单的模型来解释人类看待动物的文化差异。他认为我们的态度可归结为两个维度。第一个维度是情感——我们对动物的情感感受，包括我们是否认同动物。第二个维度是效用——我们认为动物对我们有用还是有害。任何动物都可以被放在一个平面坐标系中，该坐标系的四个象限是由代表着效用的水平线与代表着情感的垂直线构成。动物在这个坐标系中所处的位置会随着文化的差别而发生很大的变化。

我们对动物认知的文化差异是如何演变的呢？该如何解释某种特定的动物在这个地方受到尊崇，而在其他地方却受到迫害？我们生活的基本层面肯定起到了重要的作用，诸如生活环境的优劣、生活方式（狩猎采集者、农民、牧民、渔民、城市居民）以及生活水平的差异。

宗教信仰也影响着人们看待和对待动物的方式。耆那教教导人们不能对任何生命暴力相向。许多耆那教徒不会在夜间外出，因为担心踩到蚂蚁或者其他动物，一些耆那教僧侣戴上面罩以免吸入微生物。许多北美洲的原住民相信万物神圣而有灵，猎人们会向被他们猎杀而食的动物请求宽恕。佛教和印度教的教徒被教导要平等待人、待物。犹太教与基督教共有的教义则教导人们，人类可以统治其他动物，有权利用其他动物，但应该用仁慈怜悯之心来爱护它们。同样，伊斯兰教教导说，动物是为了人类的利益而存在的，尽管如此，它们也应该受到仁慈的对待。

即便在同一种文化中，对动物的看法也会因人而异。毕竟，我们都具有独立的思想。某种特定的动物可能会唤起爱、尊重、赞美、厌恶、恐惧或者仇恨的情绪，具体如何取决于个人。性别、年龄以及有关特定动物的知识都会影响一个人的观念。我们总是对那些活跃在我们视野范围内（在地面或者天空）的昼行性动物，抱有最大的亲

喜爱、同情、认可

情
感

对人类有害 对人类有益

效用

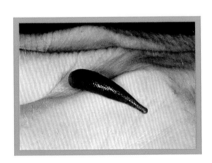 

恐惧、憎恨、不认可

1.6 人与动物关系学家詹姆斯·瑟普尔提出，我们对动物的态度可以归结为两个维度：情感（我们对特定动物的情感感受）和效用（我们认为动物对我们有用还是有害）。动物，例如大象、狗、水蛭和蛇在该坐标系上的位置会因人而异，并且取决于很多因素，其中就包括文化因素。它们所处的位置表明了某个人对这几种动物所持的态度：（1）意识到大象会通过改变自然景观的状态对环境带来巨大影响，这种改变通常是以消极的方式进行的，但是又因为大象与家庭紧密的情感纽带、对待死亡的态度，以及可能超越人类的记忆力而欣赏它们；（2）信任和珍视狗，视狗为同伴；（3）因为对吸血生物的不良印象而憎恨水蛭；（4）害怕蛇，但承认它们在食物链中所起的关键作用，包括吃掉有害的啮齿动物

切感。我们往往会因为不了解而害怕或者不信任夜行性动物，以及那些生活在地下或深水中的动物。

两栖动物和爬行动物

"herpetology"（两栖爬行动物学）源自希腊语中的"*herpeton*"（爬行的东西）和"*logos*"（知识），是一门研究两栖动物和爬行动物的学科。但是为什么要把这两类动物放在一起讨论呢？答案很简单，这是历史遗留下来的习惯。是传统！现代生物学分类之父、瑞典植物学家及动物学家卡尔·林奈认为，两栖动物和爬行动物可以归为一类，因为它们不是鱼类，不是鸟类，也不是哺乳动物。

林奈对两栖动物和爬行动物的评价并不高。在第十版《自然系统》（*Systema Naturae*，1758）中，他写道：

这些令人厌恶的肮脏动物，可以通过其单心室和单心房的心脏、功能不全的肺以及双阴茎等特征辨别出来。大多数两栖动物是令人憎恶的，因为它们有着冰冷的身体、苍白的肤色、软骨质的骨骼、肮脏的皮肤、凶残的外表、诡计多端的眼睛、难闻的气味和刺耳的声音，它们生活在污秽的栖息地，并且具有可怕的毒液。因此，它们的造物主并没有尽其所能创造出很多种这样的生物。

也许我们不应该责怪林奈低估了两栖动物（截至2015年1月，大约已发现7385种）和爬行动物（截至2014年8月，大约已发现10038种）的丰富多样性。毕竟，在林奈所处的环境下研究爬虫学是一个巨大的挑战。他的故乡瑞典只有13种两栖动物、6种爬行动物。尽管如此，将它们视为肮脏和讨厌的存在却是没有任何根据的。

两栖动物和爬行动物（现在已被看作独立的类别）是我们日常生活的重要组成部分。有些极其引人注目，数量丰富，易于观察或者捕捉。有些的行为——从老到的亲代抚育到威胁性的攻击——令我们想起自身的优势和缺点。我们珍视它们的肉、分泌物和其他身体部位。这些动物在我们的民间传说中扮演着重要的角色——渺小的、巨大的，美丽的、丑陋的，抚慰人心的、令人恐惧的，触及人类的生与死。

"amphibian"（两栖动物）源自希腊语中的"*amphi*"（双）和"*bios*"（生命）。许多两栖动物既可以生活在水中，也可以在陆地上生存，至少在它们生命周期中的部分阶段是这样。两栖纲分为三个目：无尾目（蛙类）、有尾目（各种蝾螈）和无足目（各种蚓螈）。

1.7 两栖纲分为三个目。左上：无尾目，例如，地鼠林蛙（*Lithobates capito*）、幼蛙。右上：有尾目，例如洞螈（*Eurycea lucifuga*）。下图：无足目，例如刚果蚓螈（*Herpele squalostoma*）

　　在已知的6509种蛙类中，许多都经历了从幼体到成体的剧烈变化，以及从水生到陆生的转变。一开始它们是一种以藻类为食的生物，长得像个拖着尾巴游泳的小不点，最后变成长着大嘴巴、用粗壮四肢跳跃的捕食动物。蝌蚪体内长而卷曲的肠子缩短了，皮肤腺体成熟，腿部发育，最后尾巴收缩消失。即使对于两栖生物学家而言，这个过程看上去也是不可思议的。蛙的这种转变使人联想到复活、再生以及超自然的力量。蛙类会在雨后神秘地出现，又会神秘地消失，再加上蛙类蜕皮的能力，进一步暗示了其再生的可能。雄蛙通过呼唤吸引雌蛙前来交配，它们欢快的歌声不仅可以预测降雨，还可以引来雨水。这表明蛙类具有聚雨成涝的异能。大多数蟾蜍皮肤干燥，带有疣状

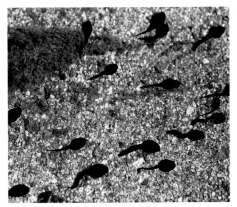

1.8 蝌蚪与成蛙的体形差异相比蝾螈幼体与蝾螈成体的差异更大。上图：康塞普西翁蟾蜍（*Rhinella arunco*）的蝌蚪。下图：双纹林地钝口螈（*Ambystoma bishopi*）的幼体

突起，而且后腿短小，因此人们通常认为蟾蜍是丑陋的化身，与坏运气、污秽和邪恶脱不了干系。

从表面上看，蝾螈（共有675种）很像蜥蜴。这两类动物都有尾巴，而且大多数都用四条腿爬行、疾跑或游泳。但蝾螈身上没有鳞片，其潮湿的皮肤被黏液腺所覆盖。一些蝾螈皮肤上的黏液是有毒的，这就催生出蝾螈具有超自然力量的联想。木头被扔到火上时，有时会有蝾螈从里面跑出来，从而产生了蝾螈是由火创造出来的神话，并因此加强了人们对其超自然力量的信念。对于那些经历了水生幼体阶段的蝾螈，变态过程意味着复活和重生。许多蝾螈在受到攻击时可以断掉尾巴（被称为自割，来自希腊语，意为"自我割断"），然后重新长出新的尾巴。自割能力再加上蜕皮换肤的能力，为"蝾螈可以重生"的说法提供了更多的"证据"。

蚓螈，无足两栖动物，身上有很多体环，看起来像巨型蚯蚓。已知的201种蚓螈仅生活在热带和亚热带地区，大部分是在地下或水中。因为蚓螈生活的地方十分隐秘，所以人们极少遇见它们。

"reptile"（爬行动物）一词源自拉丁文"*reptilis*"（一种匍匐爬行的动物）。爬行动物纲由四个目组成：龟鳖目（龟类）、鳄目（鳄类动物）、喙头目（楔齿蜥）和有鳞目（蜥蜴和蛇）。

龟类（共有341种）在脊椎动物中是独一无二的，它们有骨质的保护壳。大多数龟类一遇上危险，可以马上把腿、尾巴和头缩进壳内——这是许多民间传说中颇为常见的一种行为。陆龟（生活在陆地上的龟类）有状如象腿的粗短后脚，还有高高隆起的背甲（顶壳）。

1.9 色彩纷呈的两栖动物！左上：布朗热氏蚓螈（*Boulengerula boulengeri*）。右上：内华达山脉埃氏剑螈（*Ensatina eschscholtzii platensis*）。左中：西部红背蝾螈（*Plethodon vehiculum*）。右中：疣背毒蛙（*Ameerega pongoensis*）。左下：贝瑞氏树蛙（*Dendropsophus leucophyllatus*）。右下：紫色丑角蟾蜍（*Atelopus barbotini*）

　　大多数水生龟类有比较扁平的甲壳，可以使它们在水中游弋的效率更高。龟类与恐龙曾经一起在地球上漫步，但是龟类却见证了恐龙的灭绝（要么就是演化成鸟类，存活至今）。因为龟类无论是从地质学角度还是从寿命来看都是极其顽强的幸存者，所以我们将龟与耐心、永生、睿智、毅力以及好运气联系在一起。我们也会嘲笑龟类行动缓慢，还有它们缩进壳里的"懦夫"之举。

已知有 25 种鳄目动物——鳄鱼、长吻鳄、短吻鳄和凯门鳄，它们的样子看起来像史前动物，拥有短而强壮的腿、蹼足、长长的吻部、强壮的下颚、有力的尾巴和由骨板组成的防护盔甲。鳄鱼水性极好，还可以在陆地上以惊人的速度飞奔。只有少数几种鳄鱼会吃人。长期以来，人类一直把超自然力量赋予到鳄鱼身上，因为它们有惊人的力量、邪恶的外表和可怕的行为。

唯一现存的喙头目动物——楔齿蜥，目前只生活在新西兰海岸附近的小岛上。楔齿蜥外表类似蜥蜴，但它们的牙齿、颅骨和其他特征大不相同。楔齿蜥是喙头目唯一的幸存物种。这些"活化石"与 2 亿多年前与恐龙一起生活的时候相比没有太大的变化。这些 2 英尺（约 0.61 米）长的爬行动物，背部中间有一列棘状突起，令人感到恐惧，因此有人迷信这些爬行动物体内藏着恶灵并且会招来不幸。另一方面，它们头顶上的"第三只眼"（顶叶器官）表明它们可以看到另一个维度，因此，它们被当作知识的保护者和圣物的守护者。由于楔齿蜥的分布地区有限，因此关于它们的民间传说大多数来自新西兰的原住民毛利人。

地球上约有 5987 种蜥蜴，比其他所有爬行动物加起来的种类还要多。蜥蜴有各种各样的形态、大小和颜色。有大量的民间传说都是围绕着它们产生的。蜥蜴蜕皮和断尾的能力使人将它们与重生和好运联系起来。人们会把样貌"邪恶"的蜥蜴、丑陋的巨型蜥蜴或者看起来危险的蜥蜴与坏运气、死亡和魔鬼联系起来；还相信有些蜥蜴拥有神圣的智慧，可以赐予自己健康和幸福，并且是自己与神灵、已故祖先化身的护宅精灵之间沟通的使者。

大约 1 亿年前，蛇从形态类似蜥蜴的、有足的爬行类动物进化而来。如今现存的蛇类大约有 3496 种。有关蛇的民间传说，比有关两栖动物和其他爬行动物的民间传说的总数还要多。许多民间传说和信仰将蛇视为生殖崇拜的核心。由于有些蛇可以用毒牙和毒液杀死猎物，而其他蛇则可以缠绕身体、绞杀猎物，因此很多人认为蛇都是危险的。危险便意味着力量。蛇与人类截然不同：它们通过滑行来移动，表面赤裸，摸起来浑身冰凉。它们神出鬼没，难以捉摸，使我们惊愕不已。蛇会蜕皮，似乎具有复活和重生的能力。它们不能眨眼或闭上眼睛，它们的瞪视会使我们惶恐不安，神经紧张。蛇同时象征着永生和死亡、医者和杀手、上帝与魔鬼、善与恶。

1.10 爬行动物纲分为四个目。左上：龟鳖目（如缘翘陆龟，*Testudo marginata*，幼龟）。右上：鳄目（如尼罗鳄，*Crocodylus niloticus*）。左中：喙头目（楔齿蜥，*Sphenodon punctatus*）。右中：有鳞目（蜥蜴亚目，如丽眼梭蜥，*Cercosaura argulus*）。下图：有鳞目（蛇亚目，如墨西哥棕榈蝮，*Bothriechis rowleyi*）

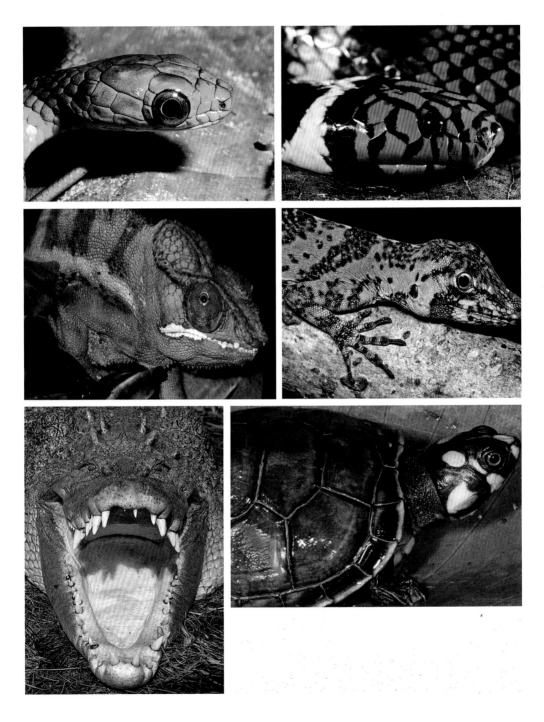

1.11 五颜六色的爬行动物！左上：瓦氏蚩蛇（*Chironius scurrulus*，幼体）。右上：水生珊瑚蛇（*Micrurus surinamensis*）。左中：豹变色龙（*Fucifer pardalis*）。右中：带纹树蜥（*Anolis transversalis*）。左下：湾鳄（*Crocodylus porosus*）。右下：黄头侧颈龟（*Podocnemis unifilis*）

瑟普尔模型

詹姆斯·瑟普尔指出，我们对动物的看法可以用一个简单的二维模型来解释：我们对特定动物的情感感受（情感），以及我们认为动物对我们有用还是有害（效用）。我将会以瑟普尔模型为框架，来研究从古至今世界各地的人们对两栖动物和爬行动物的看法。民间故事和民间信仰深植于人类的文化之中，我将会通过它们来探讨情感维度，还将通过人们利用动物的方式来分析效用维度。

民间传说

我们都是故事的讲述者，也都喜欢听故事。每一种人类文化都讲述着各种各样的故事，这些文化的方方面面都在用故事来传递信仰与知识。想想看，故事早就被广泛应用于宗教、科学、医学、政治和教育中。我们通过讲故事来解释周围的环境、塑造经历、娱乐、分享意见，并与他人建立起联系。故事连接过去与未来，使人们的记忆和价值观流传下去。

认知科学家们已经证明，人类通过故事来学习是一种固有的模式。回想一下自身的经历，你会发现，比起没完没了地死记硬背，你从故事中学到的东西要更多。故事里种下了引人反思的种子。动物在我们的生活中发挥着重要的作用，因此在民间传说中，我们对动物另眼相看。在故事中，动物变成了创造者、神的使者、转世的祖先、守护者、教导者和智者；它们维持着世界的运行，但也会引发地震和洪水。动物可以是骗子无赖，可以是某种文化中的英雄，也可以成为模范榜样。

1846年，英国古文物学家威廉·约翰·汤姆斯创造了"民俗"（folkore）一词，提出用"民俗"来代替"大众古俗"（popular antiquities）。民俗既包括民间故事又包括民间信仰，指的是在世界各地人们的故事、习俗、信仰、魔法和宗教仪式中出现的传统元素，以及研究这些主题的领域。我特别喜欢西奥多·H. 加斯特在《芳克与瓦格纳尔斯民间传说、神话、传奇规范词典》（*Funk & Wagnalls Standard Dictionary of Folklore, Mythology, and Legend*）中对民俗的定义：

民俗是一个民族文化的组成部分，在信仰、习惯、习俗及其遵循和流行的过程中，被有意或无意地保留下来。民俗存在于神话、传说和流行的故事中。民俗体现在民间艺术和手工艺品中，它们表现的是群体而并非个人的特征和技能。它是大众传统的宝库，是大众"氛围"中不可缺少的元素，民俗文化源源不断地为更为正规的文学和艺术提供极具参考价值的灵感来源和参照标准。但它在本质上是属于民众的，取之于民，亦用之于民。

民间故事笼统地指人们口耳相传的、类型众多的传统故事。尽管不同的故事间有很多重叠的内容，但是将不同形式的民间故事区分开来对人们大有裨益。神话故事通常会被讲述者信以为真，并当作事实来讲述。相反，童话故事几乎都是虚构的。动物故事是各种动物冒险的奇闻逸事，通常会赋予动物人格特征。一些动物故事会解释一些现象，比如为什么乌鸦是黑色的，为什么青蛙会呱呱叫。在大多数动物故事中，动物都能说话，进行逻辑思考。它们能够解决问题、预见危险，或者成为可靠的向导。我们会把向人们传达某些道理的动物故事称为寓言。神话通常笼统地指关于上古时代、试图解释某种奇迹或者现象的故事，如创世神话，就是涉及世界形成或者世界某一部分起源的故事。神话具有多种不同的功能，可以提供不同的见解，从揭示社会的价值观和运行原则，到解释宇宙的起源，再到分享普遍真理。虽然"神话"这个词经常被当成虚构文学或者不实解释及现象的同义词，但在传统意义上，神话其实是试图去解释现实的故事。我在本书中提及的神话，指的就是传统意义上的神话。

民间信仰被定义为一种大众信仰，它虽然没有科学依据，却被一个群体或一种文化中的众多成员广泛接受并视为真理。民间信仰常常深植于人们的想象中，甚至连与之对立的科学依据也无法改变这些信仰。民间信仰包括诸如"你会因为潮湿和寒冷而感冒""摸了癞蛤蟆就会长瘊子"之类的说法。

为什么民俗在21世纪仍然有着重要的意义？民俗为文化打开了一扇直达灵魂的窗户。民俗以其多种多样的形式，反映了某种文化的恐惧、希冀与梦想。世界各地的人们都有着许多相同的困惑和愿望，因此，很多主题在历史和地理相隔甚远的文化中会重复出现。但是由于人类居住的地理环境截然不同，比如热带雨林与大草原或沙漠，许多民俗又是某些文化所独有的。正是因为民间传说描述了我们是什么样的人以及我们如何与环境互动，所以，我们可以通过这些故事和信仰，来了解不同文化是如何看待两栖动物与爬行动物的。

我们利用两栖动物和爬行动物的方式

通过分析研究效用维度——两栖动物和爬行动物是否可以为我们所用以及如何利用，我们能更好地理解它们对于我们来说意味着什么。时至今日，两栖动物和爬行动物仍然受人敬畏，有些被奉为神明，有些则被当作神的使者。世界各地的许多文化认为，这些动物可以治愈或者消除人类的疾病，但也会引发疾病和带来厄运。因此，两栖动物和爬行动物被用于传统医药和白魔法，同时也被用于巫术和黑魔法。我们觉得鳄鱼和蛇的皮非常美观，于是会穿或用由它们的皮制成的鞋子、皮带、钱包。我们还会把两栖动物和爬行动物当宠物来养。我们会吃它们的肉，熏制它们；利用它们的毒液和有毒分泌物制成现代药物。

但是，我们会因为两栖动物和爬行动物像这样丰富了我们的生活而重视它们吗？还是说我们会认为它们赋予人类的一切是理所当然的呢？

1953年，博物学家、"金自然指南系列"创始人赫伯特·齐姆和两栖爬行动物学家霍巴特·史密斯一起出版了《两栖动物和爬行动物的黄金指南》（*Golden Guide to Amphibians and Reptiles*）。我和我同时代的许多孩子一样，都喜欢在去户外探险的时候，随身携带着这本小书。我爱极了这本书，并用它来鉴别我在宾夕法尼亚西南角地区发现的那些蝾螈、蛙和蛇。

如今，半个多世纪过去了，这本书早已沾满了泥污、水渍，可书中的一些话依然让我感到震惊。在"爬行动物的价值"这个章节中，这样写道："作为一个群体，它们没有善恶之别，而是有趣的、不寻常的，尽管无足轻重。即便它们全部消失，应该也不会造成多大的影响。"在"两栖动物的价值"这节中，有这样几句话："青蛙和其他两栖动物被应用于科学实验。我们吃青蛙的腿，而青蛙吃掉大量的昆虫。它们的用途仅此而已。然而，像爬行动物一样，两栖动物是动物世界的一个组成部分。它们是稀奇的物种，让我们想起很久以前的动物。"

在如今的两栖动物和爬行动物的指南中，不会再见到这样的说法了。相反，人们可能会读到，在2015年，大约有31%的两栖动物和21%的爬行动物濒临灭绝，如果我们失去两栖动物和爬行动物，级联效应[1]将会波及整个生态系统，影响到捕食与被捕食

---

1 Cascade effect，是由一个动作影响系统而导致一系列意外事件发生的效应。在生态系统内，某个重要物种的死亡，可能会导致其他物种灭绝。

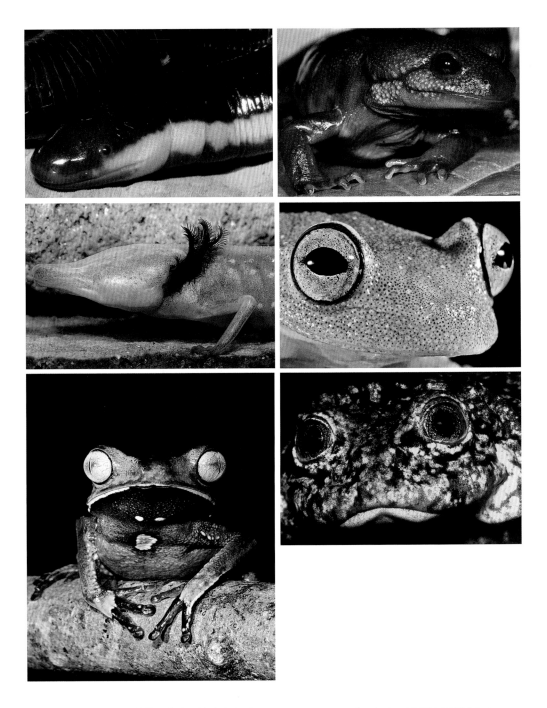

1.12 两栖动物的不同样貌。左上：达岛鱼螈（*Ichthyophis kohtaoensis*）。右上：棕纤钝口螈（*Ambystoma gracile*）。左中：得克萨斯州盲视火蜥蜴（*Eurycea rathbuni*）。右中：德默拉拉瀑布树蛙（*Hypsiboas cinerascens*）。左下：白线叶蛙（*Phyllomedusa vaillanti*）。右下：的的喀喀湖蛙（*Telmatobius culeus*）

1.13 如果眼睛是心灵的窗户，那么通过图中爬行动物的眼睛，你看到了怎样的内心呢？左上：珠毒蜥（*Heloderma horridum*）。右上：枯叶龟（*Chelus fimbriatus*）。左中：黄动胸龟（*Kinosternon flavescens*）。右中：非洲侏儒鳄（*Osteolaemus tetraspis*）。左下：西部翡翠树蚺（*Corallus batesii*）。右下：索诺拉鞭蛇（*Coluber bilineatus*）

的所有生物物种。如果两栖动物和爬行动物消失了，我们自己、我们可以继承的遗产以及我们的未来就不再完整了。

写在前面的几点说明

· 你将要阅读的是经过选编的两栖动物和爬行动物的民间传说。在某些情况下，故事和信仰说明了人类认知的普遍性。在另一些情况下，故事或信仰则反映着不同文化的不同看法。这些精彩有趣的动物民间传说如此令人着迷，而我所提到的恐怕只是九牛一毛而已。这里复述的故事和信仰起源于世界各地，但许多地理区域仍未能提及。我谈到了各种各样的话题，但仍有很多被忽略了。毫无疑问，我省略了很多读者喜爱的典故和信仰故事。我衷心希望能在这里分享那些并未被人熟知的故事，通过这些民间故事加深人们对两栖动物和爬行动物的理解。

· 一个特定的民间故事通常有多种版本，因此，如果你读到的内容与你早已熟知的故事内容不尽相同，请不要感到惊讶。故事是随着时间的推移而变化的，因为民间传说是口头传播的。讲故事的人会美化他们喜欢的部分，而对其他部分轻描淡写。故事会随着文化的变迁而改变。伴随着民族迁徙，民间传说会产生不同的版本。新的环境会重新塑造和构建故事内容，以此反映异域的自然景观和信仰体系。当外来者翻译民间传说时，他们有时会用自己的知识体系来解释故事，因而进一步改变了故事的内容。

· 我在本书中复述的神话、传说、寓言，还有其他故事都是经过提炼压缩的。对于可能因疏忽而引起的任何偏见或者误解，我愿承担全部责任。

· 我并不认为，两栖动物和爬行动物比其他任何动物更经常出现在民间传说中。比如，当我写到爬行动物在死亡神话的起源中占据着显著地位时，我并不是说它们比其他动物更加重要。这些比较分析的工作还是留给民俗学家去做比较好。民间传说中包含了许多动物的故事。两栖动物和爬行动物的故事只是其中的一部分。

· 若想让保护计划有效地实施起来，必须让当地民众参与其中。他们必须关心动物，还必须意识到保护物种栖息地或物种有益于个人或社区。

· 我们会杀死或者不愿努力保护那些与邪恶有关或者会给我们带来麻烦的动物，却会保护那些我们崇拜的或者对我们有益的动物。因为这个，保护生物学家有时会想方设法地去改变我们的看法。但这是否合乎情理呢？我们有权以动物保护的名义去挑战不同文化的民间信仰吗？当你读到其他文化如何看待两栖动物和爬行动物时，请思考一下这个问题吧。

·我鼓励你质疑自己对两栖动物和爬行动物的态度、臆断和看法。当你这样做的时候，试着分析一下你抱有这些消极看法的原因，想想是否满意自己的看法。

在这本书中，我在很多地方引述了两位特殊人物的话。一位是已故的阿尔奇·卡尔博士，我在佛罗里达大学动物系工作时的朋友和同事。阿尔奇是20世纪杰出的生物学家和博物学家之一，也是一位天才作家，他的作品打动了生物学家和非生物学家的心灵，激发了他们的想象力。他一生大部分时间在研究海龟，并倡导保护海龟。阿尔奇的科学研究和科学传播启发了我。另一位是我的外孙女菲奥娜，我写完这本书时她才四岁。菲奥娜所体现的是天真的自然奇想。每种动物都是神奇和珍贵的存在。菲奥娜代表着未来——与两栖动物和爬行动物相互影响的新一代，他们决定着是要保护两栖动物和爬行动物，还是要忽视它们的生存利益。

请随我一起踏上这段交织着幻想与现实的旅程，来看看我们是如何通过民间传说，

1.14 通过观察诸多信仰在人们心中一点点累积的过程，我们可以清楚地了解到自己对动物的种种看法是如何形成的，正如我们可以从哲人那里学到很多东西，他们向我们展示了热爱大自然的意义所在。左图：阿尔奇·卡尔，生物学家、博物学家、作家、海龟保护者。右图：菲奥娜骑在她的"独角兽"安迪身上

两栖动物和爬行动物在传统医学、魔法、精神信仰等方面的应用去认识它们的。读着这些故事和信仰时，想象一下试图通过与动物对话、创造流传千年的故事来理解世界的远古祖先。这些故事有如在溪流中不停翻滚的鹅卵石，在岁月的冲刷中逐渐变得流畅而优美，成为在人们之间口耳相传的神奇宝藏。让我们拥抱那些精灵、龙、恶魔、神灵、英雄和魔法师，换个视角，重新审视两栖动物和爬行动物的神奇世界吧。

2

万物伊始
创世神话

正如小孩子爱问"我是从哪里来的？"成年人也在不断尝试去探寻自我存在以及周围一切事物的起源。与此同时，这些故事（创世神话）也反映了一种认知和构建经验的方式。

——伊娃·M.图里和玛格丽特·K.德温妮《神话学导论》

（*Introduction to Mythology*）

"太阳熔化啦！"我两岁的外孙女奶声奶气地说。这是菲奥娜根据她的理解对灰暗天空做出的解释（毫无疑问是融化的冰激凌），让我想起了民间创世传说。由此看来，世界各地的人们也是参考着各自的生活环境，来解释宇宙现象的。人们渴望一种认同感，以此确认自己在世上的地位。因此，几乎所有的文化都会有创世神话，讲述宇宙的建立及秩序、人类的起源、是谁为人类安置家园以及为什么。

两栖动物和爬行动物在创世神话中地位十分显著，原因有几个方面。其一，这些动物都与水有着密切的关系，因为水对于生命来说至关重要，所以水也是大多数创世神话的核心。两栖动物的复杂生命周期跨越了从水生幼体到陆生成体的变化，蛇蜕皮的能力暗示着复活和重生。可怕的大型爬行动物，例如，水蟒、蟒蛇和鳄鱼，反映了权力和创世之能。我们会将龟和大蛇与支撑着世界的力量和耐力联系起来。

两栖动物和爬行动物作为导致巨变的力量，在创世神话中同时扮演着创造者和破坏者的角色。这些矛盾的角色或许反映了我们对这些动物的双重看法——爱与恨、敬与畏，这种截然相反的态度也是本书的一个重要主题。研究创世神话，我们可以了解不同文化地区的人们是如何看待他们周围的两栖动物和爬行动物的，或者至少可以知道他们的祖先是如何看待这些动物的。以创造者这种正面角色来看待某种动物，人们自然会对它心生敬意；反之，则可能会使人对其漠不关心甚至加以迫害。

2.1 许多两栖动物和爬行动物与水有着密切的联系。上图：抱对的洛可可蟾蜍（*Rhinella schneideri*）。下图：双条带蛇（*Thamnophis hammondii*），一种吃鱼的蛇

两栖动物与爬行动物：创世神话中截然不同的形象

诞生于水与泥的造物

《梨俱吠陀》是印度教最古老（创作于公元前1700年至公元前1100年）、最神圣的文献，书中第一卷讲述了强大的巨蛇弗栗多在地球早期历史中所起的消极作用。弗栗多因为吞下了所有的水并造成了毁灭性的干旱而被人鄙视。风暴之神因陀罗用雷电击毙了弗栗多，打开弗栗多的肚子，让水倾泻出来，填满河流，大地焕然一新。这一英雄壮举使得因陀罗获得了众神之王的地位。弗栗多的意思是"束缚者与囚禁者"，很可能是蟒蛇——一种能勒死猎物的巨蛇——的化身。

赫尔默普利斯城（Hermopolis）的古埃及人讲述了一个关于八个造物神如何构建世界的故事，其中的世界以赫尔默普利斯为中心。这些神祇代表了原始的自然力量——水、永生、黑暗和空气。每种原始力量与一对神祇相关联，一位男神和女神，代表每种力量男性和女性的两个方面。四位男神要么是蛙，要么是长着蛙头的生灵；四位女神则是蛇或者长着蛇头的生灵。当蛙和蛇在原始混沌的水域中聚集到一起时，一场剧烈的爆炸便发生了，金字塔形的土丘由此形成，太阳升起，其他万物也产生了。学者们认为，这座土丘代表了尼罗河一年一度的洪水消退之后，残留下来的大量肥沃淤泥。在古埃及神话中，蛙和蛇都代表丰饶以及死亡与重生的轮回，因此它们自然而然地在创世过程中扮演着主要角色。

在巴比伦的创世神话中，提亚玛特——一个具有蟒蛇身体、鳄鱼下颚、蝙蝠翅膀、蜥蜴腿和公牛角的怪物，象征着混沌。风暴之神马尔杜克把提亚玛特切成两半，让有序战胜了混沌。提亚玛特被毁灭之时，旧世界就被新世界取代了。马尔杜克用提亚玛特的一半身躯创造了天空，用另一半创造了大地，又用她的头颅和乳房创造出山脉，并从她的双眼引出底格里斯河和幼发拉底河。

早期的阿兹特克人讲述了一个类似的故事，他们总是把大地之母、女神特拉尔泰库特利描述成一只蹲坐着的蟾蜍，毛发旺盛，嘴巴大张，长着巨大的尖牙。她用这个姿势创造出新的生命，从她嘴里吐出死去的灵魂，象征着生与死的轮回。原始世界被洪水冲毁，特拉尔泰库特利是这场洪水中唯一的幸存者。羽蛇神克查尔科亚特尔和拥有魔法的美洲豹神特斯卡特利波卡开始着手重新创造宇宙。当他们发现漂浮在原始海洋上，形貌怪异的特拉尔泰库特利时，他们声明她不能存在于他们的宇宙之中。于是，他们变成巨蛇，缠住特拉尔泰库特利，把她撕成两半，将其中一半向上方抛去创造出了天空。另一半则留在下方变成了陆地：她的头发变成了花草树木，鼻子变成了山脊，在她口中则有河流和洞穴形成。

阿兹特克人认为特拉尔泰库特利一直因为自己的命运心怀怨恨，当她怨怒的时候，大地就会震颤。当她哭泣着渴求鲜血和心脏时，阿兹特克人就献祭活人安抚她。作为回报，她为人们提供基本的生活所需，并让大地生长出人们赖以生存的作物。每天晚上，特拉尔泰库特利吞下太阳，到了第二天早上再把它吐出来。生与死的轮回无休无止。显然，特拉尔泰库特利对人们有着巨大的影响，还反映出了人们对蟾蜍的看法——丑陋却神通广大。

对于纳米比亚和博茨瓦纳的格维人来说，原始世界是空虚的，只有至高之神比希博罗（Pishiboro）和一条鼓腹咝蝰。这条蛇咬死了比希博罗。比希博罗死后，水从他身上流出，汇成了河流。他的血形成了山丘和岩石。山谷因他濒死时的剧烈挣扎而形成，他的头发变成了水汽氤氲的云朵。在非洲，大部分致命的毒蛇咬伤都是由鼓腹咝蝰造成的。无怪乎格维人把这种力量——创世的原始力量——归因于鼓腹咝蝰。虽然蛇在最初可能扮演了一个反面角色，但这致命的一咬却极具建设性，因为它创造了大地。

在中国神话中，女神女娲被描绘成长着美女头颅、拥有无边法力的巨蛇。女娲在世界之始就已经存在，早于其他任何生物。由于感到孤独，她用泥土捏出了动物：第一天造了鸡，第二天造了狗，第三天造了羊，第四天造了猪，第五天造了牛，第六天造了马。到了第七天，她用黄色黏土造出了人。她精心捏造出了数百个人，个个都是富有的贵族，之后，她知道还要造很多人，却又感到无聊和不耐烦。为了加快进度，她把绳子浸在肥沃的泥水里，拿出来，轻轻地向四周甩了几下，甩出来的泥点变成了一个个贫穷的普通人。

北美洲的许多印第安部落都有"潜水取土"的创世神话故事，故事中会有一个女孩、女人或者女神从天上被推下来，翻着跟斗落入原始之水。她需要一个地方休息，因此就会有一个水生动物潜入水底，并从那里将创造大地的泥土带上水面。故事里的动物——通常是水獭、海狸、蟾蜍或龟，象征着造物主的精气，为世界注入生命之气。

下面提到的易洛魁人宗教故事的主角是蟾蜍，这是非常自然的，因为蟾蜍与泥土有着诸多联系：最早的先民生活在天上，而天空之下并没有大地。有一天，伟大神灵[1]的女儿生病了。一位睿智的老人提出有一棵树的根可以治愈她。当人们挖树根的时候，这棵树和女孩从挖出的洞里掉了下去，落入了下面浩瀚的大海。天鹅救下了女孩。大龟说这棵树和这女孩预示着好兆头。它吩咐所有动物，去找回那棵树以及附着在树根上的泥土，使之变成一个岛屿送给这个女孩。只有老蟾蜍成功了。它吐出满满一口淤泥，然后就死了。淤泥变成了广阔的陆地，但是陆地上还没有光。女孩告诉大龟天上的世界拥有光，于是，大龟命令动物们在天空中钻洞，好让光透过洞照射下来。它们做到了，这样一来，大地上就有了光明。后来，这个女孩生下了地球上最早的人类。

造物主及造物主的助手：力量强大的巨型爬行动物

鳄鱼、巨蜥、大蛇似乎很自然地会成为造物主或者造物主必不可少的助手，因为人们总觉得它们具有强大的力量。这些创世神话反映了人们对动物的敬畏，无论是出于恐惧还是仰慕。在埃及神话传说中，鳄鱼之神和尼罗河之主索贝克，从原始之水中爬出，在尼罗河的堤岸上产蛋。蛋孵化后，天地万物便开始了。在巴比伦神话中，据说，两条巨蛇在底格里斯河和幼发拉底河汇聚的地方，诞下了天空和大地。委内瑞拉大草原上的雅鲁罗人传说远古时代的普阿纳（Puana）——大水蛇（据推测是水蟒），创造了陆地及上面的一切。

根据佩拉斯吉人（希腊世界的古代先民）的神话，女神欧律诺墨从混沌中赤身而出，将水从天空中分出来，好让自己在波浪中跳舞。她跳舞的时候，创造了风。她捕捉到北风，揉搓它，风变成了巨蛇俄菲翁。欧律诺墨和巨蛇结合后，诞下了世界蛋。俄菲翁盘绕在蛋周围，保护着它。最终，蛋孵化出了太阳、月亮、星星、大地、植物和除人类以外的动物。欧律诺墨和蛇生活在奥林匹斯山上，直到俄菲翁变得傲慢自大，吹嘘他是如何成为万物之父的。愤怒的欧律诺墨打碎了巨蛇的牙齿，压扁了他的头，把他驱逐到大地之下的黑暗之中。后来，她在没有俄菲翁帮助的情况下，创造出第一个人珀拉斯戈斯（Pelasgus）。尽管在这个神话故事中，蛇在创世过程中发挥着重要、积极的作用，但它却造成了人类和蛇之间的隔阂——在人类诞生之前便将蛇驱逐走，这也反映了我们对蛇的正面和负面认知。

---

1 Great Spirit，北美许多印第安部族崇拜的神灵。

2.2 古埃及鳄鱼之神索贝克通常被描绘成鳄鱼首人身的形象,掌管丰产,被视为"尼罗河之主"

澳大利亚原住民认为,所有的生命均可追溯到古代神圣时代——梦世纪(Dreamtime)的先祖神灵。这些神灵一部分是人类,一部分是其他动物,如鳄鱼、巨蜥、龟、蛇、鸸鹋或袋鼠。起初,大地尚未成形,黑暗而又寂静。当神灵们蜿蜒经过这些荒芜之地时,水道、山谷和其他地形地貌便形成了。他们撒出的尿变成了湖泊。创世完成之后,这些神灵便变成了他们创造的植物、动物和地貌,并且直到今天他们仍然与大地保持着密切的联系。基于这种信仰,许多澳大利亚原住民声称他们有责任和义务保护土地和大自然。

在很多澳大利亚原住民文化讲述的故事中,彩虹蛇是重要的先祖神灵,例如,本书第一章里所讲的故事。这位水之神灵因其形状类似彩虹而得名,连接着大地与天空之水。根据这个故事的特定版本,彩虹蛇要么被描述成男性,要么被描述成女性。另一个版本的彩虹蛇神话故事则称,在很久以前的梦世纪,彩虹蛇曾经去找寻他自己的人民。当他扭曲着滑行时,他沉重的身躯使地面形成了山峦、山谷、溪流和峡谷。每当他听到哪里有人的时候,他就会爬到营火旁,倾听这些人的声音。有一天他听明白了人类说的话。

"我是彩虹蛇,"他宣布,"你们是我的人民。"人们将彩虹蛇迎进他们的部落,彩虹蛇教给他们很多东西,包括如何更优雅地跳舞。

一个下雨天,两个外出打猎的男孩跑进营地希望求得安身之地。没有人肯让出干燥的处所。彩虹蛇将他的嘴巴张得大大的,就像一个小屋的入口。男孩们跑进了他的嘴巴,彩虹蛇将他们一口咽下,随后离开此地并向北滑行。

人们意识到彩虹蛇吞食了两个孩子,就循着蛇留下的痕迹寻找过去,发现他盘绕在博拉布纳拉山顶上睡着了。他们切开蛇的肚皮救出了那两个男孩。一阵寒风吹进彩虹蛇的嘴巴,把他弄醒了。当他看见自己的伤口,发现男孩们逃跑了的时候,他甩动尾巴和舌头，把那座山脉撞成碎片，形成了今天的小山丘。有些人由于害怕而跑得飞快，因此保持了人形。其他人则被变成动物，藏在地下洞穴中，蹲在石头下面，或者飞得远远的。彩虹蛇让天空布满雷暴、闪电和飞石，然后他潜入大海，一直生活到今天。

巨蜥是梦世纪的先祖神灵，是另一种强大的巨型爬行动物。对于新南威尔士州东部边远地区邦加隆族的澳大利亚原住民来说，被称为戈安娜[1]岬地（Goanna Headland）的高山代表了他们的神话起源地。在他们的故事中，很久以前，彩虹蛇残害了一只小鸟。作为强大的神灵，巨蜥戈安娜在无边无际的土地上追逐着彩虹蛇，想要惩罚他。当这两个神灵奔跑的时候，他们创造了河床、丘陵和山脉。邦加隆族的原住民声称，戈安娜岬地是戈安娜的身体，山顶上的红色斑块就是彩虹蛇咬伤戈安娜时所留下的创伤。

再来看看世界的另一边，纳瓦霍人的创世神话则讲述了地下的一个黑暗原始世界经过更迭进入第五世（当今世界）的过程。一条强大的水蛇在这个神话故事中扮演了重要的角色，因为他引发了一场洪水，迫使人们进入了现在的这个世界。

这个神话故事的另一个版本讲述了存在于黑暗原始世界中的三个生物：第一个男人（First Man）、第一个女人（First Woman），还有郊狼（Coyote）。他们在那个世界觉得不快乐，于是一起爬进了第二个世界，找到了太阳、月亮和其他人类。在第二个世界，太阳试图引诱第一个女人，被女人拒绝了。后来，郊狼建议大家爬进第三个世界以避免纷争。

住在第三个世界的山地人告诫初来乍到的三个新人，只要不打扰水中巨蛇提耶荷索敌，他们便可安然无事。郊狼却偏偏不顾告诫，跑到海里，发现了巨蛇的孩子们。孩子们长得实在太迷人了，郊狼就带着他们一起跑掉了。愤怒的提耶荷索敌发动洪水席卷了陆地。人们把四面的山摞在一起，开始往上攀登。大水涌上来，淹没了第一座山，然后又淹没了第二座、第三座。人们挤在第四座山的山顶上，在那里种下了一棵巨大的芦苇，一直生长到天上。当洪水要淹到他们的时候，他们攀着芦苇进入了第四个世界。

进入第四个世界的时候，男人们和女人们争论起来，男人说他们更重要，女人则对此不以为然，说更重要的是她们。由于无法解决双方的分歧，男人们离开了四年，

---

1 Goanna，也是澳大利亚巨蜥的英文名。

然而在这期间谁都过得不幸福。女人们无法种植玉米，因为她们不知道如何播种。她们没有肉吃，因为她们不知道怎么打猎。男人们也没有玉米，因为他们虽然懂得玉米的播种方法，却不知道如何培育玉米。他们会捕猎，但他们不知道如何烹饪，牙齿也因为啃咬生肉而脱落了。最终，男们人和女人们团结起来，第二年，很多孩子出生了。

然而，由于提耶荷索敌的孩子仍在郊狼手里，这样的好景并没持续很长时间。从第三个世界涌来的洪水渗入了第四个世界。水一直上涨，人们再次把四座山摞在一起，在第四座山的山顶上种下一棵巨大的芦苇，然后爬进了第五个世界。随后，人们勒令郊狼归还提耶荷索敌的孩子们。郊狼照办之后，水中巨蛇终于平息了怒气。但人们仍然面临一个问题：已经有太多的水涌入了第五个世界。当人们向黑暗神灵祈求解决之道时，神灵挖了一条沟引走了洪水。这条引水渠至今仍在那里，就是现在的科罗拉多大峡谷。

来自几个不同文化的人们都说，在人类被创造出来之后，是强大的巨蛇将人们带到了自己的家园。在亚马孙西北部的德萨纳神话中，太阳创造了黑暗世界中的第一批人，他指派了一个具有超自然能力的神，带领人们乘着巨大的独木舟——一条大水蟒——溯流而上，把他们带到了现在的家园。喀麦隆的基姆族人的传说则提到，他们是循着巨蛇的踪迹来到自己的家园的。

造物主的力量

龟的结构似乎十分适合背负重物，又因为它们象征着力量和耐力，世界许多地方的传说都有巨龟支撑起岛屿、整个大陆或者整个世界的故事。在印度神话中，大地被安置在四头大象的背上，这些大象站在一只名叫阿库帕拉（Akupara）的巨龟的龟壳上。如果巨龟累得无法支撑身上的重担，它就会沉入海中，届时，大地就会被洪水淹没和冲毁。龟是许多民族早期先民的造物主，这些人把北美称作龟岛，并将龟视为大地最古老的象征，因为它背负着大地。在巴厘神话中，在远古时期，世上只有一种生物存在——世界蛇安塔博加（Antaboga）。安塔博加通过冥想创造了世界龟贝达旺（Bedawang）。所有其他生物都来自贝达旺。两条蛇盘绕在龟背上，构成了世界的基础。

西非的丰族有一个神话，讲述了巨蟒（宇宙蛇）是如何在造物主创造大地的时候用身体支撑造物主的。每天晚上当他们停下来时，巨蟒的粪便形成了山。由于担心大地会因为山脉的重量而沉入海洋，造物主让巨蟒衔住尾巴，盘绕住大地来支撑它。巨蟒听从了造物主的吩咐，造物主还让海洋包围巨蟒，为它的身体降温。直到今天，每当巨蟒转换重心的时候，它就会引发地震和海啸。巨蟒在大地周围以及大地下面都盘绕了3500圈，直到今日还在支撑着整个世界。巨蟒绕的圈不能松开，因为一旦松开，大地就会滑入海洋，永远消失。

蛙也发挥了支持者的作用，尽管它们形体较小，看起来也无害。也许，它们之所以能被视为强大的支柱，是因为它们的超自然天性——会变形和"重生"。蒙古族有一个很古老的故事提到，在远古时期，世界上只有海洋。有一天，宇宙之主佛陀（Buddha）飞过水面寻求创造陆地的方法。佛陀看到一只金蛙正在水里游，便在蛙背上撒上沙子，创造了大地。佛陀又用箭射中金蛙，穿过蛙左侧的箭头，变成了富含矿物的地域，而蛙右侧伸出的箭杆变成了森林。金蛙嘴里冒出的火在北方形成了火域，蛙尾部喷出的水把南方变成了海洋。大地仍然位于金蛙的背上，金蛙移动身体之时，就会有地震发生。

中亚人讲述的一个故事融入了几个关键的元素：潜水取土、泥土和水，还有一只支撑着大地的蛙。造物之神奥茨瓦尼（Otshirvani）和他的辅助之神查干－舒库提（Chagan-Shukuty）在水中发现了一只蛙。查干－舒库提抓住了这只蛙，把它背朝下翻转过来。他潜到水底，带着一些泥土浮出水面，并把泥土放在蛙的肚皮上。蛙沉入水中，只露出肚子上的泥土。奥茨瓦尼和他的助手心满意足地在新创造的大地上歇息下来。他们睡着的

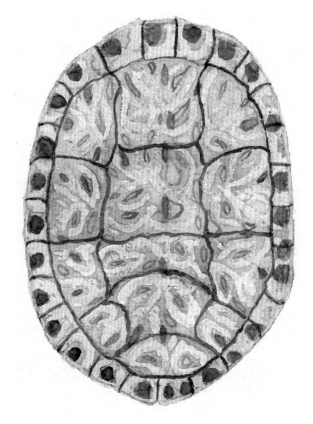

2.3 在北美洲的各种原住民文化中，人们认为巨龟背记载着每年的十三个月或者农历月。龟壳上的13块鳞片，每一片都代表着与自然季节周期相对应的农历月份

33

2.4 在民间传说中，蛙类告诉我们，看事情不能只看表面。弱小的生命同样能够接受挑战并成就伟业。一只满身长疣的丑陋蟾蜍，它闪闪发光的金色眼睛闪耀着成就、价值、智慧、能量和力量的光芒。图为甘蔗蟾蜍（*Rhinella marina*）的眼睛

时候，魔鬼来了。魔鬼抄起两位神灵，向有水的地方跑去，想毁掉这两位神灵和大地。但他跑得越远，大地就越宽广，直到魔鬼放下两位神灵。奥茨瓦尼和查干－舒库提醒来之后，对着救了他们性命的大地赞不绝口。

人类的祖先：两栖动物和爬行动物

在一些创世神话中，人类的祖先会是两栖动物或者爬行动物。其中一个不寻常的故事来自缅甸的佤族人，他们认为自己是蝌蚪的后代。佤族人曾以蝌蚪的形态在纳格希科——一个高原湖度过了早年的生活。他们变成蛙之后，就栖息在南桃山（Nam Tao hill）。随着时间的推移，蛙变成了食人魔，生活在洞穴里，以鹿、野猪、山羊和牛为食。但他们如果只吃这些动物，就不会有子孙后代。最终，两个佤族人游历到一个人类居住的地方，抓了一个人，吃了那人的肉，还把头盖骨带回了洞里。吃了人的佤族人可以生育了。他们生下了很多小食人魔，全都是人类的模样。父母教导他们的孩子

们，他们必须在自己的居所里放置人的头盖骨。于是，佤族人就成了头颅狩猎者，他们相信头盖骨可以保护他们免受恶灵的攻击。

2.5 蝌蚪也许看上去不太可能是人类的祖先，但是因为它们代表着生育能力，象征着转变和重生，而佤族人的创世神话涉及动物变形乃至最终化为人形，这么一来，蝌蚪便是最理想的选择了

巴布亚新几内亚南部的基科里人说，在远古时期，世界上只有水和鳄鱼神。鳄鱼神生下了第一个男人和第一个女人。因为周围只有水，鳄鱼神允许夫妇俩在自己的背上生活。随着时间的流逝，他们有了很多的后代，但鳄鱼神背上已经没有他们生活的空间了。鳄鱼神就命令他们离开。他们发现宜居的地方只有鳄鱼神的粪便形成的岛屿。

不过，好在岛屿上的土地肥沃，渔业发达。这些粪便岛就是后来人们所熟知的巴布亚新几内亚独立国——人类最初的家园。

另一个源于巴布亚新几内亚独立国的神话故事，来自生活在塞皮克河中部沿岸的伊特穆尔部族，讲述了湾鳄在创造大地万物的过程中所起的作用。就像基科里人的故事一样，在远古时期，世界上都是水，唯一的生物是鳄鱼。在创造了陆地之后，鳄鱼在大地上造了一道裂缝——第一个女人。鳄鱼与女人结合，创造出了世上所有的动植物，还包括人类。

在印度洋安达曼群岛的安达曼人讲述的故事中，世上第一个人是条巨蜥。在《动物力量之路》（*The Way of the Animal Powers*）一书中，约瑟夫·坎贝尔这样描述巨蜥："这种多产的大型爬行动物可以在水中游泳、在陆地上爬行，还可以爬树，因此显然可以成为经典神话角色'三界之主'的本土候选者。"在一个故事中，巨蜥先生（Sir Monitor Lizard）在丛林里追捕野猪，他爬上一棵树，生殖器却被缠住了。麝猫女士（Lady Civet Cat）爬到树上解救了巨蜥先生。两人后来结为连理，他们的后代是安达曼

2.6 巴布亚新几内亚独立国的伊特穆尔人仍然尊崇鳄鱼的创世能力。在男性成人仪式上，湾鳄象征性地吞下男孩并将他们反刍出来并成为男人。每个男孩的皮肤上都会被切割成鳄鱼牙印的模样

人的祖先。巨蜥先生是安达曼泽巨蜥（*Varanus salvator andamanensis*），而麝猫女士是安达曼棕榈麝猫，两者都只出现在安达曼群岛上。这个故事展示了两种当地特有的动物，并且这两种动物在故事中摇身一变成了当地人的祖先。

实际上雄性蜥蜴有成对的半阴茎，倒转着长在尾巴底下。你一般看不到这对半阴茎，除非它们充血外翻。你也许会很想知道巨蜥先生的生殖器为什么会被缠住。神话中的动物不必反映准确的生物特性，并且它们往往具有人类特征。这是它们神秘性的一部分。阿兹特克人的大地之母、女神特拉尔泰库特利被描绘成蟾蜍，但她有头发。基科里人的鳄鱼神生下了第一个男人和第一个女人，而鳄鱼产的则是蛋。那么既然如此，第一个男人巨蜥先生的生殖器为什么不能缠绕在树枝上呢？我认为创作出神话的人有种别具一格的幽默感。

在南美洲，绿森蚺（*Eunectes murinus*）——西半球最大的蛇，长约25英尺（约7.6米），它在各种文化中扮演着祖先的角色。哥伦比亚的库比奥人说他们是最早的人类，在沃普斯河出生。他们最初是水蟒，但后来蜕皮变成了人。库比奥人从他们与巨蟒的联系中感受到了独特性、重要性和权力。另一个亚马孙流域的民族把水蟒视为他们神话中的祖先，这些祖先沿着亚马孙河溯游而上，把最早的人类吐到了陆地上。

创世的第二阶段：毁灭

创世神话通常包括毁灭或者再创世的故事。毁灭通常是因为造物主对人们的行为大失所望。于是，心灰意冷的造物主将过往的一切清零，重新开始。毁灭的手段常常是洪水。通常，造物主会指定一个人——例如，诺亚来保存生命，以备洪水过后的再创世。这位应运而生的英雄会与妻子以及成双成对的动物一起乘船度过洪灾。这样的主题非常普遍，这表明我们有一个共同的愿景——希望有机会重新开始，弥补自己的不完美。

蛙和蛇在毁灭神话中扮演着重要角色，因为它们象征着重生。玻利维亚东南部的奇里瓜诺人讲述了超自然生物阿瓜拉－通帕（Aguará-Tunpa）的故事。阿瓜拉－通帕引发了一场猛烈的暴雨，想淹死奇里瓜诺人。人们把一对年幼的兄妹放到一片巨大的巴拉圭茶树叶子上，让他们漂浮在水面上。雨不停地下，积水淹没了整个大地，熄灭了所有火种。除了这两个孩子，其他所有的奇里瓜诺人都被淹死了。最后，雨停了。鱼和其他水生动物幸存下来，但因为没有火，两个孩子无法将动物的肉煮熟食用。一只大蟾蜍救了这两个孩子。在雨水淹没大地之前，这只蟾蜍带着一些燃烧着的炭，挤进一个洞穴里，并且不断对煤炭吹气，使它们持续燃烧。雨过天晴，大地变干之后，蟾蜍离开洞穴，给两个孩子送来火种。两个孩子吃着烤熟的鱼肉，渐渐地长大成人。今天的奇里瓜诺人就是这两个孩子血亲结合的结果，这多亏了蟾蜍给予的再创世机会。

2.7 洛可可蟾蜍发现于玻利维亚东南部，很可能是奇里瓜诺人再创世故事中的原型

在智利，阿劳坎人讲述了两条巨蛇因为争执导致了一场大洪水的故事。一条巨蛇不断抬高洪水的水位，而另一条巨蛇也不断升高供人类避难的山峰。洪水过后，幸存的人类孕育的后代成了现代阿劳坎人的祖先。幸亏有仁慈的蛇，人类才存活了下来。

中国古代神话讲述的是伏羲和他的妹妹女娲的故事。他们是拥有水之力量的蛇灵，上身是人，下半身是蛇。大洪水毁灭了人类，但他们躲入葫芦中，漂浮在水面上，才得以在洪水中幸存下来。最后兄妹俩结为夫妻，重建了世界，成了全人类的祖先。为了恢复天地秩序，女娲斩下了一只大龟的四条腿，用作擎天之柱。

死亡的使者：两栖动物和爬行动物

两栖动物和爬行动物——尤其是蛙和蛇，因为它们与重生有关，在创世神话中扮演着死亡使者的角色，这是创世的另一个方面。尤马族人（美国）的一个死亡神话故事涉及了善与恶的斗争。远古时期，只有水和虚空的时候，造物主以双胞胎之身从水中出现。邪恶的巴科塔尔（Bakotahl）不仅会带来疾病与丑恶之物，还将恶事加之于人类。而善良的科科马特（Kokomaht）则创造了第一个男人和第一个女人。这对完美的男女是尤马人的祖先。科科马特教会了尤马人如何生存和繁衍。科科马特知道蛙神嫉妒他，想杀死他，于是他决定死亡必须成为创世必不可少的一部分。他让蛙神吸尽他的气息来开启生死轮回。当科科马特倒下死去时，他教会了人们什么是死亡。

在整个非洲大陆，不少故事解释了人类是如何死亡的。根据刚果民主共和国索科人的故事，一旦覆盖大地的洪水退去，植物就会出现。大地上唯一的动物是蟾蜍。天空中只有月亮。月亮告诉蟾蜍，他打算创造一个男人和一个女人。蟾蜍争辩道，他生活在地上，而月亮生活在天上，所以他才具有创造第一批人的特权。月亮反驳道，他的造物才是永恒的、完美的，而蟾蜍的造物将是短暂易逝的。蟾蜍坚持己见，月亮警告道，如果蟾蜍创造了男人和女人，蟾蜍的造物必然要面对死亡，而他将会杀死蟾蜍。蟾蜍还是照着计划去做，实际上他的造物品质十分低劣。月亮从天而降，吞噬了蟾蜍，并通过赋予人类更长的寿命和更高深的智慧，改善了蟾蜍的造物。他教给人类很多知识，给了他们斧头、火种和炊具，但却无法改变凡人必有一死的事实。

非洲民间故事经常把人类的死亡归咎于蛇。塞拉利昂的科诺人告诉我们，至尊之神（Supreme Being）承诺第一个男人、女人和他们的宝贝儿子永生不死；在老去的时候，他们只需换上新皮肤就可以重返青春。至尊之神把这些新皮放进包袱里，并派狗将这包新皮送给第一个人类家庭。狗便带着差事上路了，半路上狗去参加了一个宴会，把那包新皮放在了无人看管的地方。吃饭时，有人问狗包袱里装的是什么。狗说，它要将至尊之神交给它的皮肤送给第一个人类家庭，这样他们就能永生不死。蛇无意中听到了这段谈话。它从宴会中溜了出来，偷走了那包皮肤，还分给了其他蛇。直到今天，人类会死，而蛇却可以永远活下去。不过，蛇还是受到了应得的惩罚。它被赶出城镇，必须孤独地生活。更糟糕的是，当人们发现蛇时，总是会想尽办法要杀死它们。

❖

从世界各地创世神话的简短节选中，我们可以很自然地看出其中的相似之处。蛇有时会扮演与洪水和干旱有关的邪恶角色；必须战胜这些动物，生命才有存在的可能。一些两栖动物和爬行动物被视为造就大地的强大力量，另一些则是大地的支柱。我们任凭它们摆布，这是因为它们能够造成自然灾害，如地震、洪水。在一些故事中，我们依靠这些动物来维持我们的福祉和生存。而在另一些故事中，它们则是我们死亡的原因。这些反差巨大的角色，反映了我们对两栖动物和爬行动物正面与负面的双重认知。

相似的神话在世界各地重复出现的部分原因是，故事是通过人类迁徙而传播开来的。不过，类似故事出现的原因还在于人类有着共同的体验——诞生与死亡、欢乐与绝望、健康与疾病、舒适与恐惧。我们都能观察到白日里的太阳，夜晚的月亮、星星以及黑暗。我们都试着理解过去，同时又对未来充满好奇。

另一个共同的人类经验是我们都和其他动物生活在一起。源于我们对动物观察的民间传说在世界各地重复出现。蛇蜕皮代表重生。它们能够盘绕起身体，发起攻击。毒蛇和绞杀型蛇类可以杀死我们。蛇象征着令人敬畏的创造力和力量。鳄鱼的骨鳞形成了防护盔甲，强悍无敌。巨大的蜥蜴用爪抓挠地面，改变了地貌。龟潜入水底，收集泥土，堆在它们的背壳上，并在上面培植藻类；它们反映了原始大地的缩影。龟身强力壮，能够支撑重物。蛙类繁殖力旺盛，它们会变形，还会蜕皮，象征着繁衍、重生以及第二次机会。无论在哪个地方，只要人类与两栖动物和爬行动物共同生存，我们就能通过创世神话来认同它们的力量。

但是，为什么一些文化会以积极的方式将两栖动物和爬行动物融入民间传说，而另一些文化却赋予同样的动物消极的角色呢？毫无疑问，这些观念源自人类与特定动物的相互关系。有些蛇比其他的蛇更具威胁性，一些蛙类和蜥蜴比其他同类更具吸引力。我想，与无害且讨人喜欢的两栖动物和爬行动物生活的环境相比，那些盛产有毒且讨人厌的两栖动物和爬行动物的环境，更常与动物扮演消极角色的民间传说联系起来。这种深入的比较分析非常有趣。

在我搜集创世神话的同时，我也想知道某种动物的角色会在多大程度上影响当地人对动物的看法。是不是积极的创世角色定会为这种动物带来尊重，而消极的创世角色则会为它们招来鄙夷与不屑？我以蛇作为分析对象，并设想了一个二乘二的矩阵模型（积极与消极的创世角色乘以积极与消极的人类看法）。我为矩阵中的每个单元格都找到具体的例子，以说明民间传说可能会也可能不会影响人们现在的看法。然而，如果有人去搜集大量的人类学数据并进行定量分析，我推测两个最常见、最具代表性的单元格将会是：（1）积极的创世角色和积极看法；（2）消极的创世角色和消极的观念。下面是矩阵模型里的四个例子。

其中一种关系是，某种动物在创世神话中扮演消极角色，并且时至今日依然会让人们产生糟糕的感受。回想印度的创世神话，巨蟒弗栗多被认为是邪恶的，因为他吞掉了所有的水。现在许多印度人出于恐惧和猜疑而迫害、杀害蟒蛇，或者杀死它们以获取蛇皮或蛇肉，但他们却崇拜极其危险的眼镜蛇，因为眼镜蛇在印度神话中与神有着积极的联系。

第二种可能的关系是，某种动物在创世神话中扮演着消极角色，却受到当地文化的尊重。在东非的坦桑尼亚，瓦维帕人这样讲述，有一天，造物主勒扎（Leza）问所有的动物："谁希望永生不死？"这时除了蛇，所有的动物都睡着了，蛇回答说："我！"就是因为这个，蛇每次蜕皮时都会重获新生。是人类在关键时刻睡着了，怪不得蛇。人们认为瓦维帕人可能会憎恨蛇，但是相反，瓦维帕人相信灵魂的连续性，认为他们的酋长死后会变成蛇，因而非常尊重和敬畏遇到的每一条蛇。

第三种关系，在创世神话中扮演积极角色的动物会受到尊敬。回想一下，在丰族神话中，巨蟒驮着造物主去造山，并盘绕起身体来支撑大地。19世纪中叶，蛇崇拜在西非的贝宁（原达荷美）非常普遍。信徒照看着神圣的蟒蛇，任何伤害或杀死蟒蛇的人都会受到严厉的惩罚。很多丰族人的后裔因为奴隶贸易而被掳去新大陆，但是他们对蟒蛇的敬畏从未间断，这体现在他们当今的精神和仪式信仰上，许多生活在非洲的丰族人仍然崇拜蟒蛇。

第四种可能的情况是，尽管动物在创世神话中扮演了积极的角色，但是当地文化并不尊重这种动物。回想一下，在雅鲁罗人的创世故事中，一条水中巨蛇（大概是水蟒）创造了大地。然而，余培林[1]，一位居住在委内瑞拉西南部研究雅鲁罗人的人类学家，却发现雅鲁罗人什么蛇都不喜欢。他们有过太多关于蛇的糟糕经历，因此他们遇到蛇的时候便会毫不留情地将其杀死。

1　Pei-Lin Yu，音译，美国博伊西州立大学人类学系副教授。

2.8 在世界各地，两栖动物和爬行动物被视为强大的造物主：凶猛而可怕的鳄鱼，象征新生的强壮巨蛇，能够承受重荷的龟，多产并且能够变形的蛙。左上：奥里诺科鳄（*Crocodylus intermedius*）。左中：网纹蟒（*Malayopython reticulatus*）。左下：黄腿象龟（*Chelonoidis denticulatus*）。右：三角枯叶蛙（*Megophrys nasuta*）

　　还有第五种可能的结果，我觉得这种结果很常见。对于许多文化来说，人类远古祖先所讲述的虚构故事与21世纪的现实是脱节的。动物造物主只是环境中的另一个存在，它既不受尊重也不会被看不起。

3

蛇
是"善"还是"恶"？

蛇永远具有双重性：真实与虚构、雄与雌、神与魔、火与水、圆形与线形、杀手与医者、力量与潜能、最高的智慧与最深的本能。

它既是善也是恶，是伴随在睿智背后狡诈的阴影。它是阴阳的合体，在永恒、神圣、轮回、流动交织的变幻中起舞。它是上帝与魔鬼、救主与仇敌、生命与死亡、创造与毁灭、虫与龙、宇宙与幽冥。蛇诱惑了夏娃，却保护了释迦牟尼。它既是死亡，又是永生。它既是至高无上的神话，又是令人恐惧的真实存在。

——黛安·摩根《神话、魔法和历史中的蛇》（*Snakes in Myth, Magic, and History*）

金色、铜色、蓝色、绿色和紫色的彩虹吸引住了我的目光——一条彩虹蚺（*Epicrates cenchria*）正卧在被阳光照耀着的原木上面。我的思绪在美学与科学之间游移。这条蛇的颜色足以与闪光蝶属的蝴蝶或者金尾蓝宝石蜂鸟的光彩相媲美。它闪烁的光泽来自鳞片上的微小嵴状突起，这些嵴起着小棱镜的作用，能把光折射成彩虹的颜色。欣赏着这条蛇的时候，我在想自己竟然如此幸运，能够在厄瓜多尔热带雨林偶然遇到这样的珍宝，成为极少数有机会一睹蛇之芳容的人。

小时候，我央求我母亲准许我收养自己抓到的每条束带蛇，但得到的回答总是一句非常坚决的"不！"我有很多蝌蚪、青蛙、蝾螈和毛毛虫，却没有蛇。我母亲很不喜欢蛇，她从来不会陪我走进匹兹堡动物园爬行动物的展厅。几年后，当我动身去厄瓜多尔野外考察时，母亲就提醒我："要小心蛇！"她从来都不知道，因为我从来没有告诉过她，那一年我经常接触毒蛇。很快十五年就过去了，她到哥斯达黎加来看望我。一天下午，我在野外看到一条十分漂亮的绿蔓蛇，它懒洋洋地挂在树枝上。我平静地对母亲说树上有条蛇，她站稳脚跟，小心翼翼地注视着灌木丛，几秒钟后，她就脸色发白，说她受不了了。我那时就明白了，如果连这么漂亮且无害的绿蔓蛇都无法赢得她的心，那么其他任何蛇就更没有可能了。人们要么会因为蛇类在美学、解剖学、生理学、行为学和生态学方面的奇妙之处而欣赏它们，要么会出于恐惧或者误解而厌恶它们。

3.1 彩虹蚺的鳞片上有微小的嵴，这些嵴起着小棱镜的作用，能把光折射成彩虹的颜色

比起其他任何动物，蛇也许更能引起人类极端情绪的产生。本杰明·富兰克林——美国开国元勋之一、科学家和发明家——被响尾蛇的美丽和风度深深打动，他认为响尾蛇是美国完美的象征。他描述的那条特别的响尾蛇甚至有13节紧密相连的响环——这正是美国当时联邦殖民地的数目。在发表于1775年12月《宾夕法尼亚日报》上的一封信中，富兰克林以笔名"美国猜想家"写道：

我想起它的眼睛如此明亮，胜于任何其他动物，而且它没有眼睑，因此可以将它视为警戒的象征。它从不会主动发出攻击，即使无法脱身也决不投降，因此，它是宽宏大量和真正勇气的典范……（它）年轻时漂亮，并会随着年岁的渐长而越发美丽。

与此形成鲜明对比的是，博物学家查尔斯·达尔文在《"小猎犬"号科学考察记》（1839）中将一条巴西毒蛇描述得非常邪恶，那可能是一条巴塔哥尼亚矛头蝮（*Bothrops ammodytoides*）：

这条蛇的脸部表情可怕而凶猛，瞳孔由斑驳的铜色虹膜中间开裂的一条垂直缝隙构成；下颚基部宽大，鼻尖呈三角形。或许除了某些吸血蝙蝠之外，我想我还从未见过比它更为丑恶的东西。

几乎所有的人类文化，甚至在那些没有发现过蛇的地区，都有蛇形符号，这反映了人类对蛇类有着长久的迷恋。有两个现代的蛇形符号所体现的含义，与人类的史前祖先理解的含义完全相同。衔尾蛇（ouroboros，也拼写为"uroboros"或"orobouros"，源自一个古希腊词语，意为"吞食自己尾巴者"）这个符号是一条衔着自己的尾巴，绕成圆环的蛇。以此形态盘绕的蛇象征着永恒、延续、永无休止的生死循环、女人、蛋以及天与地的结合。第二个符号是弯弯曲曲的S形，它代表流动的、连续的能量。这种形状的蛇代表着阳具、箭和雷电。

我把人类对蛇的看法分成了"恶"和"善"两种，但这种分类是人为的。许多观点介于两者之间，极端的观点还经常会交织在一起，同时唤起尊敬与仇恨的感受。人类害怕自己无法理解的东西以及自认为是"邪恶"的东西。蛇深受这两方面之苦。

更加深入的分析请参见神学家詹姆斯·H. 查尔斯沃思的《善与恶之蛇》（*The Good and Evil Serpent*）一书。贯穿这本书的主线是，人们对蛇的看法会随着时间的推移而改变。例如，在基督教诞生之前，蛇通常代表着权力和神性；在基督教建立之后，蛇就带上了邪恶的含义。另一个思路是，文化中会同时存在各种各样的看法。例如，在古希腊和古罗马，蛇代表邪恶和死亡（如神话所述），但也代表生命、健康、康复和重生（如对阿斯克勒庇俄斯[1]的崇拜）。

---

1 Asclepius，古希腊的医药神。

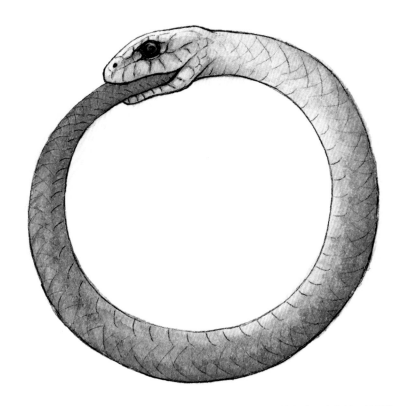

3.2 衔尾蛇符号的形象是一条用嘴衔着尾巴并且能够不断地自我再生的蛇，长期以来，它在世界各地的神话和宗教中象征着永恒。该符号最早的考证来自古埃及

蛇是邪恶的

蛇是邪恶的看法可以追溯到很久以前。最早提及蛇的书面文献出现在古印度的《梨俱吠陀》的第1册。蛇以恶魔弗栗多的形象出现，吞下了世上所有的水，造成毁灭性的大旱灾（见第2章）。这是一个正义战胜邪恶的故事——风暴之神因陀罗杀死了弗栗多并将水重新释放出来。

在古埃及神话中，巨蛇代表混沌。阿佩普[1]是一条巨蛇，他发动了无休止的黑暗战争来对抗光明的力量。每天晚上，太阳神拉都会降临到蛇与恶魔的王国，在那里，阿佩普和他的蛇武士们会试图在拉夜行十二个小时穿过水底世界时阻拦拉。但是每天早晨，太阳都会从地平线上升起，证明太阳神拉战胜了黑暗的恶魔，降伏了阿佩普，并

---

1 Apep，是古埃及神话中的神，被认为是破坏、混沌、黑暗的化身，也是太阳神拉的孪生兄弟以及死对头。他的形象是一条巨蛇。

重启了世界。其他的巨型蛇怪——有些是首尾两端都长着头的两头蛇，生活在地下世界，给古埃及人制造了一种恐怖的景象。古埃及人相信他们的灵魂必须穿过地下世界，才能轮回转世。

在传统基督教的诠释中，蛇象征邪恶，是魔鬼的人格化体现。在《创世记》中，上帝创造了亚当和夏娃，但是禁止他们吃智慧树上的果子。伊甸园里的一条大蛇诱惑夏娃去吃禁果，她还将禁果与亚当分享。当上帝责问他们是否偷吃了禁果的时候，亚当怪罪

3.3 在阿尔布雷特·丢勒的版画《亚当与夏娃》（*The Fall of Man*，1504，该版画现存于俄亥俄州奥伯林学院艾伦纪念艺术博物馆）中，恶魔般诱惑人的蛇为夏娃送上禁果

夏娃将禁果分给了他。夏娃则说自己是受了蛇的引诱。上帝就诅咒蛇："你既做了这事，就必受诅咒，比一切的牲畜野兽更甚。你必用肚子行走，终身吃土。"[1]有些人指出《圣经》故事证明了蛇是邪恶的，他们相信蛇没有腿就是上帝对其诱惑夏娃之罪的惩罚。

上帝对夏娃说："我必多多加增你怀胎的苦楚，你生产儿女必多受苦楚。你必恋慕你丈夫，你丈夫必管辖你。"[2]上帝又对亚当说："你必汗流满面才得糊口，直到你归了土，因为你是从土而出的。你本是尘土，仍要归于尘土。"[3]有些人把这些话当真了，于是就相信分娩必是痛苦的，人类会死皆因上帝的惩罚——这一切都应归咎于蛇。

在基督教刚发展起来的时候，中东地区很多人本来是崇拜蛇的。由于基督教的一神论禁止崇拜其他神，基督教的追随者们试图遏止这种偶像崇拜。一个极为有效的方法就是把蛇描述成邪恶的东西，比如它们会对人的来世生活起消极的作用。教会劝导说，人死后得到的回报将依据他们在世时的行为而定。中世纪时期，传教士把地狱描绘成充斥着酷刑、烈火和无休止惩罚的苦难之地，并且那里还有蛇。其中有一个故事说，一个重蹈母亲覆辙的女孩看到了自己母亲身陷地狱之中，火焰穿透她赤裸的身体，从她嘴里冒出来，蛇把它们的毒牙刺进她的脸颊，撕烂了她的脸，又扭动着从她双乳间钻出来。这绝不是人们愿意去的永恒之所。

长期以来，作家、诗人，还有那些地位足以影响他人的人物对于蛇一直都有一些不好的说法。例如，仔细看看拉丁诗人埃利安[4]的句子，他在公元2世纪的著作《论动物的本性》（ *On the Characteristics of Animals* ）中写道：

死人的脊柱使其腐烂的骨髓化为蛇。蛇钻出躯体，最凶残的生物却诞生于最温顺的身体。即便如此，我仍要说，善良之人可以不受打扰获得安息，作恶多端的人则要遭逢这诡异的命运。或许这只是寓言，我无法确知。但在我看来，若真如此，恶人定会以此种方式生出蛇来。

18世纪之后，关于蛇，鸟类学家亚历山大·斯凯奇也提出了类似的观点。他杀死

---

1 见《圣经·创世记》3：14。

2 见《圣经·创世记》3：16。

3 见《圣经·创世记》3：19。

4 埃利安（Aelian，170—235），生于普雷内斯特，古罗马作家、修辞家和哲学家，现存著作（希腊语）包括《论动物的本性》，十七卷道德说教性质的《杂闻轶事》以及《乡村书信集》，其作品曾被后世伦理学者大量引用。

了他遇到的大多数蛇，因为它们吃鸟，包括他喜爱观察的雏鸟。在《热带农场里的博物学家》（*A Naturalist on a Tropical Farm*）中，斯凯奇写道：

蛇是毫不掩饰的掠食者，它以最直接和最残忍的方式去捕食。蛇的特点是具有一个可以扩张的细长的胃，只需最低限度的补给即可填满，甚至不需要用牙齿去撕碎食物。蛇囫囵吞下原本温暖而又有活力的动物来填饱自己的肚子，延续自己的生命，而我们从中探寻不到一丝欢愉与情感。这揭示了蛇的进化竟然可以堕落到这样的地步，进化一路退后，将它们的身体简化到极致，然而在这种情况下，它们却依然能以其赤裸裸的恐怖掠食生活。凝视着这样的生物，会令人类的心智可怕地迷失，会使敏感的心灵痛苦不堪。

有些民间传说把蛇视为被派来作恶的坏蛋。在希腊神话中，提丰（Typhon）——一个下半身为蛇，长着100个头的生物——摧毁了城市并撕裂山脉，在狂怒中将城市与山脉砸向众神。起初，奥林匹亚众神在恐惧中落荒而逃。最后，众神之王宙斯将闪电投向提丰并把他钉在埃特纳火山下面。他没有死，而且还在那里喷出烟雾、火焰和熔岩。古希腊人相信，是扭动身体的提丰导致了火山爆发、地震和海啸。

宙斯有点儿纵欲成性，他经常来到凡间引诱或者强奸凡人女子。赫拉身为众神的皇后以及宙斯的妻子，非常憎恨丈夫搞婚外情。她对宙斯与一个凡人女子所生的私生子赫拉克勒斯（罗马神话中的赫丘利）恨之入骨。当赫拉克勒斯还是个婴儿的时候，赫拉安排手下把两条巨蛇放进他的婴儿床里，意欲让蛇杀死他。结果，是赫拉克勒斯用他赤裸的小手掐死了这两条蛇。赫拉并未善罢甘休，依然设法让赫拉克勒斯的生活变得痛苦不堪。最终，被赫拉逼疯了的赫拉克勒斯将自己的三个儿子扔进火中烧死了。为了赎罪，赫拉克勒斯去侍奉他的竞争对手、同父异母的弟弟、国王欧律斯透斯十二年之久，并且要完成十二个艰巨的任务。他的第二个任务是杀死海德拉[1]，一条九头水蛇，每被砍掉一个头就会重新长出两个头。第十一个任务是去杀死那条守卫着赫斯帕里得斯花园的金苹果、拥有不死之身的百首蛇形巨龙。赫拉克勒斯的最后一项任务是杀死刻耳柏洛斯，这只三头犬身上挂着毒蛇，守卫着地狱之门，以防生者进入和死者

---

1 Lernaean Hydra，古希腊神话中的怪物大蛇，它有几个头说法不一，多数典籍所述为九个头，其中一个头可以长生不死。中文常称"海德拉"或"勒耳那水蛇"。

3.4 褐色美洲嘲鸫积极捍卫自己的巢穴，使之免受入侵者和捕食者的攻击。1829年，约翰·詹姆斯·奥杜邦[1]目睹了一条大黑蛇威胁着美洲嘲鸫的巢穴，并在这幅名画中再现了该场景。此图出自《美洲鸟类》(The Birds of America)

----

1 约翰·詹姆斯·奥杜邦（John James Audubon，1785—1851），美国著名的画家、博物学家，他绘制的鸟类图鉴被称作"美国国宝"。奥杜邦一生留下了无数画作，每部作品不仅是科学研究的重要资料，还是不可多得的艺术杰作。他先后出版了《美洲鸟类》和《美洲的四足动物》两本画谱，其中《美洲鸟类》曾被誉为19世纪最伟大和最具影响力的著作。

逃脱。赫拉克勒斯的三项惩罚都与蛇有关，这充分表明了在古希腊人眼中，蛇力量强大，令人生畏。

当然，故事不能漏了美杜莎。海神波塞冬强奸了一个可爱的小女孩，她名叫美杜莎，金色的鬈发随风飘动。这件事就发生在雅典娜的神庙里，雅典娜对此怒不可遏。可是波塞冬早已逃走，雅典娜就迁怒于美杜莎，向她展开报复，把她变成了怪物：她的头发被变成了活生生的毒蛇，她的身体被鳞片覆盖，牙齿也变成了野猪的獠牙。她不可能再倾倒任何情人，因为所有看见她的人都会瞬间变成石头。

在挪威故事"诸神的黄昏"（Ragnarok）中，世界树，是一棵名叫伊格德拉西尔的常绿梣树，它构建并支撑起了宇宙。它鲜绿的叶子遍布大地，它的根系延伸到冥界，树枝耸入天空。世界树是秩序的象征，滋养并守护着所有的造物。然而，一切看起来并非如此完美，因为地底深处有一条名叫尼德霍格的蛇在不断地啃咬世界树的根，企图破坏世界树，将混沌再次引入宇宙。尼德霍格是一条可怕的海蛇，盘旋在大地周围，等待着厄运来临的时刻。当邪恶盛行，美好消逝之时，众神的死期也就到了。尼德霍格咬断了世界树的根。虽然雷神索尔用剑杀死了尼德霍格，但索尔亦死于毒蛇临死时吐出的毒液。于是大地沉入海洋之中。

彻底的毁灭过后，大地再次从海洋中升起。众神死而复生，太阳变得更加灿烂，照耀着全新的世界。纳斯特朗（"尸体成串"）是新形成的地狱，它是一个巨大的洞穴，墙壁由蛇组成，它们的尖牙上淌着毒液。恶人从它们旁边走过时，会被毒牙刺穿心脏。巨蛇尼德霍格会吃掉这些恶人的尸体。

在日本的民间传说中，巨蛇通常被描绘成一种能帮助人类的智慧生物，这与西方民间传说中常见的邪恶形象形成了对比。尽管如此，一些日本神话还是把蛇描绘成邪恶的生物，比如有八个头的八岐大蛇（Yamata-no-orochi），它要求人类定期向它献祭处女。在其中一个故事版本中，诡计之神须佐之男（Susano-o）将八大罐清酒伪装成女子模样，看起来就像是宗族首领家将要被陆续送去献祭的八个女儿。蛇以为这些就是它所要求的处女，便吞下了八个罐子。当八个蛇头全都醉倒的时候，须佐之男就砍掉了这怪物的头，拯救了处女们。

因为蛇的眼睛总是睁着，所以，一直以来人们都把它们与警觉关联起来。神话故事中的蛇经常被描绘成看守被人觊觎的宝藏或者秘密的反派角色。在希腊神话《伊阿宋和金羊毛》（*Jason and the Golden Fleece*）中，伊阿宋必须先取回被偷走的魔法公羊的金羊毛，才能正当地继承王位。可问题是，有一条不眠不休的蛇形巨龙看守着羊毛。他的朋友提供了一些帮助，伊阿宋给怪兽喷洒了草药剂，怪兽因此睡着了，伊阿宋夺得了金羊毛。印度教神话里说，那伽[1]会在地下巢穴、河底、湖泊或水井看守着宝藏。在西班牙北部神话中，有种长着翅膀的巨蛇，它们叫库耶列布希，在洞穴中守护宝藏。乌尔卡瓜里是印加人的冥界之神，也在洞穴中守护着财宝。所有这些都是"邪恶"的蛇。

"龙"和"蛇"在神话和文学作品中经常被混用，或者被描述为"蛇形巨龙"，比如守卫赫斯帕里得斯金苹果的那个生物。在古英语史诗《贝奥武夫》中，英勇的主人公杀死了威胁着整个王国的巨龙，起因是一名奴隶从龙穴里偷走了一个金杯。在J. R. R. 托尔金的奇幻小说《霍比特人》中，比尔博·巴金斯试图找到巨龙史矛革守护的宝藏。有一个挪威神话讲述了一条名叫法夫纳的蛇形巨龙守护黄金的故事。齐格飞（Siegfried）杀死了法夫纳并偷走了宝藏。理查德·瓦格纳[2]的连篇歌剧《指环》——以邪恶的蛇形巨龙为主要角色，基本上是根据这个挪威神话创作的。

爱尔兰境内从来没有蛇类，这是其地理位置和冰河期地质史的缘故。尽管如此，爱尔兰人仍然讲述着他们家乡为何没有蛇的故事。根据其中一个传说，盖尔人从塞西亚移民到爱尔兰，塞西亚这个地区可能包括欧洲东南部和与亚洲毗邻的地带。爱尔兰的一位远古祖先高达尔·格拉斯小时候被毒蛇咬伤过，被治好之后，他便承诺绝不让任何蛇或其他有毒生物在子孙后代生活的这座岛上出没。

更加广为人知的是圣帕特里克的传说。传说，爱尔兰之所以没有蛇，是因为在公元5世纪，一个叫帕特里克的基督徒把那里的蛇全部驱赶到了海里。据说，当他在山顶上专注进行为期40天的斋戒时，蛇袭击了他。这个传说是一个寓言，其中的蛇代表了早期的异教徒信仰，包括由入侵者和商人带来的蛇崇拜现象。在各种凯尔特宗教中，蛇是重生、知识和疗愈的象征。与此相反，基督教则将蛇妖魔化了。

帕特里克出生于罗马统治晚期的英国，大约是在公元389年。他十六岁的时候，爱尔兰入侵者把他当作奴隶带到爱尔兰。六年后，帕特里克逃走并回到了英国。在法国完成宗教研习之后，帕特里克回到了爱尔兰。据说，他接触过爱尔兰异教徒的宗教习

1　印度神话中的蛇神。

2　理查德·瓦格纳（Richard Wagner，1813—1883），德国作曲家、剧作家、指挥家、哲学家，其作品包括著名歌剧《尼伯龙根的指环》（*The Ring of the Nibelung*）。

3.5 在民间传说中，"龙""巨蛇"和"蛇形巨龙"这些名称经常被混用。上图：泰国佛寺的迎客金龙。下图：中国广西壮族自治区内一座坟墓上的龙

俗，这促使他致力于劝诫爱尔兰人皈依基督教。虽然帕特里克并没有真的把蛇全部驱逐出爱尔兰，但他确实赶走了象征意义上的蛇。事实上，他劝服爱尔兰人皈依基督教的工作卓有成效，以至于大多数异教徒的信仰最后都消失殆尽了。

甚至连儿童文学也将蛇描述成反派。公元19世纪的一个例子是《小猫鼬智斗眼镜蛇》（*Rikki Tikki Tavi*），这是拉迪亚德·吉卜林《丛林故事》（*The Jungle Book*）中的一篇短篇小说。瑞基提基嗒喂是一只勇敢的小猫鼬，它拯救了被眼镜蛇纳格（Nag）和

纳盖那（Nagaina）威胁的一个英国家庭，眼镜蛇纳格和纳盖那正盘算着要杀死这一家人并占领他们的花园。瑞基提基嗒喂用调虎离山之计将毒蛇夫妇引出了巢穴，然后咬开蛇蛋并捣烂了里面的幼蛇。结局很完美，因为其他眼镜蛇再也不敢进入这个花园了。这个故事的寓意是，正义总会战胜邪恶。

最近也有描述"邪恶之蛇"的青少年文学作品，比如 J. K. 罗琳的《哈利·波特》奇幻系列，该系列讲述了正义的巫师哈利·波特战胜宿敌黑暗巫师首领伏地魔的故事。为了让自己变得更加强大，伏地魔饮用自己豢养的巨蛇纳吉尼的乳汁，并喝下它的毒液。伏地魔变得越强壮越有威力，他的面容就越像蛇，鼻头扁平，鼻孔开裂，瞳孔如同蛇眼一般。他会说蛇佬腔（蛇语），这是一种与黑暗巫师极有渊源的能力。罗琳以蛇象征斯莱特林学院，这个学院培养的黑暗女巫和黑暗巫师最多。邪恶似乎会装扮成蛇的样子，潜藏在巫师世界的各个角落。

在本小节最后，我来解释一下蛇和人类无法和睦共处的原因。希腊人伊索通过讲述解除奴隶桎梏的寓言赢得了自由。在他讲述的一个故事中，一条蛇咬了农夫的儿子一口，使他当场死亡。悲痛万分的农夫拿起斧头劈向蛇，想要杀死它。然而他只砍掉了蛇的尾巴尖。农夫惊恐至极，试图用糕饼和蜂蜜安抚蛇。那条暴怒的蛇发出咝咝声，说他们永远也成不了朋友，因为它每次看见自己的尾巴都会感到疼痛，而农夫每次看到儿子的坟墓也会感到痛苦。这个故事的寓意是，一个人只要能看到痛苦的回忆，就无法抛开复仇的念头。直到今天，蛇和人类都是敌人。

恐惧与对邪恶的认知

毫无疑问，人类一直都害怕蛇类，因为有些蛇能杀死我们。恐惧与对邪恶的认知是紧密交织在一起的。2001年，一项针对美国成年人的盖洛普民意调查结果显示，他们最害怕的不是黑暗、乘坐飞机、上司或者雷电，而是蛇。51%的美国人说他们害怕蛇——这是一种被称为"恐蛇症"的恐惧症状；其次是公开演讲，占40%。对于患有严重恐蛇症的人来说，只要看到蛇，就会出现惊恐、直冒冷汗、恶心等反应。从风险角度来分析，美国人对蛇的恐惧并不合理。莉莉·贝尔曼及其同事的一项研究表明，从1979年到2005年，美国每年平均有5人死于毒蛇咬伤，80%的受害者是男性。很多案例涉及了酗酒、治疗延误（通常是由于毒蛇主人害怕失去宠物）或拒绝治疗（通常是笃信宗教的驯蛇人）。相比之下，每年大约有33个美国人死于被狗抓伤、咬伤，有时导致他们死亡的还是他们自己的宠物。

在世界上许多其他地方，人们却有充分的理由惧怕毒蛇。印度的季风季节期间，蛇会出来寻觅更高的藏匿之所，与人类的接触也就更为频繁，其结果是每个季风季节估计有4万人死于毒蛇咬伤。全世界——主要在非洲、亚洲南部和美洲中部和南部，每年约有500万人被毒蛇咬伤，其中，超过9.4万人可能死亡，另外40万人则会面临截肢或者永久性的残疾。

在《非洲的青山》一书中，勇敢无畏的猛兽猎人欧内斯特·海明威承认自己患有恐蛇症。有一天晚上，海明威和他的狩猎伙计们迫不及待地想要回到营地，去洗个热水澡，喝些威士忌。返程时，他们没有走先前走过的小路，而是选择走灌木丛生的山坡。海明威写道："在黑暗中，我们沿着这条理想的路线，下坡进入陡峭的峡谷，看上去那里只有一片一片的树木，直到你身处其中，滑倒在地，拽着藤蔓艰难地爬起来，再滑倒，一路滑到越来陡峭险峻的地方，听见黑夜中传来的沙沙声，还有野豹捕猎狒狒时发出的噗噗声。我怕极了蛇，在黑暗中满怀恐惧地摸索着树根和树枝。"在营地中，海明威对他的伙计们说："如果我们一年到头每天晚上都干这种事，我会像害怕蛇一样害怕这些夜晚……它们把我吓坏了……它们总是让我害怕。"

怕蛇的不止海明威一个人，许多著名人物都承认自己对蛇有着强烈的恐惧。虽然艾伯特·史怀哲总是避免踩死昆虫，但这位好心的医务传教士却杀死了从他面前经过的蛇。《鹿苑长春》（*The Yearling*）的作者玛乔丽·金南·劳林斯非常害怕蛇，甚至看到有蛇的图片都会让她"毛骨悚然"。但她最终在与爬虫学家罗斯·艾伦一起进行的收集之旅中克服了恐惧症。在一篇题为《古老的敌意》（*The Ancient Enmity*）的文章中，劳林斯写道："我把蛇拿在手上，它并不冰冷，也不黏湿，放心地躺在我的手里。它像我们大家一样活着，呼吸着，也会死去。我甚至能感到一种精神上的高潮。"一回到佛罗里达州十字小溪镇的家中，劳林斯就说起她与巨大的恐惧博弈斗争，并最终战胜恐惧的经过。

电影则利用了人们害怕蛇的心态。影片《眼镜王蛇》（1999）的主角是一条蛇——一半像眼镜王蛇，一半像东部菱斑响尾蛇，它在加利福尼亚的一个生产啤酒的小镇庆祝啤酒节期间把当地居民们吓坏了。在影片《群蛇出洞》（2001）中，基因被改造、可携带致命病毒的蛇在恐怖袭击中幸存下来，逃脱出去并威胁着莫哈韦沙漠的一个城镇。

3.6 20世纪60至70年代期间，人类学家托马斯·黑德兰研究了菲律宾吕
宋岛上以狩猎采集为生的阿格塔族内格里托人，发现那里的人经常受到蟒蛇
袭击。有些阿格塔族人被咬伤后逃脱了，其他人则成了蟒蛇的腹中食。成年
的男性阿格塔族人平均约有91磅（约41千克），雌性网纹蟒蛇体重则可达
165磅（约75千克）。按照蟒蛇的标准，成年男子的体重接近雌性蟒蛇重量
的56%，算不上一顿大餐，蟒蛇的猎物甚至包括130磅（约59千克）的猪。
图为1970年一条刚被杀死的网纹蟒蛇与两名阿格塔族男子的合影，这条蛇
体长23英尺（约7米），身围26英寸（约66厘米）。任何时候只要有机会，
阿格塔族人就会把蛇摆上桌，然后吃掉它们

《王蛇对巨蟒》（2004）里的主角就是一条可致人死亡的巨蟒，占据着下水管道系统。
一个联邦调查局探员征募到一条巨大的王蛇，在它的大脑中植入了电脑芯片，然后用
它来杀死巨蟒。在电影《毒蛇列车》（2006）中，有一个墨西哥女人受到了诅咒，肚子
里面有一窝食肉的毒蛇；她登上一列到洛杉矶的火车，想去寻访一位可以为她解除诅

咒的玛雅巫师，顾名思义，毒蛇们在列车上时就从她体内逃了出来。在电影《航班蛇患》（2006）中，数百条毒蛇被放进一架飞机，希望它们能在目击证人指证凶手之前杀死他，正如所料，蛇不会区别对待飞机上乘客，因为乘客们佩戴的夏威夷花环上都喷洒了诱使群蛇攻击的信息素。电影《毒蛇》（2008）讲述了一群科学家用毒蛇研制治疗癌症药物的故事；当这些毒蛇逃出实验室的时候，可怕的事情就发生了。电影故事的情节各不相同，但传递的信息是相似的：蛇要杀死我们。

对蛇的恐惧会使人们三思后行，不会再在灌木丛中随地小便。在《神话、魔法和历史中的蛇》一书中，黛安·摩根写到，在奥地利，当地的休息站和公路餐厅停车场周围弥漫着尿臊味。男人们在灌木丛中撒尿，而不是多走几步去使用免费厕所。无奈之下，行政官员用德语、波兰语、捷克语和英语在那里放置了标志："当心！致命危险！有蛇！"上面还有眼镜蛇的图案。一位公路餐厅经理是这么说的："我们尝试过别的标志，但是毫无用处。不过，这些标志确实奏效了。你会看到，那些走进灌木丛准备小便的男人看见这些标志后，会赶紧拉上裤子的拉链。"

对蛇的恐惧和厌恶使人们把发生的各种坏事归咎到蛇身上，甚至将埃博拉出血热也怪罪到蛇身上，可这种致命疾病是由一种在人与人之间传播的病毒引起的。2014年，西非暴发了迄今为止最严重的埃博拉疫情。在几内亚边境附近塞拉利昂的一个偏僻村庄里，这个故事被人们传了又传，说一位女士的袋子里有一条蛇。有人打开袋子，那位女士就死了。另一个人打开袋子，先前打开袋子的人也死了。蛇逃到了灌木丛，接下来的故事就是：埃博拉是一条邪恶的蛇，杀死了所有见到它的人。

恐惧和仇恨常常会转化为杀戮。许多澳大利亚人（和其他地方的很多人一样）认为每一条蛇都是威胁，并且秉承"唯有死蛇才是好蛇"的观念。当他们试图去杀死蛇时，就会有人被蛇咬伤。帕特里克·惠特克和理查德·希恩在澳大利亚新南威尔士州分发了1000份调查问卷进行调查，想确定当地的人在农田里遇到两种大型的昼行性毒蛇——东棕蛇（*Pseudonaja textilis*）和赤腹伊澳蛇（*Pseudechis porphyriacus*）的具体时间、地点以及他们的应对方式。有138人回答说，他们在过去一年里至少遇见过一条毒蛇。大约有半数的人会主动接近这种蛇，有37%的蛇会被人杀死，大多数会被人用铁锹追打、拿枪射击或开车碾轧。人们去接近这些毒蛇的可能性，至少是蛇接近人的可能性的20倍。一个人主动攻击蛇的可能性是蛇主动攻击人的可能性的100倍。

为什么人们如此惧怕蛇？我们害怕我们理解不了的东西，而蛇和我们截然不同。

3.7 蛇与人类不同。它们有瞪得圆溜溜的眼睛、叉形的舌头，还有两个阴茎（都被称为半阴茎）。它们能吃下比它们脑袋宽很多的猎物，并且是囫囵吞下的。有些蛇长着许多人公认的"卑鄙面孔"。左上：黑颈束带蛇（*Thamnophis cyrtopsis*）。右上：红脖颈槽蛇（*Rhabdophis subminiatus*）。左下：正在吃蟾蜍的东部猪鼻蛇（*Heterodon platirhinos*）。右下：许氏棕榈蝮（*Bothriechis schlegelii*）

它们没有胳膊或腿，它们在地上爬行。蛇不会咀嚼食物，而是吞食整个猎物，它们能吃下比它们脑袋宽很多的猎物。它们没有眼睑。它们不眨眼，一直瞪着眼睛。蛇有开叉的舌头和成对的交配器官。它们没有发声能力，却可以发出咝咝声。蛇没有面部表情，它们不会微笑、大笑、眨眼或者叹息。它们会蜕皮。蛇神秘莫测，会突然出现，又会一下子消失得无影无踪。它们会潜藏在暗处，然后突然发起攻击。有些毒蛇用不了一个小时就能将猎物杀死，大型蟒蛇可以绞杀一只鹿或者一头猪。大多数人从来没有碰过蛇，就武断地认为它们又黏又湿。蛇摸起来很冷，但大多数蛇都不黏湿。

在恐惧形成的过程中，自然和教育哪个发挥的作用更大呢？200多年来，科学家们一直在思考这个问题。一些人认为，进化使灵长类动物的大脑内形成了侦测蛇的系统，并且由于难以区分有毒品种和无害品种，自然选择偏好能够避开所有蛇的人。但五岁以下的孩子既不害怕蛇也不喜爱蛇。他们仅仅是好奇——除非他们被教导要害怕蛇，不管是通过口头教导还是通过观察别人的肢体语言或情绪反应。菲奥娜三岁的时候，曾不假思索地告诉我有两种蛇："又细又小的蛇是好蛇，那些又大、又肥、又黏糊糊的蛇会咬人。"大约五岁以后，许多孩子开始害怕蛇。研究人员认为人类很快就学会了害怕蛇，而同辈压力则增强了这种反应。

关于恐蛇心理到底是天生的还是后天形成的，实验显示，二者兼而有之。一些研究表明，对蛇的恐惧是通过经验获得的。例如，苏珊·米妮卡和她的同事发现，野生恒河猴害怕蛇，而在圈养情况下出生的猴子并不怕它们。然而一旦自幼圈养的猴子看到从野外捕获回来的同类猴子对蛇做出的反应，它们也会立刻怕起蛇来。与此相反，一些研究则认为，猴子天生怕蛇。戈登·伯格哈特和他的同事测试了圈养的成年日本猴的反应，这些猴子必须到蛇笼前面取食，尽管它们以前从未见过蛇，但许多猴子都吓坏了。其他研究表明，非洲的猕猴天生就能辨别出危险的蛇，并能够对它们做出适当的反应。长尾猴会发出一种特殊的呼叫——研究人员称之为"噼啪声"，以警告附近的同类有眼镜蛇、曼巴等蟒蛇和毒蛇。而无害的蛇出现时，它们并不会发出这样的叫声。

在本节最后，我们审视一下"爬虫人"崇拜。有一种人类亚文化相信世上存在着被称为爬虫人（也称为爬行族或龙族）的变形生物。爬虫人通常被想象成半蛇半人形态，来自阿尔法天龙星系。据说，这些两足生物身高5~9英尺（约1.5~2.7米），身披绿色或棕绿色鳞片。他们嘴巴宽大，但是没有嘴唇，也没有乳头和肚脐。爬虫人生活在地下，会吸食人血。

大卫·艾克是一位出了名的阴谋论家，他声称爬虫人通过假扮成人类形体来获得政治权力和操纵社会，已经控制地球长达几个世纪之久。艾克认为，大多数政治家，包括乔治·华盛顿和40多位美国总统以及整个英国王室，都是爬虫人的直系后代。有关爬虫人的阴谋论在47个国家都有支持者。也许爬虫人是当代版的印度蛇神那伽——通常的形象为一半是眼镜蛇，一半是人（参见本章后面的内容）。尽管人们通常认为那伽只会造成地震，引起火山爆发，但爬虫人控制着地球则是神话持续演化的另一个例子。

当然，对蛇的恐惧不一定会让所有人认为蛇是邪恶的生物。很多害怕蛇的人也会对它们非常着迷，并在安全的距离下欣赏它们。虽然我母亲无法做到，但很多害怕蛇的人却会站在蛇馆的玻璃围栏前，如醉如痴地看着它们。

蛇是善良的

许多人欣赏并且敬重蛇，因为认为它们具有给予和保护的能力，这一点从广泛使用的带有蛇元素的"护体法宝"——护身符、符咒、辟邪物上就能看出来。护身符可以保护主人免受巫师的邪恶力量或者疾病的伤害。符咒可以带来好运、治疗疾病、治愈伤痛，或者给人类带来其他好处。辟邪物既能帮助抵御邪恶力量，又能带来好运。埃及法老的头饰上通常带有雄赳赳气昂昂的眼镜蛇标志［被称为"乌里厄斯"（Uraeus）］，眼镜蛇不仅被看作圣灵和王室的象征，也被认为具有消灭敌人的能力。考古工作者发掘出古希腊和古罗马时期大量以蛇为图案的珠宝饰品，在那些时代，蛇象征着美貌、庇佑和舒适。希腊妇女会佩戴蛇形手镯来抵御疾病。现代阿拉伯人佩戴蛇形护身符，用它来赋予男人力量、女人忠贞。在世界各地，人们仍然佩戴蛇形护身符，以期能够治愈疾病、带来好运和抵御邪恶之物。

尽管蛇象征着传统基督教信仰中的魔鬼，但部分诺斯替教派却敬重蛇类。他们并没有把蛇视为诱使亚当和夏娃犯下大错的恶魔，而是把蛇视为解放者，是它鼓励第一对人类夫妇吃下智慧树上的果子，使他们获得了知识。获得知识的亚当和夏娃才成了真正的人。

虽然在不少传说中，蛇都是看管宝藏与秘密的邪恶之物，但蛇也是仁慈的守护者。古埃及人认为尼罗河发源于一个巨大的洞穴，那里住着河流守护神——一条巨蛇。在古希腊和古罗马文明中，蛇守护着疗愈之术。古希腊人也相信蛇精灵守卫和保护着每一处建筑和每一方水土，从人造的墙壁、门和壁炉到大自然中的树木、河流和山脉。在古代的近东地区，考古学家发现了许多用来盛水、牛奶或酒的器皿，这些器皿的盖子上都刻有蛇的图案，象征着保护。

人们也相信蛇能够保护自己。古罗马人的守护精灵魔仆（genii）就被认为具有蛇形的身体。因此，古罗马人鼓励蛇留在家里，并好吃好喝地供养它们。在古希腊，蛇魔仆是男性的守护天使。每当男婴出生之时，蛇魔仆就会突然出现，一生与他相伴，也会随他一起死去。蛇魔仆将男人的祈祷传达给众神，并为他们求情。男人们会在生日那天为他们的魔仆献上葡萄酒、鲜花和熏香，以表谢意。尼日利亚北部的蒙托尔人允许无毒的蛇留在家中，因为他们相信每当有男婴出生时也会有一条雄蛇诞生。如果蛇被杀死，那个人就会死亡。祖鲁人相信每个男人都被蛇形祖先精灵伊洛齐（*ihlozi*）守护着。在布基纳法索，蟒蛇被尊为村子的守护者。在印度，人们很乐意让无毒的蛇进入自己家中，因为蛇能带来好

3.8 带有蛇图案的护身符深受世界各地的人们珍爱，因为它们能够招来好运。图中为日式的蛇护身符

运；人们会为家里的蛇留下一碟碟牛奶来感谢它们照看自己的孩子。

很多人认为蛇能够预知未来。事实上，希伯来语、阿拉伯语和希腊语中的"预言"一词也都意指蛇。长期以来，世界各地的一些文化一直都相信蛇可以昭示众神的意志。古希腊人会从供养在寺庙里的蛇那里寻求神谕。在新几内亚岛，泰米人经常向蛇寻求建议，他们认为蛇是具有预知能力的祖先精灵。东非的南迪人相信，如果一条蛇爬上了女人的床，那就是一位祖先精灵前来安慰她，她接下来的这个孩子将会顺利出生。

蛇与智慧有着密切的关联。毕竟，它们知晓生与死的秘密，并且它们的不死之身也意味着长久以来它们会积累很多智慧。在《圣经》中，用被封禁的知识诱惑夏娃的蛇，被人认为是智慧的象征。古代波斯神话中的莎玛兰（Shahmaran，在波斯语中，"*shah*"的意思是"王"，"*mar*"的意思是"蛇"）是半人半蛇，她的上半身为人形，含有剧毒；她的下半身为蛇形，充满了智慧。各种与智慧有关的古代神祇都与蛇有关联。米诺斯文明中的智慧之源蛇女神，两手各执一条蛇。希腊智慧与技艺女神雅典娜，经常被描绘成一条大蛇，以此作为她睿智的象征。

其他一些仁慈的神也与蛇有关。埃及生命和治愈女神伊西斯，经常被描绘成一条上身直立、颈部皮褶膨起的眼镜蛇，或者被描绘成一手握着眼镜蛇的半蛇半人。埃及神祇托特是一切智慧之源和健康之神，有时以巨蛇作为他的标志，还有表述说他倚着一根被蛇缠绕的权杖。佛教女神辩才天女掌管音律，具有蛇的特征；人们会在她的神龛里供奉上鸡蛋，因为据说，蛇喜欢吸食鸡蛋。印度的蛇女神摩那萨被描绘成身上覆满蛇的人类女性，或被描绘成一条眼镜蛇，她可以保护人们免于被毒蛇咬伤，也可以治愈毒蛇咬伤，因而受人崇拜。她也掌管生育，所以没有儿女的妇女会去请求她的祝福。古代日本的一些海神被描绘成水蛇。时

3.9 无论蛇是不是守护精灵，它们都能够控制啮齿动物的数量，在生态系统中发挥着举足轻重的作用。图为一只圈养的东部菱斑响尾蛇（*Crotalus adamanteus*）在吞食老鼠

至今日，白蛇（白化变种）对于日本人仍然有着特殊的意义，它们被尊崇为神的使者。北美洲的梅诺米尼人认为响尾蛇是神圣的，象征着他们的神。在世界各地，许多与农业丰收有关的神都与蛇有关联。

在古代印度教神话中，那伽扮演着重要的角色。他们或被描绘成眼镜蛇，或被描绘成半人半眼镜蛇，那伽生活在河流、池塘和地下水中。大多数那伽被认为是导致干旱、地震、火山爆发、大风和潮汐的恶魔。而有些那伽则因为与神有亲善关系而受到崇拜，例如，千头蛇舍沙，他跟随在印度教三大主神之一毗湿奴左右。舍沙象征着大地，毗湿奴在他怀中休息的时候，他会支撑着头顶上的世界。

婆苏吉是舍沙的兄弟，是另一位善良的那伽。在印度教神话中，众神和魔鬼都想

统治世界，彼此之间争战不休。当众神来向毗湿奴寻求力量帮助时，他告诉众神应与恶魔联手，重新获得洪水毁灭第一世界时失去的长生不老灵药（赋予众神永生之身的甘露）。他们应该一起去收集世上所有植物，把它们扔进浩渺无边的乳海，然后搅动乳海获得不死甘露。他们应该用曼陀罗山作为搅海的杵，把巨蛇婆苏吉缠在山上作为搅杵的搅绳。

作为生命保护之神，毗湿奴可以变换成各种化身，打败威胁世界平衡的邪恶力量。而在这场特殊的战斗中，毗湿奴变成了巨龟俱利摩，俯身将曼陀罗山驮在背上，龟壳支撑着搅海的杵。多亏了龟和蛇的共同努力，经过1000年的搅拌，在洪水中失去的珍宝浮现在乳海表面，其中有月亮、香洁牝牛、谷酒女神和不死甘露。

印度教中掌管死亡与毁灭之神——湿婆，也被尊为生殖之神，以林伽（梵语中指阴茎）为标志。印度教徒颂扬和崇拜代表男性性能力的林伽。据说，湿婆身上缠着一条到三条蛇，婆苏吉总是缠绕在他的颈项之间。蛇代表智慧和永恒，保护着湿婆，并传达着湿婆神掌管死亡的消息。

蛇会被用于各种文化下的宗教仪式中。其中一种比较不寻常的方式是驯蛇，这是美国东南部一些五旬节派教会不可分割的一部分，在那里教徒们会驯化铜头蝮（*Agkistrodon contortrix*）、木纹响尾蛇

3.10 美国一些五旬节派教会的成员通常驯用的两种毒蛇包括上图的铜头蝮和下图的木纹响尾蛇

（*Crotalus horridus*）以及用得比较少的棉口蛇，用来测试他们的信仰。驯蛇最早是1909年在田纳西州的蚱蜢谷兴起的，当时的农夫乔治·汉斯利认为自己受到了神的召唤，要亲身验证《马可福音》第十六章第17～18节："信的人必有神迹随着他们，就是奉我的名赶鬼。说新方言。手能拿蛇。若喝了什么毒物，也必不受害。手按病人，病人就必好了。"

汉斯利抓到一条很大的响尾蛇，发现它很容易被驯化，便把它带到教堂，在那里说服其他教会成员通过驯蛇来证明他们的信仰。这种宗教热潮很快就蔓延到该地区的其他教堂。到1934年，肯塔基州也有了驯蛇活动，在那里，圣灵降临教派又在他们的治疗仪式上增加了按手和说方言的做法。驯蛇活动一直持续到今天，主要分布在俄亥俄州、肯塔基州、田纳西州、亚拉巴马州、佐治亚州、佛罗里达州北部和西弗吉尼亚等地区。亚拉巴马州、肯塔基州和田纳西州已经在法律上禁止了驯蛇活动，但在西弗吉尼亚，宗教驯蛇是合法的。

在《他们相信》（*Them That Believe*）一书中，小拉尔夫·W. 胡德和W. 保罗·威廉姆森描述了一项典型的礼拜仪式，时长两到三个小时。会众相互问候之后，他们齐声祈祷。一个人开始颂唱，很快其他人也弹起吉他、敲鼓、敲铙钹、摇铃鼓，赞美起上帝。有人走近讲坛，打开一个木箱，取出一条蛇。其他信徒也将蛇从他们的木箱中取出，并将蛇传递给那些受到召唤而来参加仪式的人。人们捧着很多蛇，与蛇共舞，一边跳跃，一边摇晃着它们，似乎一点都不惧怕被蛇咬伤。在仪式进行到"若喝了什么毒物"这部分时，参与者会啜饮讲坛上泥瓦罐中的有毒液体（通常为士的宁或者苯酚）。信徒们会怀着敬畏之心各自敬拜上帝，然后通过祷告和按手向病人和精神上有需要的人施术。在此之后，信徒们会献上颂歌，分享个人见证，即兴布道。

致命的咬伤也会发生在驯蛇仪式中，但比人们想象的要少。据报道，从1930年至2006年，美国有89人死于宗教驯蛇。怀疑论者当然想知道为什么死亡人数只有这么多。熟悉教堂的人声称，在仪式上使用的蛇大部分是刚捕获的，并没有对它们进行任何驯化。蛇在人与人之间传递的时候会受到很大侵扰，因而无法正常实施防御行为。此外，木纹响尾蛇在所有响尾蛇中，性情较为温和，铜头蝮毒液的毒性又很弱。被咬伤的驯蛇者除了祈祷之外，拒绝所有的医疗救助，因为接受医疗救助等于承认自己信仰不够坚定。佐治亚州南部和佛罗里达州北部的教徒有时会去驯化东部菱斑响尾蛇——一种体形较大、更容易被激怒的蛇。乔治·汉斯利75岁时在佛罗里达州去世，他死于东部菱斑响尾蛇的咬伤。他曾经声称在45年驯养毒蛇的过程中，他被毒蛇咬伤446次，而每次都挺了过来。

2014年2月15日，肯塔基州米德尔斯伯勒市的杰米·库茨——第三代驯蛇师兼牧师，在礼拜仪式中被响尾蛇咬伤而死亡。这则消息广受关注，因为就在几个月前，国家地理频道真人秀节目《蛇的救赎》（*Snake Salvation*）还专门报道了库茨。尽管自1940年以来，在肯塔基州，宗教驯蛇是非法的，但是当局极少强制执行这项法规，原因是不愿意以人们的宗教信仰为由指控他们。

有些文化崇拜蛇本身，也就是蛇崇拜。古埃及宗教涉及太阳和蛇的象征崇拜，尤其是眼镜蛇。埃及神话中有许多涉及神和蛇联系的内容，这些神祇包括蛇女神瓦吉特、食物和收获女神列涅努式。太阳神拉有时被称为"被蛇盘绕着的蛋"。

眼镜蛇被看作印度教生殖之神湿婆显圣，从公元前1600年起就在印度和巴基斯坦被人们崇拜。古代蛇崇拜的遗习现在仍然存在，人们相信眼镜蛇能使女性生育，确保农作物丰收，并且代表着永生。相信眼镜蛇力量的教徒会设立神龛，供奉它们，并会在一年一度的节日中颂扬它们。想要怀孕的女性会在眼镜蛇的栖息地附近留下牛奶、藏红花和蜂蜜。

1893年，孟加拉国公务局的地方官员W.克鲁克写道，蛇在印度北部受到崇拜的原因有很多。其中一个原因是，蛇是可怕的对手，人们害怕"它隐秘的习性、蜿蜒爬行的动作、冷酷的凝视、吐出来的叉形舌头、突然而致命的攻击"。不过，蛇受人崇拜也有一些积极的因素：蛇是人类家园和乡村庙宇的守护者，是智慧生物，并且与云和雨有着密切的联系，还象征着生命、永恒和性能力。印第安人在他们特设的神庙里崇拜蛇，把蛇刻在寺庙的石头上，还很尊敬溜进家中的蛇，视它们为已故的祖先。希腊历史学家普鲁塔克（约46—120）写到，印度人会用年老的女性祭祀蛇神；她们会先被判处死刑，然后活埋在印度河畔。

非洲的许多民族都很尊敬和崇拜蛇。例如，人们普遍认为死去的人会变成蛇归来，酋长的灵魂栖息在蟒蛇身上。人们若在坟墓边碰到一条蛇，会将其视为墓中逝者的灵魂。丁卡人把蛇当作兄弟，会给它们洗牛奶浴，往它们身上涂抹黄油。许多丁卡人会把蟒蛇养在家里，他们认为杀蛇会给家庭带来厄运。他们也尊敬蟒蛇，因为他们相信蟒蛇身上寄居着神灵，若是试图杀害蟒蛇，就会激怒神灵，遭到蛇的攻击。巴里人相信他们是黑蟒蛇的后裔，非常尊敬这些毒蛇并为它们供奉牛奶。

蛇崇拜在非洲西部的贝宁地区根深蒂固。人们认为蟒蛇控制着水资源的供给、大地的产出能力和人类的生育能力。在18世纪和19世纪，每个村庄都供养着捕来的蟒蛇。祭司们给蛇喂食，用歌舞款待它们。人们非常重视蟒蛇崇拜。19世纪中叶，任何一个被蟒蛇触碰过的孩子都会在拜物教学校里待上一年，学习蟒蛇崇拜的舞蹈和歌曲。如果一个人杀死了一条蟒蛇，即使是意外，也会被关进茅屋下面的一个洞里，里面铺满抹了棕榈油的干草。杀蛇者全身会被淋满油，在放火点燃茅屋之后，杀蛇者不得不从洞中冲出，穿过火焰到最近的水源。而在他逃命的时候，蛇祭司们会用乱棍揍他。

不列颠群岛的居民也奉行蛇崇拜。胡（不列颠）是凯尔特民族的神，大蛇是他的标志。英国是崇拜蛇与太阳的德鲁伊教的主要聚集地。在爱尔兰，人们建造纪念碑来祭拜太阳和蛇。在爱尔兰的米斯郡的一个洞穴中，人们发现了与波斯太阳神（其象征就是蛇）崇拜有关的文物：一些刻着神秘图案的石头，这些图案看起来形似盘起来的蟒蛇。

3.11 西非贝宁共和国仍然崇拜蟒蛇，那里的房屋角落饰有突出的蟒蛇头雕像。图中的雕像是布奇和朱迪·布罗迪（Butch and Judy Brodie）的藏品，长17英寸（约43厘米）

在威斯康星州、密歇根州、艾奥瓦州、俄亥俄州和密苏里州发现的大量古代蛇形陶制器物表明，北美洲的一些先民崇拜蛇。俄亥俄州西南部的大蛇丘是世界上迄今发现的最大的蛇雕像冢。蛇身展开长度接近1350英尺（约411.5米），高3英尺（约0.9米）。蛇伸出的脖子略微弯曲，张开的下颚似乎正在吞食一枚椭圆形的蛋。椭圆形区域可能是举行相关仪式庆典的重要地点。考古学家和其他人仍在争论土丘建造的时间、建造者的身份以及建造目的，但是从建造这个雕像家所付出的巨大努力来看，它一定意义非凡。

本章开篇引自摩根的那段话，体现了我们对蛇的双重看法。在整个历史进程和全世界范围内，人们要么认为蛇是善良的，要么认为蛇是邪恶的，或者更常见的是，认为蛇亦正亦邪。这么看来，有些人喜欢蛇，有些人厌恶蛇，也就不足为奇了。

爱蛇的人如何才能让厌蛇的人相信蛇是一种值得保护的动物呢？教育很关键。我们需要向人们传授鉴别毒蛇和无毒蛇的知识。一个人如果不知道自己面前的蛇是否有毒，就很可能会认为它是毒蛇而惧怕它。恐惧会导致厌恶。下一步是要教人们遇到蛇后的应对方式。要给蛇留出空间，从远处看过去，你会发现蛇也很迷人。不要侵扰或试图杀死它，这样做可能是违法的，还会大大增加被咬伤的可能性。我们还需要向公众说明蛇的特别之处以及它们对水陆生态系统的重要性。一个人如果能够鉴别所遇到的蛇，知道该如何应对，并且懂得欣赏它们的生物学特点，那么他（她）尊重蛇的可能性要比那些对蛇一无所知的人更大。

但我们并不像我们说的那样理智。我们买传统的六居室、三车库的住宅，因为这样的住宅对我们很有吸引力，尽管我们知道更应该买带有太阳能电池板的四居室住宅。我们会买最惹火的细高跟鞋，不是因为它们舒服，而是为了穿起来性感。由于人们对蛇的第一反应往往是基于情感而不是认知，因此我们需要改变人们对蛇的感觉。

在《蛇：生态与保护》（*Snakes: Ecology and Conservation*）这本书中，戈登·伯格哈特及其同事建议，拯救蛇的一种可能方法，就是让人们重新尊敬起蛇来。也许科学家在与公众互动的时候，不应该让自己远离精神价值观的层面。现代科学对蛇的理解可以用精神层面的信息来包装，这是由环境保护主义者E. O. 威尔逊倡导的一种崇尚自然的方式。在《创造》（*The Creation*）一书中，威尔逊建议科学家和宗教领袖联合起来努力保护自然，拯救万物。同样，伯格哈特和他的同事们也写道：

我们必须尊重这样的人，他们需要从那些解释宏大事件的故事中探寻其价值和意义。我们期望实现的目标，是争取足够多的人去重视蛇，并且为保护蛇及其栖息地而做出努力。两栖爬行动物学家应该去回忆一下，最初是什么使自己对蛇产生了兴趣，尤其是在我们追求客观的过程中，那些曾经让我们难以启齿的与蛇有关的情感体验。

对于我来说，在厄瓜多尔雨林中观看彩虹蚺就是这样一种情感体验，我的情绪在科学解释、审美鉴赏和惊叹不已之间来回变换。真希望我能把这种情感体验分享给那些不喜欢蛇的人。

与伯格哈特的建议类似，伊娃·M. 图里和玛格丽特·K. 德温妮在《神话学导论》中写道："科学家研究神话是因为他们不愿只沉浸在自己的世界观里，以至于无法察觉到所关注的问题其实还存在不同的视角。"我认为我们应该多去研究神话传说。我认为，如果我们能更好地理解文化中的观念，我们就可以将这些看法融入教育，并最终促进人们去保护蛇以及其他受人诋毁的动物。

4

歌声与雷鸣
蛙、蛇和雨

我爱蛙的样子，尤其喜欢它们趁着温暖的夜晚，群聚在湿地，高唱着性之歌。

——阿尔奇·卡尔《向风之路》

我拥有许多十分美妙的田间回忆，其中就有冒着细雨看蛙的情景。要是再加上发现蛙那一刻的兴奋心情，就会拥有一个神奇夜晚，一个无法忘怀的奇妙之夜。

那是在雨季初期，一天下午，倾盆大雨灌满了我在阿根廷北部研究基地旁边的池塘。雄性猫眼珍珠蛙（*Lepidobatrachus llanensis*）、蜡白猴树蛙（*Phyllomedusa sauvagii*）、绿角蛙（*Ceratophrys cranwelli*）、哭泣蛙（*Physalaemus biligonigerus*）和泥巢蛙（*Leptodactylus bufonius*）[1]发出了震耳欲聋的蛙鸣——呱呱呱、咯咯咯、嘎嘎嘎、呜呜呜，还有类似鸣笛吹哨的声音。我一边竖起耳朵，一边聚精会神地凝视着泥巢蛙。它们部分的筑巢行为已经为人所知，但尚未有人提及是谁封住了巢穴的出口——是蛙妈妈，还是蛙爸爸？以及这一过程是怎么完成的。

我看到几只雄蛙将泥浆推入池塘边缘中空的锥形土墩，然后从顶部开口爬进去，接着开始鸣叫。过了一段时间，每个巢穴都来了一只雌蛙，蠕动着钻进巢中不见了。在两个多小时的等待中，我忍受着嗜血蚊子的叮咬，盯着那些泥团观察。最后，有两

1　中文学名为"蟾形细趾蟾"。

只蛙从一个巢穴中出来。蛙爸爸蹦蹦跳跳地离开了。蛙妈妈用它的前腿推着泥，沿着巢穴边缘向上爬到顶部，它在巢穴四周重复着这样的动作。其他雌蛙也用同样的方式封闭巢穴。用来封顶的泥浆比周围的泥土要湿润得多，可能是雌蛙为了湿润泥土而在上面撒了尿，这会使它们的建筑材料更加实用。那可真是一个神奇的夜晚！

对于生活在有蛙的地方的大多数人来说，蛙和雨水之间的联系是显而易见的。它

4.2 蛙经常在雨后突然出现。雄蛙鸣叫着吸引雌蛙，很快就会有雌蛙前来与之交配。上图：雄性美国绿树蛙（*Hyla cinerea*）正在召唤伴侣。下图：正在抱对的西部蟾蜍（*Anaxyrus boreas*）

4.1 泥巢蛙在洼地的淤泥中建造中空的锥形巢穴（上图）。一对泥巢蛙在巢中产卵、受精后，便离开巢穴，雌蛙用泥覆盖巢穴开口（中图）。一段时间之后，雨水淹没了巢穴，蝌蚪就散布到新形成的水洼里。下图：成年泥巢蛙

们常常在降雨后出现并觅食昆虫。它们正打着求偶的主意。当池塘和水坑灌满水时，雄蛙便会鸣叫着吸引雌蛙，而怀着卵子的雌蛙则会循着叫声选择自己的配偶。

虽然有些种类的蛙能够忍受干燥的环境，但大多数需要生活在潮湿的环境中。蛙的皮肤具有很高的渗透性，水很容易经由皮肤流失。因此，蛙在干燥的环境中会迅速脱水。蛙通过皮肤呼吸，但只有在皮肤保持湿润的情况下才能呼吸。高渗透性皮肤的优点是蛙蹲在布满露水的叶子或者潮湿的泥土上就能迅速吸收水分，这也是一件好事，因为蛙不喝水。蛙也需要水来进行繁殖。它们的卵子被一层层胶质囊膜包裹，这些胶膜能迅速吸收水分，但也会迅速失去水分，所以蛙卵必须在水中或潮湿的地方才能发育。雨后，低洼地被注满了水，干燥

4.3 雨后，昆虫变得更为活跃，捕食者啮齿动物也因此活跃起来，随之而来的，当然还有以啮齿动物为食的一些蛇类。上图：加州王蛇（*Lampropeltis californiae*）。下图：红钻响尾蛇（*Crotalus ruber*）

的地面也变得潮湿，从而满足了水生蛙类和陆生蛙类的繁殖条件。

我们也把蛇与水及雨联系在一起，其中的原因显而易见。第一，很多种蛇——包括蟒蛇、棉口蛇、水蛇和水蟒，生活在淡水中或水体附近。第二，许多蛇会去捕食生活在水体周围的蛙。第三，蛇通常在雨后出来觅食，这时候更容易被人发现。它们的一些猎物，比如啮齿动物会吃昆虫。雨后，昆虫活动会增加，觅食的啮齿动物也会因此变得更加活跃。第四，雨后，蛇会从被水淹没的地方钻出来，进入人类的房屋寻找干燥温暖的庇护所。第五，蛇长而弯曲的身体和蜿蜒起伏的运动方式，让我们联想到河流和其他流动的水体。蛇与雨的关系又将它们与彩虹、闪电和雷联系在了一起。

蛙之歌

自从大约11万年前中东地区开始农业生产以来，人们经常会把蛙与雨水联系在一起，因此也就觉得蛙类事关农业丰收。大约5000年前，伟大的古文明之一起源于埃及尼罗河流域。对于那些早期农民来说，在关键时期，降雨量若是太少会导致农作物歉收。而降雨量过多又会造成洪灾。在适当的时间降下适量的雨水对人们的生存至关重要。每年从七月开始，尼罗河都会泛滥。到了九月，洪水退去，在两岸各留下6英里（约10千米）宽的肥沃黑土带。在这片肥沃的土壤上耕耘播种时，农民们留意到洪水期间和洪水消退之后形成的水坑里聚集着蛙类。没过几个月，土地上遍布小蛙。尼罗河沿岸的蛙类数量如此丰富，于是蛙成了"hefnu"的符号。这是一个巨大的数字，或相当于10万，是埃及象形文字中的主要数字之一。

雨和鸣叫的蛙类之间的联系如此紧密，以至于世界各地的民间传说都将这两者联系在一起，这些故事几乎总能很好地体现出蛙类的特点。《韩国绿蛙为什么会发出悲哀的叫声》（*Why the Korean Green Frog Has a Sad Croak*）故事中的主角是一只叛逆的绿蛙，它总是与它妈妈对着干。有一天，绿蛙的妈妈知道自己快要死了。它想要葬在山里。但是它要怎么确定叛逆的儿子会尊重它的意愿呢？它告诉儿子："不管你做什么，不要把我埋在山里，把我葬在河里吧。"母亲去世的时候，绿蛙因为自己总是忤逆母亲而感到很难过。于是，它遵从了母亲的意愿，将其葬在了河里。每逢下雨，河水上涨，绿蛙总是蹲在河岸上，担心母亲的坟墓会被冲走。只要它活着，每次下雨的时候，它都会发出低沉的哀鸣。直到今天，绿蛙在下雨的时候仍会发出悲伤的叫声。

在一些文化中，人们认为蛙能带来降雨。创作于3000多年前的《梨俱吠陀》中有一首古印度赞美诗，提到了青蛙的歌声与天降的甘霖：被"雨水滋润"的青蛙，声音响亮动人。"蛙乐阵阵，齐声传来，如母牛和身畔牛犊的低吼声。"赞美诗的结尾是："在此丰饶繁盛时节，青蛙赠予乳牛数百，吾侪生命得以延续不息。"显然，古代印度教徒十分看重青蛙带来润物的雨水的能力。

古越南人将蟾蜍奉为降雨的象征。在许多古文物中都发现有蟾蜍的象形物，包括一面可以追溯到大约2500年前的鼓。一个越南的传说这么说，很久以前，蟾蜍和其他动物到天上去向神抗议大地太旱了。于是，天神告诉蟾蜍，每当大地需要降雨时，蟾蜍就磨一下牙齿。越南农民到现在仍然会因为蟾蜍"磨牙"而兴高采烈，这意味着雨水很快就会到来。越南人有一句谚语，表达了对蟾蜍的敬意："*Con Cóc là câu ông Tròi. Neu ai dánh nó thì Tròi danh cho.*"（蟾蜍是天神的舅舅。要是打了他，就会遭到天神的报复。）

至少在过去的1000年中，美国西南部的美洲原住民文化一直把蛙和雨水联系在一起，陶器上的蛙类图案就证明了这一点。霍皮人相信蛙与雨水有着直接或间接的联系。他们将蛙类尊为神圣的生命，并说当蛙类鸣叫时，那是它们在求雨，这对美国亚利桑那州沙漠高原的作物生长至关重要。蛙与克奇纳神也有关联。在神话中，克奇纳神是霍皮人的祖先，后来成为雨和雨云的精灵。克奇纳神是神与人类之间的媒介。这些神生活在亚利桑那州弗拉格斯塔夫附近的圣弗朗西斯科山顶，从冬末到来年7月下旬的生长季节结束期间，他们会离开山顶，与霍皮人待在一起。在陪伴霍皮人的时候，克奇纳神可以支配降雨，影响作物生长和收获。神话故事讲述了蛙类代表人们向克奇纳神祈求降雨，而霍皮人在求雨仪式中使用的碗上也绘着雨云、蛙类和蝌蚪图案。

4.4 长期以来，由于蛙与降雨和丰产的关系，世界各地的文化都将蛙的形象用在仪式器物和生活用具上。图为北美洲筑墩人文化中的蛙形烟斗。该藏品由布奇和朱迪·布罗迪收藏

与霍皮人一样，祖尼人也相信蛙与雨水有着直接与间接的联系。蛙不仅能够带来雨水，还有说服超自然神灵降下雨水的能力。祖尼人的一个神话故事说，人们离开地底去寻找家园，妇女们背着小孩过河，孩子们使劲又捏又咬，于是这些妇女就把他们

扔进了水里，然后孩子们就变成了乌龟、水蛇、蛙和蝌蚪。这些生灵后来转化成众神，祖尼人向他们祈求雨水来滋养庄稼。祖尼人现在仍用蛙和蝌蚪图案来装饰他们的水罐，以示对蛙类的尊敬。

在纳瓦霍人的一个名为"青蛙造雨"的民间故事中，郊狼在创世之初意外地在火山上引发了一场大火。大火向着先人居住的村庄蔓延。火山上没有水，所以第一个女人就问谁可以把水带到山上去灭火。每只动物都找借口说自己无法带水上山。首先是嘲鸫，它害怕烟雾会让自己失声。河狸、水獭、水貂和麝鼠都拒绝运送河水，因为它们担心自己的家可能会因此变成沙漠。乌龟说，如果它把它的湖倾泻在山上，就会导致洪水，把村庄冲入大海。

4.5 对于美国西南部的祖尼人来说，蛙是所有生命形态的共同纽带，因为它与水息息相关。蛙是尊贵的，其图案经常出现在祖尼人的陶器上，因为他们认为蛙能带来雨水并促进作物生长

最后，第一个女人问青蛙是否愿意把它沼泽里的水带到山上。青蛙呱呱叫着，潜入沼泽，把水吸干。白鹤把青蛙带到山上，青蛙在那儿往东南西北四个方向倾倒下了等量的水，最终，彻底扑灭了大火。第一个女人说整个陆地都需要雨水，于是，她便选了青蛙来唤雨。直到今天，青蛙都会呱呱叫着带来雨水。

前哥伦布时期的中美洲人认为，蛙是雨的精灵和雨的守护者。为了表达对蛙类的敬意，工匠们使用失蜡铸造技术制造蛙形雕像。他们先制作出蛙的蜡像，再将蜡像裹进黏土之中，最后加热使蜡像熔化流失。接着，工匠将熔化的黄金倒进变成空壳的模具中，制作出令人惊叹的金蛙。他们可以把这些金蛙放在山顶上或者作为首饰佩戴，并相信金蛙可以确保风调雨顺。

在世界上的许多地方，人们仍然相信蛙可以唤雨或者止雨。南非雨蛙（*Breviceps*）就是这样一个例子。这些小马勃形状的蛙大部分时间生活在地下。暴雨过后，它们就会成群结队地钻出地面来觅食和繁殖。一旦土壤开始变干，它们就再次消失在地下。南非人对雨蛙表现出极大的敬意，因为传说雨蛙具有召唤或者阻止雨水的能力，这对作物生长至关重要。如果一个人无意中挖出一只雨蛙，他或她就得把它重新埋回去，还要一起埋点儿人类的食物作为供品。

人们发挥奇思妙想，想出各种方法来用蛙求雨。在旧大陆，印度北部库马地区的人们把蟾蜍视为水精灵。当他们需要降雨时，就用树枝或者竹竿穿着蟾蜍嘴将其挂在树顶或竹竿上，他们相信当雨神看到被高高挂起的精灵时，会对蟾蜍心生怜悯而降下雨水。在曾经是英属印度的部分地区，一些人仍然把蛙类拴在杆子上，用尼姆树[1]的枝叶盖住，再带着被俘的蛙类挨家挨户地唱："快来吧，噢，蛙，水的珍宝！让田里的麦子和小米成熟吧。"与此类似，马来西亚人甩动被拴在细绳末端的蛙类来求雨。在东南亚，农民祈求神明和精灵送来及时雨，并在农作物丰收之时停止降雨。引来降雨的一个方法就是邀请沼泽里的蟾蜍——菩萨（一位开明的神灵）的化身来听人们吟诵圣言圣语。

在印度和孟加拉国的一些地方，村民们为雌蛙和雄蛙举行婚礼，以此作为敬奉雨神的传统仪式。祭司为蛙类夫妇举行婚礼之后，村民们会愉快地享受音乐、舞蹈和传统的婚庆食品——米饭、扁豆、鱼和甜食。在幸福的蛙类夫妇接受完祭司的祝福之后，村民们就将它们放归到附近的池塘中。如果一切顺利，上天很快就会降下滋润万物的雨水，村民们就可以开始播种了。

南美人同样也会利用蛙类来求雨，现在依然如此。委内瑞拉的早期加勒比人极其迷信蛙类能够送来雨水，以至于他们把蛙饲养在罐子中，认为只要它们在，他们就可以求得雨水。在干旱时节，这些囚禁蛙类的人会因为蛙类抗拒命令而打它们。虽然人

1　Nim tree，即印度楝树。

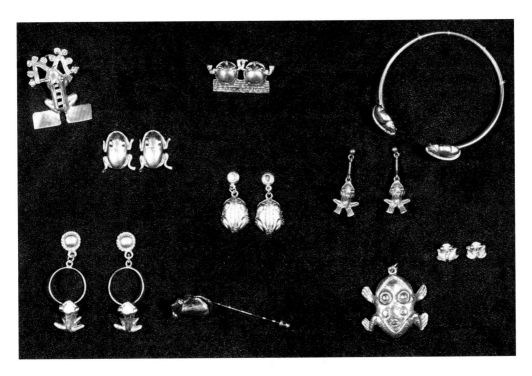

4.6 这些是前哥伦布时期哥斯达黎加蛙类古器物的复制品，反映了这种被用于祈雨的纯金小雕像的多样性

4.7 散疣短头蛙（*Breviceps adspersus*）在大雨之后出现，一旦土壤干涸就消失在地下。难怪人们会认为蛙类能够唤雨或者止雨

们不见得总是尊重他们的俘虏，但他们相信蛙类是水的领主，因此杀死蛙类是一大禁忌。每逢旱季，住在秘鲁高海拔地区的的喀喀湖周围的盖丘亚族人会把一些蛙装进陶瓷罐里，并将这些罐子放在山顶上。在那里，众神会将蛙类的求救信号当作祈求降雨的呼号，作为回应，众神会降下滋润大地的甘霖。

不同文化背景之下的民间传说都有讲蛙类守护着泉水和湿地，从而为每个人保证了水源，但是如果得罪了蛙类，它们也可以收回水源并导致干旱。这种想法在不同文化中都很相似：一只自私的蛙把水囤积起来，一些人或者动物前来向它求救，于是这个坏家伙再将水放出来。在一些故事中，放出的水致使洪水泛滥。这些故事，无论是否涉及洪水，都反映了人们赋予蛙类这种力量。

美国俄勒冈州威拉米特河谷的卡拉普亚族人告诉我们，在很久以前，蛙族人就控制了所有的淡水。为了得到饮用、烹饪及洗涤用水，人们不得不乞求蛙族人从他们的水坝里放出水来。有一天，郊狼发现鹿骨架上的肋骨看起来像大象牙贝的贝壳，那是一种有尖牙状突起的珍贵海贝，可以用来制作珠宝和其他装饰品。于是，郊狼想到了通过贿赂蛙族人来解决用水问题的办法。它说："让我喝很长时间的水，以此来换取我的象牙贝。"蛙族人同意了。郊狼解释说，因为它口渴得厉害，所以它会把脑袋埋在水下很长时间。它就这样做了。蛙族人担心郊狼意图不轨，因为它经常这样做，于是问了郊狼好几次，它怎么能喝这么多水。"我口渴。"郊狼回答。最终，郊狼站起来说："这就是我需要的。"话音刚落，大坝坍塌了。原来郊狼一直把头埋在水底下，不停地在水坝下面挖掘。当水冲进山谷，填满了干涸的河床时，郊狼宣告，现在水是大家的了。

澳大利亚原住民的传说提到，很久以前，提达利克[1]是一只又肥又大的青蛙，一天早上醒来，它觉得口渴得厉害，就把湖泊、河流和水潭里所有的水都喝光了。动植物因为缺水而死亡。睿智的老袋熊提出，如果能让喝得胀鼓鼓的青蛙发笑，它就会吐出水来。动物们一个接一个地试图让提达利克笑起来，但都没有成功，甚至连笑翠鸟最滑稽的故事也没有奏效。最后，鳗鱼纳博姆（Nabunum）用尾巴保持平衡跳起舞来，它的身子扭成一团，变成了滑稽的形状。提达利克实在忍不住了。它的眼睛闪闪发光，笑声从它的肚子里隆隆响起，水从它嘴里涌了出来，重新填满了湖泊、河流和水潭。这个故事还有其他的版本——在提达利克吐出水之后，一场大洪水淹没了整片陆地。

1 Tiddalik，澳大利亚原住民神话传说中的"口渴蛙"。

这些不同版本的故事反映了人们十分看重雨量过多和过少之间微妙的平衡。

提达利克传说的灵感很可能来自澳大利亚的储水蛙（*Cyclorana platycephala*）。储水蛙在旱季的时候（有时旱季可持续数年）会藏在地下深处。在潜入地下之前，储水蛙会将水吸收到它们的组织中，并用水填满它们的膀胱，以备后来不时之需。一旦潜入地下，它们就在自己周围蜕下外层的死皮，形成不透水的茧。在极端干旱时期，澳大利亚原住民徒步旅行时会挖出储水蛙，轻轻地挤出水——每只储水蛙可以挤出一杯水，以此来解渴。他们会小心地把储水蛙放回它们的地下洞穴里，并用泥土埋好。虽然把储水蛙重新埋入地下显示出人们对它们的尊重，但我很怀疑这些不幸的生物能否凭借其空空的"水箱"安然度过旱季。

4.8 澳大利亚储水蛙很可能就是提达利克传说的灵感来源，提达利克是一只又肥又大的蛙，它喝光了所有的淡水

在安达曼群岛的原住民讲述的故事中，很久以前，他们的岛屿深受大旱之苦，有一天，一只啄木鸟在高高的树上享受着蜂窝里的美味，低头看见一只蟾蜍正满眼渴望地盯着自己看。啄木鸟伸下一根藤蔓让蟾蜍抓住，承诺将它拉到树上来，与它分享甜蜜的大餐。就在蟾蜍快要到达蜂巢的时候，骗子啄木鸟松开藤蔓，把蟾蜍摔在了地上。

蟾蜍怒火中烧，把所有河流里面尚存的淡水喝得干干净净。后来，蟾蜍对自己的复仇行动非常满意，就高兴地跳起舞来。它跳着跳着，水从它的身体里涌出来，蔓延到陆地上，干旱也就此结束。

迷信蛙类能够预测天气的说法可以追溯到很久以前。希腊博物学家和哲学家泰奥弗拉斯托斯（约公元前371—前287）称，当蛙类叫得比平时更加厉害时，雨水就要来了。同样，在早期罗马作家的著述中也有类似的说法，蛙类呱呱地叫个不停时，这意味着马上就要下雨了。公元前44年，西塞罗说，当淡水蛙"像演说家一样滔滔不绝时"，就是在用它们刺耳的叫声宣布要下雨了。大约在同一时期，罗马诗人维吉尔也断言，从沼泽边缘发出的蛙叫预示着暴风雨即将来临。

"蛙雨"和"下蛙雨"的表达至少涉及两种不同的自然现象。一种是雨后刚刚完成变态的蛙类突然出现，此时潮湿的地面和植被为幼蛙从水生环境转向陆地提供了理想的条件。另一种现象是蛙类从天而降这种看似神秘的事件。数千年来，这类事件一直都有记载，但毫无疑问，大多数是虚构的。不过大风暴雨期间的强风确实有可能吹起动物，经过一段距离之后又让它们落下来。

雷与电

民间传说揭示了蛇与水之间的密切联系。美索不达米亚人把幼发拉底河想象成一条雄蛇。古埃及人相信生活在尼罗河的神是一条仁慈的蛇，它会让尼罗河年年泛滥，从而增加土壤肥力。中国人将黄河之神——黄河是中国第二大河，也是中华文明的摇篮——看作一条金蛇[1]。印度人把神圣的恒河视为半人半蛇。在许多文化中,蛇连接着河流与天空。蛇通常与彩虹有关联，例如，澳大利亚的彩虹蛇神话。在非洲丰族人的神话中，双彩虹象征着支撑大地的蛇。在彩虹尽头，人们可以找到"蛇的财富"（黄金）并将其从山中挖出。

作为一种强大的生灵，蛇能唤起人们对雷与电的想象。有学者认为蛇是闪电的第一个象征符号。锯齿形被认为是蛇、水和闪电的通用标志。闪电被想象成天空中的火焰，从一个巨大的生物身上闪耀出来。连迥然不同的芬兰和墨西哥（阿兹特克人）文化都将闪电比作蛇。在北美洲，特别是响尾蛇，长期以来一直与雷和闪电相关联。肖

---

1 本书作者将龙也归入巨蛇一类，此处按中国人的习俗应为金龙。

尼人把雷声比作天上响尾蛇咝咝的叫声。苏人把闪电想象成正在攻击猎物的响尾蛇。在米克马克人的一则传说中，雷声是七条响尾蛇挥动着尾巴飞过天空时所发出的声音，当它们俯冲下去袭击猎物时，就会产生闪电。克拉马斯人说，响尾蛇摇动尾部响环时会发出雷声。在更远的南部地区，居住在墨西哥索诺拉的奥帕塔印第安人，会将雷电看作响尾蛇发起的攻击。托尔特克人的雷神手执的金蛇就代表着闪电。

蛇象征着农业丰收，因为它们与雨水有很大关联。一些丰产之神会被描绘成蛇。古埃及的丰产和收获女神列涅努式是一条眼镜蛇。粮仓里经常设有小神坛供奉列涅努式。在保护粮食免受啮齿动物和鸟类伤害方面，还有什么动物能比得上可以吞食恒温动物的蛇呢？印加人的大地母亲帕查玛玛仍然受到生活在安第斯山脉的艾马拉人和盖丘亚族人的崇敬。帕查玛玛孕育、滋养并保护着所有的生命。作为丰产女神，帕查玛玛掌管种植和收获，同时也掌管天气。帕查玛玛经常被描绘成一条巨蛇或一个三头生物，乌龟守在她身前，青蛙攀在她背上，一条蛇盘绕在她腿上。

美国阿科马普韦布洛人相信神话中的角水蛇是掌管雨水和农业丰收的神灵，他们讲述了一个故事，解释了据说是他们远祖的阿纳萨齐人消失的原因，其依据就是这种神秘的生物。一天晚上，角水蛇勃然大怒，抛弃了人们。阿纳萨齐祭司向蛇祈祷并恳求蛇回归，但它不肯。没有了会带来雨水的蛇，阿纳萨齐人无法在干旱中生存，所以他们沿着蛇的踪迹寻觅，踪迹消失的地方是一条浩瀚的大河。于是，阿纳萨齐人在那里建立了新家园。（阿纳萨齐人的居住地在四角落地区——犹他州东南部、科罗拉多州西南部、亚利桑那州东北部和新墨西哥州西北部。关于阿纳萨齐人为何离开这个地区的一个重要理论，指向大约公元1150年开始的一场持续300年的大旱灾。人类学家仍然在争论，阿纳萨齐人是从他们的家园中永远"消失"了，还是迁移到降雨量较多的地区，并成了各种普韦布洛人的祖先？）

墨西哥中部的阿兹特克人把蛇视为雨神和农业之神特拉洛克[1]的同伴。人们描绘出的特拉洛克有着一双形似护目镜的眼睛以及一口美洲豹尖牙。早期的特拉洛克神像上有两条交缠的响尾蛇分别从他的嘴角爬下来。一根蛇舌从其中一颗毒牙下面卷曲着伸出来。在一些神话中，特拉洛克有天蛇作为同伴，天蛇能把天上所有的水都藏在它的肚子里。特拉洛克和天蛇共同掌管着雨、风暴、风和闪电。

---

1 Tlaloc，阿兹特克的雨神，是阿兹特克人的重要自然神之一，常与主神威济洛波特利一起被供奉在神殿中，其祭坛周围有蛇头石雕。

特拉洛克在特诺奇提特兰有着重要的地位，特诺奇提特兰成立于公元1350年，后来成为阿兹特克帝国的首都，城中心坐落着阿兹特克大庙[1]，两组梯级分别通向神庙。北边的神庙供奉着特拉洛克；南边的神庙供奉着威济洛波特利（Huitzilopochtli），这位战神通常有一张黑色或蓝色的脸，蜂鸟一样的身体，手持一条火蛇作为武器。神庙中供奉的这两位神反映了阿兹特克文化中农业与战争相互依存的关系。阿兹特克人认为这两位神在他们的生活中具有同等的力量，需要二者来共同保护墨西加人[2]的领土。此外，这两位神都与蛇有关。

阿兹特克大庙反映了两个季节，每逢这两个季节，太阳恰好运行到神庙上方。特拉洛克的神庙标志着夏天的雨季，威济洛波特利的神庙则标志着冬天的旱季。两个神庙之间的空间代表春分和秋分。当太阳照耀在特拉洛克神庙上时，种植庄稼、照料田地和休养生息的时节便到了；而当太阳移到威济洛波特利神庙上方时，那就是时候发动战争，并用活人献祭神灵了。有献祭者供养着太阳，世界就不会因为衰败而陷入黑暗之中。经过一段时间之后，献祭者会变成蜂鸟，继续活着。

人们会向特拉洛克和他的小雨神助手们供奉食物，以祈求降雨。在特拉洛克的神庙前面蹲坐着一个"查克穆尔"神（chacmool），那是一尊斜卧着的人形石雕像，肚子上放着一个碗。学者们认为阿兹特克人把人类献祭的心脏和鲜血放进碗里，用于供奉特拉洛克。在旱季，阿兹特克人将婴儿和幼童献祭给神灵。与众神分享食物，既是为了感谢使所有食物成为可能的神灵，也是为了安抚神灵，因为他们也能带来枯萎病、可怕的霜冻和干旱。当献祭孩子的母亲在祭祀仪式上哭泣时，所有人都欢呼雀跃起来，因为眼泪预示着降雨即将来临。

特拉洛克被前哥伦布时期墨西哥南部的萨巴特克文明称为"科西乔"。这位雨神和农业之神戴着一个怪异的面具，嘴上有尖牙，长长的分叉蛇舌从张开的下颚伸出。在萨巴特克人的传说中，在世界之初，科西乔呼出气来，太阳、月亮、星星、地球、植物和动物就从他呼出的气息中诞生了。早在16世纪40年代，萨巴特克人就用活人——主要是儿童——来向科西乔献祭，作为向他们供给种植庄稼所需的雨水的回报，亦以此来取悦科西乔，以求免遭洪水和其他自然灾害。

1　Templo Mayor，又称"特奥卡里大神庙"，是供奉雨神特拉洛克和战神威济洛波特利的金字塔形神庙。原庙已被西班牙殖民者破坏，现存的仅是塔基和石阶。大庙遗迹是阿兹特克文化最有价值的文物宝库。

2　Mexica，阿兹特克人也被称为"墨西加人"或"特诺奇人"。

4.9 墨西哥中部的阿兹特克人把蛇视为雨神和农业之神特拉洛克的同伴。特拉洛克备受尊崇，是因为他能带来对农作物至关重要的降雨，但他同时也令人畏惧，因为他会倾泻过多雨水而毁掉农作物

　　过去和现在的许多其他文化都相信，蛇既能够提供滋养大地的雨水，也会招致气候灾害。加利福尼亚的卡托人会唱起响尾蛇之歌以祈求暴雨停止。在日本神话中，蛇会为水稻田带来丰收，但是如果受到了人类的不公平对待，它们就会让洪水泛滥。在印度神话中，被描绘成眼镜蛇或人头蛇身的那伽几乎可以瞬间置人于死地，但他们也守护着水源并控制着雨云。如果人们能适当地取悦他们，那伽会带来甘霖并保护人们免受闪电和洪水的侵袭。人们在饥荒之年会向他们祈雨。在印度，人们仍然把眼镜蛇视为带来雨水和农业丰收的自然神灵。当受到虐待时，眼镜蛇就会引起干旱、洪水、海啸、地震和瘟疫，因此眼镜蛇总是备受人尊重。许多印度人相信，如果一条眼镜蛇被人杀死了，它的伴侣为了报复，不管凶手去了多远都会追杀到底，使之无处可逃。

　　一些文化将自然的破坏力，例如，龙卷风、飓风、旋风和水龙卷想象成巨蛇。祖鲁人将他们的龙卷风神因卡尼昂巴（Inkanyamba），看作一条在天空和大地之间扭动的巨蛇。希腊风暴之神提丰有一百个脑袋和一条蛇尾巴，他被视为旋风的制造者，就像阿兹特克人的云蛇米克斯古德一样。

　　尽管蛇是无足动物，但许多种蛇都是很厉害的攀爬者。它们在生活环境中蜿蜒滑

4.10 许多种蛇都是很厉害的攀爬者，例如这条得州鼠蛇（*Pantherophis obsoletus lindheimeri*）。也许正是因为这种能力，蛇被视为连接上层世界和下层世界的纽带，以及在人与神之间传递信息的使者

行，能够藏匿于看似不可见的裂缝之中。也许正是因为这种独特的移动方式，在许多文化当中，蛇被视为连接上层世界和下层世界的纽带，以及在人与神之间传递信息的使者。

亚利桑那州北部高原沙漠的霍皮人以蛇为信使，把祈求雨水的祷告带给众神，以确保作物丰收。每年八月，蛇祭司（蛇族男性）会捕获牛蛇、沙漠锦蛇和响尾蛇。在为期九天的一个神圣仪式上，蛇祭司为蛇祈祷，将它们置于浸泡着荷荷亚纳[1]根的水盆里，为其沐浴，并在精神上与之交流。最后一项传统仪式是蛇舞，在此期间，蛇祭司会口衔活蛇跳舞。蛇舞结束后，女人把玉米面撒在地上。舞蛇者把蛇放在玉米面上，让它们全身裹上玉米面。最后，霍皮人会在他们台地家园的下面将蛇放归大自然，让蛇把他们祈求降雨的愿望传递给众神。

很多关于雨和水的神话都反映了人们对蛇所持力量的恐惧和敬畏。在一些亚马孙原住民部落中，经期女性不得盯着彩虹看，以免这条"巨蟒"让她们受孕。在整个亚马孙地区，人们普遍认为水神首领水蟒升上天空，幻化成了彩虹。每当彩虹出现时，母亲们都会让孩子们待在屋里，因为看到彩虹水蟒的人都会生病。墨西哥的瓦斯特克人通常在埋葬逝者时让他们的面孔朝上。但如果这人死于毒蛇咬伤，他或她被埋葬时就会面孔朝下。如果不这样做，等待他们的将是四天不停歇的瓢泼大雨。

回想一下澳大利亚原住民创世神话中被称为彩虹蛇的巨型水蛇。各种各样的神话围绕着这种生物而产生。平常它们潜伏在水里，或隐匿于黑暗之中，但当它们显山露水之时，其一举一动足以打破自然界的平衡。彩虹蛇具有两面性：它们可以作为造物主，降下绵绵细雨，滋润万物，使大地焕然一新；也可以变成毁灭者，引来灾难性的洪水。因此，人们对它们既崇敬又畏惧。在一些地区，人们仍然信仰彩虹蛇，将其视为最强大的神灵。为了避免彩虹蛇的攻击，人们会避开那些从不枯竭的水坑。如果彩虹蛇受到了冒犯，这些水坑可能会泛滥并淹没村庄。

肖肖尼人有一个古老的传说。很久很久以前，湖泊和河流干涸了，植物枯死了，族人们又干渴又绝望。蛇说可以用它的力量带来雨水。它让人们将它扔上天空，扔得越高越好。一到天空中，它就伸展开躯体，变得越来越长。后来，它的头和尾巴弯回到地面，开始用弯曲的脊背刮下天空中蓝色的冰。它的身体变得红一块、黄一块、绿一块、紫一块的。从天上刮下来的冰融化了，化成雨水降落在大地上。河流和湖泊被

1　hohóyaonga，生长于美国的一种稀有的十字花科植物，英文名为"bladderpod"。

4.11 根据肖肖尼人的传说，蛇用弯曲的脊背从天上刮下冰来，为干枯的大地降下甘霖。蛇留在天空中，并且一如既往地滋润着大地。每当下起太阳雨时，蛇弯曲的身体就像彩带一样在空中熠熠闪光

水充盈，遍地鲜花怒放。人们在清新的雨水中洗去污垢，为留在天际的蛇起舞颂扬。每当下起太阳雨时，你就可以看到蛇弯曲的身体在空中闪闪发光，犹如一条红、黄、绿、紫相间的彩带。在夏天，刮下来的冰变成雨落下。在冬天，它变成雪落下。当蛇发怒时，就会变成冰雹直接砸下来。

　　长期的干旱会毁掉人类的文明，在这种情况下，古代人又是如何看待蛙和蛇的呢？在美国四角地区的悬崖上穴居的阿纳萨齐人并不是唯一受到长年累月的干旱影响的族群。大约4200年前美索不达米亚阿卡德帝国的瓦解、1500年前秘鲁沿海莫奇卡文

明的衰落、1200年前中美洲玛雅文明的崩溃，以及大约1000年前玻利维亚−秘鲁高原地区的蒂亚瓦纳科文明的终结，关于其原因，一个重要的说法就是长期持续的干旱。在降雨总是未能实现时，苦于干旱的人们是否会相信蛙和蛇抛弃了他们呢？答案如果是肯定的，他们一定想知道，他们在哪里触怒了这些动物。他们没有奉上足够多的贡品吗？要是他们多跳些舞，多唱些歌，多去祈祷，或者奉上更多的活人献祭，或许动物们就会为他们降下及时雨吧。

想想古代的玛雅人，他们的农作物丰收依赖于季节性降雨。玛雅雨神之首恰克[1]经常被描绘成一位全身覆满爬行动物鳞片的老人。恰克手中拿着一条蛇或一根蛇形手杖，蛇象征着雷与电。恰克用蛇或手杖击打云层，就会有雨形成。恰克以及他的雨神助手——统称为恰克斯[2]——还可以通过倾倒他们装满了雨水的葫芦，从天上降下雨来。他们控制着整个大自然：水、云、雷、电、大地、天空、植物，还有动物。玛雅人认为水是神的馈赠，他们通过仪式和庆典敬颂恰克。在极度干旱之后，他们会献祭儿童来感谢雨神降雨之恩。

古代玛雅人把蛙与农业的丰收联系在一起，这在《马德里法典》[3]中有记载。有一页展示了一只蛙用树棒在地里挖沟播种。在雨季的第一场大雨之后，与玛雅人生活在一起的蛙"神秘地"出现了，并迅速繁殖，直到今天，它们依然如此。难怪当时的玛雅人将蛙，尤其是一种被他们称为"乌奥"[4]的穴居蛙，看作恰克斯的侍从、信使和乐师。这种蛙圆滚滚的，肤色很深，背部中央有一条橙色竖纹。它们会发出低沉的"呜——哦——哦——哦——"声，召唤恰克斯来倾倒他们葫芦里的雨水。[乌奥在当地也叫"喝醉的癞蛤蟆"（sapo borracho），因为它的叫声听起来像醉酒之人发出的呃逆声。]

我想知道旱灾和外部力量是否影响了古玛雅人对蛙和蛇的看法。考虑到这些动物对于他们的重要意义，在八九世纪旷日持久的干旱中，面对他们日渐衰落的世界，南方人是否会将此归咎于蛙和蛇呢？在16世纪早期，西班牙人入侵时，北部玛雅人对蛇的信念面临严峻的考验。信奉天主教的征服者和牧师，对玛雅人的活人祭祀和偶像崇拜感到愤怒，其中就包括玛雅人对羽蛇神库库尔坎的崇拜。在基督教中，蛇是魔鬼的

---

1 Chaac，或译查克，是玛雅神话中的雨神和雷电之神，相当于阿兹特克人的特拉洛克。

2 Chaacs，指代表着东南西北的四位恰克。

3 *Madrid Codex*，前哥伦布时期，玛雅人用象形文字在树皮布上记载下来的文献。

4 *uo*，中文学名"异舌穴蟾"，是两栖纲无尾目异舌穴蟾科下现存的唯一物种。

象征。入侵者砸碎了圣像，破坏了金字塔和壁画，并毁掉了被西班牙人视为传播魔鬼谎言的神圣的手抄书籍。

4.12 乌奥——异舌穴蛙（*Rhinophrynus dorsalis*），被古玛雅人视为雨神的乐师，在旱季藏于地下。玛雅人认为，它们在穴居期间会用玉米果腹，所以才拥有了圆滚滚的体形

当代玛雅人又是怎么看待蛙的呢？一些玛雅人仍然崇拜乌奥，并且还会将它们与降雨联系起来。蛙耐得了干旱，象征着人类在干旱中生存的能力，在田地里偶遇蛙的农夫会因此而兴高采烈。墨西哥尤卡坦州和金塔纳罗奥州的玛雅人仍然举行"查恰克"（*ch'a chaac*）仪式来向恰克示好，并请求降雨。祈雨时，将四个男童的右腿分别绑在一个堆满食物的长方形祭坛的四角，让男童们模仿乌奥呃逆般的叫声和甘蔗蟾蜍的颤音，预报降雨即将来临。相比之下，许多当代玛雅人对蛙的看法跟我们大多数人的一样——它们只是自然景观的一个组成部分，既无正面意义，也无负面意义。

那么，当代玛雅人是怎样看待蛇的呢？在《尤卡坦半岛的两栖动物和爬行动物》（*The Amphibians and Reptiles of the Yucatán Peninsula*）中，朱利安·李写道：今天大多数农村地区的玛雅人都害怕蛇，不管它们对人是不是有害，也不管有没有毒，只要遇到就格杀勿论。对于许多现代玛雅人来说，蛇是魔鬼的化身，携带着巫师送来的疾病。这些观点呼应了欧洲人传到该地区的观念，说明了人类的迁徙可以改变民间信仰。

蛙与蛇和降雨及农业生产相关的这几个例子表明，这些信仰分布的地理范围广泛，并且有着悠久的历史意义。人们崇拜蛙和蛇，因为相信它们有能力供给滋润万物的雨水，但人们也惧怕它们，因为认定它们拥有引发干旱和洪水的强大力量。恐惧会招致仇恨，但也会带来崇拜。有时候，对蛙和蛇的尊崇正源于这样的恐惧：如果这些动物得不到任何好处，它们就不会及时适量地降下人们迫切需要的雨水。所以，许多文化中有献祭同胞来取悦众神的做法也就不足为奇了。尽管今天我们可能对这种做法感到震惊，但那些从事祭祀活动的人却把献祭视为一种神圣的活动，并且是确保雨神善待大地的必要之举。献祭是掌控自然的一种尝试。

我想人类总是希望能更多地掌控自然。人类相信其他动物有能力带来急需的降雨，或者充当人神之间沟通的信使，进而影响降雨。这种信仰赋予了人类一种假象——若能稳住动物有利的一面，我们就可以拥有掌控自然的能力。于是，这些故事就被代代相传下去。

5

第二次机会
蛙、蛇与重生

说来也奇怪,它们(蛙)长到六个月大的时候就会销声匿迹,回到泥沼之中,后来在春水中以原来的模样重生。同样地,由于某些隐秘的自然法则,这种现象年年都会发生。

——老普林尼[1]《博物志》(23—79)

隆隆的雷声从亚利桑那州北部的天空滚过。锯齿状的闪电伴着刺啦啦的声音骤然闪现。天庭突然大开,下起倾盆大雨,这是五个星期以来的第一场雨。在七月的那个雨夜,我打开房门,迎来一阵阵喧嚣的"哇哇哇"声。街对面的空地被雨水淹没了,于是,两栖爬行动物学家亚瑟·布拉格口中的"夜间侏儒"——大盆地旱掘蟾(*Spea intermontana*)从地下冒了出来。

几百只长着短鼻头的雄掘足蟾在水里蹦来蹦去,还哇哇哇地叫着,那声音震耳欲聋。在它们气球般圆滚滚的身体上,一双双"猫眼"望着远处。一夜过后,单调而沙哑的合唱退去,寂静登场。那些圆滚滚的身体也不见了,在浮茎上留下数以千计的卵子。"夜间侏儒"又一次消失在地下。它们要等下一次暴雨之后才会重新出现,可能要等上几个月,也有可能要到下一个季风季节。

---

1 Pliny the Elder,古代罗马的百科全书式的作家,以《博物志》(*Historia Naturalis*)一书著称。

自从开始反思周围的环境以来，我们觉得，人类很可能早已琢磨过蛙突然出现和消失的意义，得出的结论是，蛙是可以重生的，字面意义若非如此，至少在象征意义上是这样。

5.1 美洲掘足蟾（掘足蟾属、旱掘蟾属），又名"夜间侏儒"，生活在地下，在大雨之后会爬到地面交配繁殖

人类还长期观察到蛇蜕皮的现象，并将蛇蜕皮与重生、返老还童和长生不死联系在一起。希腊哲学家亚里士多德说，蛇通过蜕皮而获得不死之身。在埃及神话中，蛇是长生不死的：老去的蛇最终会长出翅膀，飞升而去。

蛙与重生

横跨世界各地，纵观历史长河，对于人们来说，蛙都象征着再生和重生。这种联系反映了蛙的三个生物学特征，其中之一更是反映着它们的本质："来去匆匆"。蛙在暴雨之后凭空出现，然后又消失不见。在温带地区，它们随着春季渐高的气温出现，又在秋季气温骤降时销声匿迹。古罗马学者老普林尼认为，蛙在一年一度的春雨中从泥土中重生。古埃及人把蛙与重生联系在一起，因为在尼罗河每年泛滥之后，那些人们认为已经死亡的蛙却神秘地再次出现。尼罗河带来肥沃的黑土壤本身就是一次自我更新的过程，而蛙似乎是这个过程不可分割的一个组成部分。人们将蛙的出现与尼罗河每年的洪水泛滥如此紧密地联系在一起，以至于他们相信蛙是水陆交融的产物。古埃及人会将蛙干掉的尸骸与逝者一同下葬，还会将蛙形护身符折叠起来，置于木乃伊的裹尸布中，以确保逝者能够重生。

5.2 蛙象征重生，部分原因在于它们会蜕皮，露出全新的皮肤。图中的桑巴瓦番茄蛙正在吞食它蜕下来的皮

其次，蛙象征着新生，是因为它们会周期性地蜕掉最外层的皮肤，露出下面一层新生皮肤。皮肤从头部开始沿着背部中间裂开，一直延伸至臀部。很多品种的蛙会用腿扯去蜕下来的皮肤，还会通过吃掉皮肤来维持养分。公元前1300年至公元前400年间居住在墨西哥东部低地的奥尔梅克人崇拜再生之神蟾蜍神。据描述，蟾蜍会吞食自己的皮肤，由此来维持死亡与重生的轮回。而民间传说表现出来的重生主要是癞蛤蟆蜕去外皮，变身为英俊的王子。

再次，蛙象征着重生是因为蛙类的许多品种都会经历一种神奇的变态发育过程：由水生、用鳃呼吸、会游泳的蝌蚪转变为陆生、用肺呼吸、会跳跃的蛙。我们对蛙的变态现象很着迷，也许是因为这种变化与我们从泡在羊水中的胎儿转变为婴儿进入外界环境的这个过程非常相似。就像蛙一样，我们也经历了生命中的关键阶段。近2000年来，从卵子到蝌蚪，再到成体的各个阶段，代表了从生到死，再到复活的循环。埃及科普特人是早期基督教会的引领者，他们将蛙视为复活的象征。他们把蛙像和科普特十字架一起刻在亚历山大港地下墓穴中的纪念碑上，描绘出两栖动物变态过程与耶稣基督复活的相似之处。科普特人还会用蛙的图案来装饰壶、盘子和长颈瓶。

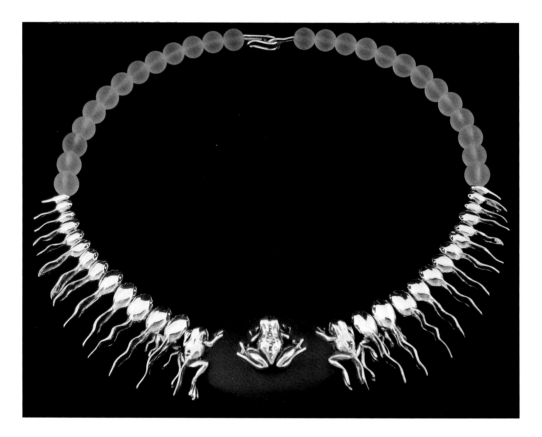

5.3 蛙也象征着新生，因为很多蛙原本是会游泳的无足蝌蚪，后来脱胎换骨，转变成了可以跳跃的陆生动物。图中的这条项链出自艺术家莱克西·迪克（Lexi Dick）之手，表达了我们对两栖动物变态发育过程的迷恋

　　蛙象征着长生不死，缘于人们认为蛙能够再生。古代亚洲的传说将蟾蜍刻画成守护着长生不老秘密的神灵。中国的传说主要讲述了刘海的故事，他是一个真实存在的人物，在公元10世纪时当过宰相，但他辞官归隐，通过修道寻求长生不老术。有一个传说讲刘海在花园里的水井中发现了一只受伤的蟾蜍，它只剩下了三条腿，无法逃出

水井。刘海救出了蟾蜍，从此以后，一人一蟾就结伴云游。这只三腿蟾蜍，名叫三足金蟾，为了报恩，它向刘海透露了长生不老的秘诀。日本人的故事则讲述了云游的智者蛤蟆仙人[1]和他睿智的顾问，一只骑在他肩上的三足蟾蜍。蛤蟆仙人长着多疣的脸，蓬乱的头发和驼背的身体，他可以变形，甚至能把自己变成一个年轻人而获得重生。他

5.4 三足金蟾向云游隐士刘海透露了永生的秘密以报答他的恩情

---

1 Kosensei，即 Gama Sennin（虾蟇仙人），是日本民间传说中的一位睿智的神仙。

有时把长生不老药送给他的蟾蜍同伴。在许多亚洲传说中，长生不老药是真菌灵芝或灵芝，它们生长在三足蟾蜍的前额上。在现实世界中，这种赤芝（*Ganoderma lucidum*）生长在腐烂的原木和树桩上，2000多年来一直作为一味中药为人使用，是延年益寿的珍品。

亚洲民间传说也将蟾蜍与月亮联系在一起。中国人在月亮上看到的不是人，而是一只蟾蜍。传说在公元前三千年，舜登上皇帝宝座时，天上多出了九个太阳，炙烤着大地。舜交给神箭手神羿[1]一张神奇的弓，神箭手射掉了天空中多余的九个太阳。天帝赐予神羿一颗长生不老仙丹，让他可以永久地居住在真正的太阳上。不久，神箭手的妻子姮娥[2]偷食了仙丹，她害怕丈夫生气，于是逃到了月亮上。在那里，她变成了三足蟾蜍。神羿深爱着自己的妻子，于是在月亮上建了一座宫殿。每月十五，神箭手会去月宫探望妻子，这就是每个月都会有一天月色特别明亮的原因。而蟾蜍，仍在不断地制造麻烦，它偶尔会试图吞下月亮——这就导致了日食的发生。

蛙类是重生的象征，在一些故事当中，人类发现自己被禁锢在非人类的身体里，后来经过"重生"变回人形，而蛙类则在其中扮演着重要的角色。变形故事的一个共同主题就是，丑陋的蟾蜍或者青蛙，在遇到美丽的女孩或公主后，会变成英俊的青年或王子。故事蕴含的信息是，事情并非总是像表面看起来的那样，变形可以往好的方面发展，是接纳、爱、怜悯的结果。在某些情况下，变形则是因为暴力而发生的，比如女孩把青蛙扔到墙上。在其他故事中，则是因为青蛙在女孩的枕头上过了夜或者得到了女孩的香吻。

最著名的青蛙变形故事应该是格林兄弟的《青蛙王子》。一天清晨，年轻的公主把她的金球扔进了一潭泉水之中。她哀叹道："要是能拿回我的球，我愿意献出我所有的东西。"一只青蛙将它的头伸出水面，说它不想要她的珠宝或漂亮的衣服，但如果她愿意爱它，让它用她的盘子吃饭，让它在她的床上睡觉，它就帮她取回金球。公主答应了，不过她并不打算遵守约定。青蛙潜入水中，浮上来的时候嘴里叼着金球，然后把球扔到岸边。公主喜出望外，捡起球就跑回了家。

那天夜里，青蛙轻轻地敲了敲她的门，提醒公主履行她的诺言。她砰的一声关上

1　Shen I，羿的神话大约发生在尧舜时期，羿在上古神话传说中的身份是太阳神或神箭手，名字为单字"羿"，通常被混称为"后羿"。此处描述的故事版本，可能因为各种翻译来源的转换，与中国传统民间故事内容有出入。

2　此处描述的故事版本可能出自《淮南子·览冥训》："羿请不死之药于西王母。姮娥（羿妻）窃之奔月，托身于月，是为蟾蜍，而为月精。"

门，把事情经过告诉了父亲。国王坚持要她遵守诺言，公主不情不愿地让青蛙用她的盘子吃东西，在她枕头上睡觉。就这样过了三个晚上。第三天早晨，公主醒来后，发现青蛙不见了，出现在自己眼前的是一个英俊的王子。王子向她解释，一个恶毒的精灵把他变成了青蛙，他要想恢复原貌只有一个方法，就是能有一位公主让他用她的盘子吃东西，并让他在她的床上睡三个晚上。后来，他俩结了婚，从此幸福地生活在一起。

在韩国民间故事《蟾蜍新郎》中，一个贫穷的渔夫因为每天捕到的鱼越来越少而陷入绝望。一天下午，一只大蟾蜍从渔夫经常捕鱼的浅水湖里爬了出来。渔夫见状就对蟾蜍破口大骂，以为它吃光了湖里的鱼。蟾蜍回答说："不要生我的气。让我住在你家里，我会给你带来好运的。"恼怒的渔夫一个人慌里慌张地回了家。蟾蜍并没有因此而退却，那天晚上，它来到了渔夫的家门口。渔夫的妻子把蟾蜍迎进家里，在厨房的角落里给它铺好了床，还拿虫子和剩饭给它吃。后来，无儿无女的渔夫夫妇像对待自己的孩子一样爱护它，蟾蜍也逐渐长得跟小男孩一样大了。

渔夫家附近住着一位有钱人，他有三个女儿。一天，蟾蜍告诉它的养父母，它想娶其中一个女儿为妻。渔夫的妻子拜访了邻居的主妇，当她转述蟾蜍的请求时，愤怒的邻居叫她的仆人去殴打渔夫的妻子。蟾蜍非常难过，因为它给养母造成了伤害。那天晚上，它把一盏点亮的灯笼用一根长绳绑在鹰的脚上。蟾蜍爬上一棵大树，大声警告说，天王会给这对夫妇一天时间重新考虑蟾蜍的求婚。如果他们不接受求婚，天王就会毁掉他们的家。当富人向窗外张望时，蟾蜍松开了绳子，鹰带着灯笼飞过天空。男人确信这消息是从天上传来的，于是决定让他的一个女儿嫁给蟾蜍。大女儿和二女儿拒绝了，但小女儿同意了。在新婚之夜，蟾蜍要它的新娘用剪刀把它背上的皮肤剪开。她沿着它的背剪开一条长缝，从里面走出一个英俊的小伙子。

第二天早晨，新郎披上蟾蜍皮。中午时分，村里所有的男人都出发去打猎，他们骑上马、带着弓箭。蟾蜍徒步加入他们，他没有武器。狩猎队打猎无果，空手而归后，蟾蜍仍留在森林里，他挥了挥手，一位白发老人出现了。蟾蜍吩咐老人带一百只鹿来，老人照办了。随后，蟾蜍赶着鹿回到了村子。一回到家，他就脱下蟾蜍皮。所有人看到鹿都吓了一跳，看到这个英俊的小伙子的时候更是震惊。后来，蟾蜍新郎带着妻子和养父母一起升天了。

一些变身的故事则恰恰相反——人在受到惩罚时会变身为青蛙或者蟾蜍。意大利民间故事《倔强的彼埃拉人》是这么讲的，在一个暴风雨的日子，一个农夫来到彼埃拉，经过一个老人身旁时，老人向他打招呼："祝你今天愉快。你这么匆忙要去哪里啊？"农夫回答说他要去彼埃拉，并没有放慢脚步。老人回应他说："你好歹说句'上帝保佑'啊。"

农夫厉声说："即使上帝不保佑，我还是要去彼埃拉。"然而就这么巧，这位老人就是上帝本人……他对农夫的话语感到不悦。上帝命令农夫跳进附近一处沼泽地，并且要在那里待上七年，然后他才可以去彼埃拉。于是，农夫变成了青蛙，跳进了沼泽。

七年之后，青蛙从沼泽中出来，恢复了人身，继续向彼埃拉行进。农夫很快又遇见了老人，老人又问他要去哪里。"去彼埃拉。"农夫回答。

老人又一次说道："你好歹说句'上帝保佑'。"农夫毫不迟疑地回道："如果上帝愿意保佑，那就太好了。若非如此，我晓得规矩，只好自行回到沼泽中去了。"

还有一种青蛙变身故事讲述了从丑到美的变化，比如秘鲁民间故事《溪流中的小青蛙》。故事里有三个主人公。一只生活在小溪边的青蛙，觉得自己长得很丑，渴望能像它的兄弟姐妹一样漂亮。溪流的一边耸立着一座雄伟的山，那儿有鸟王秃鹰。秃鹰有个仆人，是个被掳来的小牧羊女，名叫科露尔，意思是"晨星"。

一天早晨，科露尔恳求秃鹰让她在溪水里洗衣服。起初秃鹰不同意，因为担心她会逃跑。科露尔争辩道，只要它能听到她在岩石上捶打衣服的声音，它就可以知道她没有跑掉。秃鹰让步了。科露尔把她的衣服带到河边，一边啜泣，一边开始在岩石上捶打衣服。一个声音打断了她的哭泣："不要绝望，我会帮助你的。"科露尔环顾四周，看到岩石上有一只青蛙，就是那只觉得自己很丑的青蛙。女孩很赞赏青蛙善良的眼神和富有同情心的声音。小青蛙告诉科露尔，它拥有神奇的力量，可以让自己变成她想要帮助的人的样子。它提出要变成科露尔的样子，在石头上捶打衣服，而科露尔可以趁此机会赶快逃回她父母的家。

科露尔谢过小青蛙，并吻了吻它的额头，然后就跑回了家。这时，青蛙变的科露尔在岩石上捶打着衣服。过了一会儿，秃鹰飞到小溪边，嘎嘎叫着要科露尔回去。青蛙变的科露尔走进水里，变回青蛙的样子，随即便消失了。秃鹰尖声叫着要科露尔回来，但它只看到了自己在水中的倒影。愤怒之下，秃鹰飞回到它在山坡的巢穴中。

青蛙回到家，看到它的兄弟姐妹的脸上露出了惊讶的表情。"怎么了？"它问。

它们回答："你的额头上有一颗美丽的星形宝石。"果然，在科露尔落下感谢之吻的地方，出现了一颗形如晨星的宝石。从此以后，小青蛙就被称为小溪皇后，它再也不为自己的容貌而感到苦恼了。

我们似乎痴迷于蛙是变化和重生的化身这一看法，因为我们还在不断创作全新版本的变形故事。2009年，迪士尼动画影片《公主和青蛙》，将故事背景设置在了20世纪20年代的新奥尔良，还加入了巫术精灵和不同寻常的情节转折：女主角亲吻了被邪恶巫医变成青蛙的王子之后，自己也变成了青蛙。

5.5 蛙是重生的象征。图中的这只蛙是角囊蛙（*Gastrotheca cornuta*）

蛙象征着人们在精神世界的重生，被用作实现改变，改善个人状况的"魔宠"（贴身精灵或者图腾伴侣）。在《动物魔法》一书中，迪安娜·康威[1]从欧洲异教徒的角度，描述了如何与精灵动物一起实现精神成长。她描述了青蛙的"魔法"属性："象征着开始和转变。祛除消极和迷乱的心态，代之以正能量，享受新的生命周期中的快乐。在开始转变的时候，仿佛在鬼门关前走过一遭一样，不过在此之后就重获新生了。摈弃

1　迪安娜·康威（Deanna Conway，1939— ），是一名非小说作家，其作品涉及魔法、巫术、德鲁伊教、萨满教、形而上学和神秘学等方面。

负面想法，改正不良行为，开始一个新的生命周期。"为了在仪式和冥想中能更好地理解和吸纳蛙的力量，康威建议将下面的法力口诀背诵下来：

> 你的歌声标志着，
>
> 新的生活和新的开始，
>
> 这时刻充满惊奇和欢乐，
>
> 这时刻迎来重生与光明。
>
> 像春天里重获新生的小青蛙，
>
> 我满心喜悦地迎接新的序章。
>
> 勇敢地踏上这开端，
>
> 抛却困惑奔向光明。

蛇与重生

蛇的外皮干燥，并且覆有鳞片，必须定期脱落，蛇才能生长。在蜕皮的前几天，蛇会变得行动迟缓，肤色晦暗，眼睛浑浊。在浑浊的眼睛复明之后，旧皮肤开始沿着颌骨边缘周围剥落，蛇通常将其头部在岩石、地面或者原木上摩擦。纸一样薄的皮肤向后翻折，蛇就从旧皮里爬出来，将其里朝外整个翻过来。蜕皮过程可以持续若干小时。根据其种类和生活环境，蛇每隔几周或几个月就会蜕一次皮。由于蛇周期性蜕皮的特性，长期以来，它们都象征着重生。

作为重生的象征，古希腊人常把蛇与健康联系起来。通过蜕皮，蛇重新变得又年轻又健壮。根据传说，希腊医神阿斯克勒庇俄斯在看到蛇把药草递送给其同伴的举动之后，学会了治愈和长生的秘诀。阿斯克勒庇俄斯是一个伟大的医者，他把人们从死亡的边缘救回来，后来众神之父宙斯用闪电劈死阿斯克勒庇俄斯，阻止他让人类变得长生不死。希腊人描绘的阿斯克勒庇俄斯手持一根盘蛇杖。大约从公元前300年开始，对阿斯克勒庇俄斯的崇拜在希腊开始流行起来。蛇介入了治疗仪式，人们会让无毒蛇在病院的地面上四处爬行。直到今天，盘蛇杖仍然是西方医学界的标志。

水蛇海德拉的神话故事反映了古希腊人的信仰——蛇是可以复活的。它是一条巨大的九头蛇，并且气息非常难闻，吸入其气息的人都会倒地身亡。赫拉克勒斯十二项任务的第二项就是，受国王欧律斯透斯之令杀死海德拉。每当赫拉克勒斯砍掉海德拉的一颗脑袋，就会有两颗新头在那个位置长出来。最后，赫拉克勒斯每砍掉一颗头，就用火灼烧蛇脖子，他还把正中间的那颗头——不死之头——埋在了岩石下面。

20世纪50年代，在对宗教驯蛇的研究过程中，奉行弗洛伊德学派的美国人类学家维斯顿·拉伯理注意到，大量民间传说都提到蛇是由于其蜕皮能力才得以永生的。他推测，在某种程度上，人类在寻求永生的过程中会得出这样的结论：蛇会牺牲自身的一部分，也就是蜕去外皮，来获得永生。早期人类一定想知道，他们如何能够用类似的方式换得长生不老。最

5.6 蛇象征着重生和新生，因为它们能蜕去苍老晦暗的旧皮，重新露出闪闪发光的鳞片，宛若新生。上图：正在蜕皮的西部鞭蛇（*Coluber flagellum testaceus*）。下图：挂在灌木丛中的蛇皮

终，他们想出来的方法就是割礼。谢尔曼·明顿和马奇·明顿在《有毒的爬行动物》（*Venomous Reptiles*）一书中，写下了拉伯理的假说：

男性观察到自己的阴茎不仅形状像蛇，本身还拥有某些魔力，所以，他们模仿蛇，割去包皮，以期获得永生。这种具有象征意义的行为并未给他们带来即时可观的结果，但他们不愿放弃期望，并为自己的失败找出合理的理由。他们认为是上帝的创世计划出了差错。其中之意显而易见：他们觉得，人类应该是长生不死的，但是在通往不朽的路上发生了严重的错误，结果，蛇骗取了人类与生俱来的权利。

割礼似乎起源于古埃及，但它的起源则是一个谜。有一种推测是，它有可能是蛇崇拜者的一种重生仪式。直到今天，在许多文化中，割礼仍是一种成人礼，标志着青春期男孩转变成成年男性，开启了全新的生活。

不管你是否认同拉伯理的猜测，全世界的人都会问："为什么蛇能长生不老，而我们却不能？"世界各地的文化虽然各不相同，讲却述着相同的故事：蛇骗取了人类永生的机会，并将之据为己有。不妨回想一下坦桑尼亚瓦维帕人的故事（见第2章）。一个类似的故事也在卢旺达胡图族和图西族中流传。在很久以前，有一天，至高之神伊玛纳对一个天选之人说，晚上不要睡觉，因为他——伊玛纳——会给对方带来新生。一条蛇无意中听到了这段谈话。那天晚上，那人不小心睡着了，蛇收到了伊玛纳的消息："虽然你会死，但你会重生；虽然你会变老，但你会蜕皮。你的子子孙孙也会这样。"那人醒来之后，一直等啊，等啊……却始终没有收到伊玛纳的消息，于是，他就问伊玛纳为什么没有到来。伊玛纳意识到蛇代替男人收到了他的消息，但是他无法收回他所说的话。从那以后，人类会死去，而蛇则会蜕皮后重生。这个故事的结局是，为了安慰人类，伊玛纳宣布，从今以后，人们可以杀死蛇，并且杀蛇的行为一直延续至今。

蛇蜕皮比蛙蜕皮更加明显，也更加令人印象深刻。因此，也难怪蛇的变形故事反映了它们从皮肤里面爬出来的神奇能力，而蛙的变形故事则更多地反映了它们的变态发育过程。蛇的变形故事有很多种形式，蛇既扮演"好人"又扮演"坏人"。由于蛇与阴茎的联系，蛇的变形故事经常涉及欲望和性。菲律宾吕宋岛的伊富高人认为，菲律宾眼镜蛇是一种蛇人，它们变成女人，征服男人的灵魂，然后加速他们的死亡。在阿拉伯半岛上，贝都因人说沙漠眼镜蛇（*Walterinnesia aegyptia*）会用女人的声音发出呼唤，将男人引诱致死。

还有的蛇的变形故事则涉及爱情。中国民间故事《蛇仙》（*The Fairy Serpent*）[1]是这么开始的，一个男人每天都带花回家给三个女儿，让她们用作刺绣图案。有一天，在树林里漫步寻找鲜花时，他不知不觉地闯进了蛇仙的家。蛇仙勃然大怒，拒绝放男人回家，直到男人答应把一个女儿嫁给他。回到家之后，男人一五一十地把他许下的诺言告诉了女儿们。大女儿和二女儿都不愿嫁给蛇，小女儿却答应了，不过要在将来的某一天。

一天，姑娘们正在刺绣，一只黄蜂飞进房间，嗡嗡着："谁愿与蛇结婚？"姑娘们用针扎它，它就逃走了。第二天，两只黄蜂又问了她们同样的问题，姑娘们又拿针扎它们，它们也逃走了。第三天，来了三只黄蜂，之后是四只，如此这般，直到姑娘们无法再忍受黄蜂恼人的嗡嗡声。最后，小女儿同意立即嫁给蛇仙。

小女儿在蛇仙的宫殿里发现了专门为她制作的丝绸衣服和珠宝。她喜欢蛇的眼睛，

1　根据情节来判断，这个故事应出自中国台湾地区的民间故事《蛇郎君》。

但她觉得它的皮肤令人反感。起初，她不知道该如何跟这样的丈夫一起生活，但随着时间的推移，她忘记了自己曾经那么讨厌它。

有一天，她发现自己的丈夫快要干死了。于是，她便往它身上淋水，而蛇仙则爬起来，变成了一个强壮英俊的男子。姑娘的善良打破了邪恶精灵的魔咒，使他摆脱了蛇的外表。

印度皇室常常认为蛇就是自己的祖先，对此，有这样一个例子——那格浦尔的统治者声称，他们是蛇神与古鲁[1]女儿相爱之后生下的后代。为了赢得古鲁女儿的爱，蛇神变成一个英俊的王子。婚后，她总是埋怨他难闻的气息，并且对他

5.7 眼镜蛇是一种令人生怖的动物，有时却被当作印度皇室的祖先。图中的印度眼镜蛇（*Naja naja*）正展开颈部皮褶，威胁对手

的叉形舌头日渐生疑。蛇神一怒之下，变回了眼镜蛇的样子，一头扎进皇宫的池塘里。古鲁的女儿由于过度惊吓，早产死掉了。皇宫里的其他人在草地上发现了新生的婴儿，其被一条巨大的眼镜蛇守护着。从此以后，这个王朝就用一条长着人脸的眼镜蛇作为自己的徽章了。

有些人把蛇视为精灵魔宠，因为它们与重生有关联。例如，人们相信蝰蛇——在北欧大部分地区发现的唯一的毒蛇——具有实现转变的能力。在《动物魔法》一书中，迪安娜·康威描述了蝰蛇的"魔法"属性："为了更好地拥有而舍弃。睿智、狡猾、轮回再生。你需要摆脱阻碍你前进的人、处境或看法。"康威建议在仪式和冥想中吟诵下面的法力口诀：

---

1 印度教等宗教的宗师或者领袖。

我看你蜕去旧装改新颜，

小小蝰蛇换新皮。

如你这般，我为新生弃旧物，

另一个循环要起始。

由此，透过民间故事和传统信仰，我们可以看到，蛙和蛇扮演着突出的角色，这样的角色也反映了它们能够重生的"魔力"。每一个人在生活中都经历过重大的变化，并且通过改变摆脱重重危机，因此，在某种程度上来说，我们对这些动物会有一种亲切感。长期以来，变态发育和蜕皮现象激发了我们的想象力，并赋予了我们去做梦的勇气，让我们觉得也有享受人生的第二次机会。

从外表上来看，蝌蚪只有嘴巴、内脏和尾巴。再仔细看看，依然是嘴巴、内脏和尾巴。在蝌蚪到蛙的这一神奇过程中，一只只以藻类为食、靠鳍状尾巴游泳的小团子，变成了一个个大嘴巴、会跳跃的无尾捕食者。

博物学家威廉·贝比在《丛林边缘》(*Edge of the*

5.8 古代穴居的孩子们会把蝌蚪养在岩石水坑里，你觉得长大后的蝌蚪会让他们大吃一惊吗？我觉得他们一定会的，而且我敢打赌他们会觉得这种转变很神奇，就像我小时候养蝌蚪时所经历的那样。看到蝌蚪突然长出前腿，从上图过渡到下图——太有趣了

Jungle）中分享了他看到的无尾目动物的变态过程。贝比从圭亚那丛林中的一个池塘里舀出了四只蝌蚪。他给最大的那只蝌蚪起名格温娜维。"它像白蚁蚁后一样耐心地等待着。它回报我们以鲜活的生命，这正是我们最想要的。"贝比笔下的格温娜维，"嘟着翕动的嘴，还有一条难以驾驭的鞭状尾巴，连着一团螺旋盘绕的肠子。"不到三周，格温娜维长出后腿，虽然很小，但已俨然完美的蛙类肢体。

　　他记下了格温娜维几天后的外形："从上面看它，可以看到它身体两侧的两个小隆起，那是被包盖的前肢肘部在向外顶出。有两次，它受了惊吓，猛然向前游去，我看到它的前肢时不时地抽搐着；当它安静地休息时，前肢就不耐烦地摩擦、推开套住它们的组织。"贝比离开水族箱去吃午饭，回来后，他发现格温娜维变成了四足动物。"在这个小玻璃水族箱里，格温娜维刚刚张开了双臂——它摆动着猩红色的鳍，用没有眼睑的白眼睛瞪着我，它仍然有着鱼一样身体，被鳍围绕着。它直立起来舞动，新生的胳膊交叉在胸前，尾巴尖剧烈地摆动，还张开有着铙钹形吸盘的长趾，弯曲后退，准备有生以来的第一次跳跃，去它从未踏足过的地方。"第二天早上六点钟，格温娜维完成了变态发育过程，变成了一只巨猴树蛙（*Phyllomedusa bicolor*）。

5.9 博物学家威廉·贝比的蝌蚪格温娜维完成了变态发育，变成了一只巨猴树蛙

现在，想象一下，要是我们能像蛇一样，从皮肤里爬出来，重新焕发青春，那就再也不用靠注射肉毒杆菌毒素来预防皱纹了！再也不用靠抗衰老霜来淡化色斑了！再也不用担心皮肤松弛和皱纹了！许多人见过被遗落在地上或缠在灌木丛中的蛇皮。蛇完美的幽灵虽留下了，而获得新生的蛇则披着闪闪发光的新鳞片，去了别处，它吐着蛇芯子，伸缩着肌肉，心脏怦怦地跳动着。

更加令人兴奋不已的是，偶然遇见一条正在重生的蛇。正如雷蒙德·L.蒂特马斯对一条正在蜕皮的黑蛇的热情描述："它的眼睛变得白蒙蒙的，就像充满烟雾的泡泡一样。接着它们又变得清澈，与此同时旧皮下面出现了油状分泌物，全身的旧皮松弛下来，"蛇在岩石上摩擦，把松弛的旧皮从下颚部位往后推，"它开始往前爬，把湿润的、像薄纸一样的旧皮挂在植物的残茬上，然后慢慢地从旧皮里爬出来，将那层皮从头到尾彻底地翻过来……旧皮向后褪去，轻薄却完好无缺。整个蜕皮过程十分精细，蛇却熟练而缓慢地完成了。"

讽刺的是，这些代表着第二次机会的动物——蛙和蛇，在我们的变形故事中却是卑鄙、邪恶和肮脏的。这种显而易见的矛盾也许是说明在现实世界中，我们将蛙和蛇既视为善又视为恶的复杂认知的又一例子。

6

爱、道德与死亡
民间故事中的两栖动物与爬行动物

男人很早就注意到，女人的私处会莫名其妙地定期流血，就好像被蛇咬伤了一样。然而，在这种时候，女人似乎并无多大的不适，尽管她们可能会拒绝男人亲近并独自走开。男人怀疑他们的女人可能真的跟蛇有来往——也许在互相分享魔法秘密并私自进行神秘仪式。他们开始害怕女人，并对经血产生了深深的恐惧。

——谢尔曼·明顿和马奇·明顿《有毒的爬行动物》

民间故事反映了我们对周围世界的观察、质疑和思考。本章着重讲述与爱情（和欲望）、道德行为以及死亡起源有关的故事。这里分享的故事进一步说明了我们认为两栖动物和爬行动物既是善又是恶的事实。

长期以来，人类一直想搞明白死亡是怎么一回事，这一点从世界各地解释死亡之谜的民间传说中就可以看出来。我想，在许多文化中，孩子们在亲人和宠物离世时，会听到这些故事。我真希望多年前，在八岁的儿子失去他的宠物美洲鬣蜥伊奇时，能为他讲一个有关死亡的故事。罗布故作坚强，但他眼中的痛苦暴露了他内心的悲伤。他非常伤心。伊奇是他养的第一只宠物，这也是他第一次近距离接触死亡。伊奇为什么会死？这种不可挽回的东西——死亡，是什么？

6.1 伊凡，一只10岁的宠物美洲鬣蜥（*Iguana iguana*），看管着整座房子。它特别爱管闲事（一个好奇的家伙），总想让别人抚摸它的头和下巴，喜欢吃鲜嫩的蒲公英和芜菁叶

另一种流行的民间故事是寓言，能通过动物故事传达某种道理。寓言中通常有会说话的动物，并且非常滑稽。通过理解动物的思想和情感，我们习得了社会价值观和恰当的行为模式——如何对待自己、他人、动物以及环境。寓言为什么在讲道理方面如此有效呢？最近，在给菲奥娜讲故事时，我再次意识到，孩子们对状况不佳或陷入困境的动物抱有极其强烈的同情心。菲奥娜的叹息与愁眉透露出她的怜悯之情。儿童和成年人都能理解这些故事，因为在动物的言行举止上能够看到自己的影子。寓言不用说教，就把道理教给了我们。

那么爱情故事呢？正如本章开头的引文所说，蛇与人类的生育/性行为很早就交织在一起了。接下来，我会重点讲述关于蛇和爱情的故事。许多故事里都有雄蛇强奸、引诱或者爱上女人的情节，在另一些故事中则是雌蛇引诱或爱上男人。在一些故事中，蛇就是蛇，而在另一些故事中，蛇化身为蛇人。有些故事激发了我们的想象力；有些则涉及变形，教导我们要宽容，要有同情心；还有些爱情故事则鼓舞着我们。不管故事中蛇的形象是正面的还是负面的，它们总是被塑造得非常强大。

蛇是诱惑者和情人

无论是经血还是蛇都令人害怕，但是，若将二者放到一起就很残忍了。加利福尼亚的尤基人认为响尾蛇的毒液是最致命的毒素，因为它含有经血。美国西南部的一些纳瓦霍人和普韦布洛人认为响尾蛇之所以会咬伤经期妇女，是因为血腥味令它们感到不悦。希腊和意大利的年轻农妇在月经初潮时，会被告知不要在葡萄园里闲逛以免引出蛇来。阿根廷北部的民间信仰则警告说，经期妇女梳理头发时，必须迅速烧掉脱落的头发，以免它们变成毒蛇。在玻利维亚盖丘亚族人的传说中，蛇会趁经期女性熟睡或者醉酒时爬进她们的阴道。在一个故事中，一条蛇强奸了一个女人并以她的经血为食。在女人流产，生出一窝幼蛇之后，人们才发现这个罪魁祸首，并把它痛打一顿。在这个故事中，蛇是善是恶，根本用不着多问！

在南美洲北部加勒比人中流传着这样一个故事。有一天，一条大蛇侵犯了一个正在池塘里洗澡的经期女人。后来，她每天都会从树上收集一袋种子，但她从来不拿斧头砍树枝。过了一段时间，她的哥哥便偷偷尾随她，想探个究竟。他看见一条蛇从她阴道里溜出来，爬上那棵树，变成了一个男人。男人摇下种子，然后重新变成蛇，爬回到地上，溜回女人的阴道里。第二天，女人的哥哥带着他的朋友们回到这里。当蛇从树上爬下来时，他们袭击了蛇，把它砍成了碎块。女人把碎块埋在落叶下面，后来，这些碎块就变成了一个个加勒比人。这个故事的结局不错，正好解释了加勒比人是如何诞生的——由阴茎蛇的碎块变来的。

我们对蛇心怀恐惧，这也难怪世界各地的人都认为蛇会诱惑和侵犯女人。在印度原住民部落的故事中，少女与蛇是一个常见的主题，结尾必然是女人愤怒的亲戚们杀死了蛇，但是在此之前，蛇已成为小蛇的父亲。一个广为流传的南美神话警告女性不要在湖和池塘里洗澡，以免水蛇侵犯她们（加勒比人的故事只是其中之一）。年轻的日本女孩被告知不要在田里打瞌睡，因为蛇可能会爬进她们的阴道。据说，一旦蛇爬进阴道里面，因为蛇鳞的方向相反，就没法再把它们扯出来了。

在古代日本，人们相信具有超自然力量的毒蛇守护着火山。当武士们离开了村庄的时候，这些蛇就化为人形，诱惑武士们的妻子。这种信仰使得整个村庄的人声称他们是蛇的后裔，有些婴儿出生时皮肤干燥、呈鳞片状，这种现象更是让人们坚信了自己的看法。虽然蛇祖先听起来是个了不起的故事，但这种症状很可能是由鱼鳞病引起的，病名的来源就是因为增厚或剥落的皮肤很像鱼鳞。由于鱼鳞病是一种遗传性疾病，在近亲婚配极为普遍的小村庄里，它的发病率可能会很高。

哥伦比亚的库比奥人惧怕大蟒蛇，认为它们是淫邪的。库比奥妇女在木薯园中分娩，无论在分娩过程中遇到怎样的困难，她们都会将其归咎于大蟒蛇。更糟的是，若一个女人在分娩时死亡，人们就会认为她与大蟒蛇有奸情。前来接新生儿的大蟒蛇发现孩子是人类之后，便带走了母亲的灵魂。库比奥人还警告族人：大蟒蛇会在河岸上强奸经期妇女并因此养出一窝蛇来。我觉得他们对大蟒蛇的这种看法非常有意思，因为库比奥人相信他们的族人一开始是水蟒，蜕皮之后才变成了人（见第2章）。既然他们以水蟒祖先为荣，那么为什么他们对大蟒蛇的看法会如此不同呢？

人们常常因为蛇富有曲线的性感躯体而将其与女性联系到一起。事实上，在许多民间故事中，蛇会伪装成女人去诱惑男人。在印度神话中，雌性眼镜蛇伪装成魅惑的女人去诱惑男人。在欧亚大陆鞑靼人的民间故事中，大名鼎鼎的尤克萨是一条活了100岁的蛇，而且为了生孩子会变成美丽的女人去诱惑男人。中世纪神话中的魅魔，通常长着翅膀和蛇形尾巴，晚上会出现在男人的床上引诱他们，吸取他们的能量或血液。

新旧大陆的许多文化都警告女性性行为是危险的，并且蛇经常出现在这些故事中。男性偏执幻想的一个例子，就是广为流传的"阴齿"的故事，印度、南美和其他文化的神话中均有这样的故事。这也是2007年的喜剧恐怖片《阴齿》的一大看点。阴齿故事的主题是，某些女性的阴道中长有牙齿，能够在交合过程中咬掉伴侣的私处。这种神话故事有时是为了警告男人不要与不熟悉的女伴发生性关系，以及阻止强奸的行为。美国西北太平洋海岸的茨姆锡安人和夸扣特尔人的一个阴齿故事则称，女主人公的阴道是响尾蛇的嘴。一位部落英雄将咀嚼后的草药吐在她的生殖器上，随后，她的阴道就恢复原形了。在另一个美洲原住民传说中，女妖精诱惑寂寞的猎人，在交合时，猎人被寄居在妖精阴道的响尾蛇咬死了。

并非所有的蛇人恋故事中的蛇都是邪恶的。日本最古老的蛇人恋故事发生在公元8世纪，而故事中的蛇就是个善良的角色。一个名叫活玉依毗卖命[1]的美丽姑娘怀孕了，她告诉父母，一个不具姓名的英俊情人常来夜访。为了搞清楚这个情人是谁，姑娘的

1　Ikutama yori-hime，有文献将古汉字与现代汉字做比较之后，译为"活玉依比卖命"。

父母叫她在他衣服的下摆上缝一根麻线。到了早上，她就可以跟随这根线，追寻对方的踪迹。姑娘照做了，发现线从她卧室门上的锁孔穿了出去。她跟随麻线来到了圣山三轮山的神社。姑娘的情人原来是蛇形的大物主神。活玉依毗卖命的半神半人的儿子，后来成为神社的第一个祭司，从此以后，他的后代一直供奉着神社。这也是古代看守神社的家族总被认为具有半神血统的原因。

在一些民间传说中，蛇以女人的形象出现，与男人一起生活，却没有被识破。在一个流传很广的日本故事中，有个男人救了一条蛇一命。当天晚上，一个美丽的女子来到他的家。她迷了路，请求留宿过夜。男人把她带进家门，疯狂地爱上了她，并请求她嫁给他。她同意了，但男人必须答应她一个条件：将来她生孩子的时候，他不能偷看产房里的情况。这对夫妇幸福地生活了好几个月，女人为男人的家带来了好运，家业也兴旺起来。临盆之际，女人躲进了产房中。男人透过墙上的裂缝窥视，看见妻子变成了蛇，他吓坏了。后来，女人意识到她丈夫看到了她的真身，于是就回到了水里。因为男人触犯了禁忌，男人家的好运也随之消失了。

在一个情节相似的欧洲民间故事中，城堡主雷蒙德在森林中邂逅了一个美丽的女子。他恳求她嫁给他，她同意了，但有一个条件：星期六他绝不能进她的房间。如果他不遵守约定的话，她赐予他的一切繁荣和祝福都会消失。他答应了，两人结了婚，婚后几年一切都很顺心，只是他们的孩子天生都有残疾——第一个孩子有三只眼睛，第二个孩子的脸颊上长出了一只狮子脚，第三个孩子长了一颗巨大的獠牙。一个星期六，雷蒙德在妻子洗

6.2 响尾蛇张开的嘴，尖牙轮状排列，组成完美的"阴齿"！图为东部菱斑响尾蛇

109

澡时偷窥了她，看到她腰部以下变成了蛇的身体。她原谅了雷蒙德的失信。但是后来，雷蒙德在庭院前面说她是条"卑鄙的蛇"，听完他的话之后，她就从窗户跳了出去。她的身体在下坠时变成了一条长着翅膀的龙，随后消失在天空中。雷蒙德失去了财富和幸福。这就是蛇的威力。

6.3 在一则流传很广的日本故事中，蛇女的真身被丈夫偷窥到了，于是她就回到了水中，家里的好运也随之消失

一些蛇与人之间的故事是令人感伤的爱情故事，例如，印度民间故事《蛇的新娘》。一位婆罗门和他的妻子渴望有一个孩子。最后，妻子生下孩子，但那不是婴儿，而是一条小蛇。每个人都试图说服这对夫妇将小蛇丢掉。但这位母亲拒绝了，并用爱呵护着自己的儿子。小蛇成年时，这位母亲想为它找一个新娘。她的丈夫找遍了乡间都未能找到，因为没有女人愿意嫁给蛇。最后，他拜访了他最好的朋友，朋友替他美丽的女儿应允了这门亲事。这位婆罗门力劝他的朋友先见见自己的儿子，但朋友坚持认为没有必要。女孩遵从了父亲的诺言，和蛇成亲了。女孩满含爱意地照顾着睡在盒子里的新婚丈夫。一天晚上，姑娘在房间里发现了一个英俊的男子。她吓坏了，正要逃跑。那男子爬回蛇皮里面，证明他是她的丈夫。随后，他们开始了一种新的生活：晚上，丈夫蜕下蛇皮，两人一起度过夫妻共处的时光；而到了早晨，他再钻回到蛇皮里去。一天夜里，父亲听到女儿房间里有响声。他从裂缝中窥视，看见蛇变成了一个英俊的男子。父亲冲进女儿房间，把蛇皮扔进了火里。女婿一边感谢岳父，一边解释说他现在摆脱了把他困在蛇皮中的诅咒。打破诅咒的方法就是，有某人主动毁掉那张蛇皮。

遵守规则

许多寓言已经流传了2000多年。它们永远都不会失去魅力，因为它们说出了任何地方、任何人都能认识到的真理。这些寓言故事及其教诲深深地植根在人们心中。两栖动物和爬行动物出现在许多寓言中，尽管它们出现的原因并不总是很明显。有些故事体现了它们真实的特点，例如，青蛙的活泼好动和乌龟的行动迟缓；或是体现了人们真实的情感，例如，人类对蛇的不信任。其他寓言也可以用其他的任何动物来阐明自己的观点。寓言中所表现的行为是真实的还是虚构的，这并不重要，重要的是我们能够理解故事中的这些动物的言谈举止并吸取教训。

希腊人伊索（公元前620—前560），依靠聪明机智和讲故事的才能，摆脱了奴隶身份。获得自由以后，伊索四处游历，继续创作寓言故事。（有人认为事实上不存在这个人，我们口中的《伊索寓言》其实是多人集体创作的。）以下五则两栖爬行动物的寓言被认为是出自伊索之口，其中包含的道理不言而喻。

男孩和青蛙

有一天，一群男孩朝正在池塘里游泳的青蛙扔石子。青蛙吓坏了，还有几只青蛙被打死了。一只勇敢的青蛙把头伸出水面，大声喊道："在向我们扔石头之前，先停下来好好想想你们都在做什么。对于你们来说，这只是一场游戏，但对于我们来说，却是一场生死劫难。"

青蛙与牛

有头牛在沼泽草地上吃草时踩到了几只青蛙。其中一只青蛙逃脱了，然后跳回到它妈妈身边。它呱呱叫道："妈妈，我见过的最大的动物踩扁踏死了我好些兄弟姐妹。"

青蛙妈妈憋了一肚子气，问小青蛙那只动物是不是像它那样大。

"不，大得多。"小青蛙说。

青蛙妈妈把自己鼓得更大。"现在呢？"它问。

"不，比这还要大一百倍。"

青蛙妈妈非常生气，居然还有比它更大的动物！它又吸了一大口气，把肺填得满满的，心里想着："再大一点，再大一点……"最后，只听见"砰"的一声，青蛙妈妈炸开了花。

野兔和青蛙

有一天，一群野兔觉得生无可恋。人类用箭射它们，狗追赶它们，鹰把它们抓去当晚餐。为了结束这种痛苦，它们准备跳进湖里淹死自己。青蛙一家子正在岸边晒太阳，这时全都跳入了水中。其中一只野兔对大家说："事情并不像我们想象的那么糟。我们生活在恐惧中，那是因为我们以为无论是谁都比我们强大，但是这些青蛙害怕我们呀！就让我们变成像它们想象的那样强大、勇敢、坚强吧！"

龟兔赛跑

飞毛腿野兔嘲笑乌龟爬得慢，于是，乌龟就向兔子发起了挑战，要来一场比赛。兔子同意了，确信它会赢。毫无疑问，兔子很快就把乌龟抛在了后面吃灰尘。兔子相信自己有把握赢得比赛，因此就在中途打了个盹儿。乌龟锲而不舍地往前爬。等兔子醒来的时候，它发现乌龟已经越过了终点线。

农夫和蛇

一个下雪的晚上，一个农夫发现路边有一条蛇被冻僵了。他很同情蛇，于是就把它捡起来带回家，让它在炉火旁取暖。蛇扭动着，抬起头来，吞吐着蛇芯子。突然，蛇向前蹿出，在农夫最小的孩子的腿上咬了一口。农夫问蛇："你为什么用这种方式回报我的好意呢？"

蛇回答说："你和我都是老冤家了，你为什么要相信我？为什么我要因为你一时的心软就忘记我们之间的关系？"

农夫一边激动得大叫"我现在比以前更明白了"，一边杀了那条蛇。

从伊索寓言到年代更近的故事，我最喜欢的一则青蛙寓言是特里吉特人[1]的故事《青蛙的新娘》，故事中"丑陋的"青蛙告诫我们：过于骄横将会自食其果。在故事开始，一个酋长的女儿认为所有争着想娶她的男人都配不上她。有一天，她和姐姐在湖边散步时，捡了一只满身淤泥的青蛙。"你长得真丑，丑得没有其他青蛙愿意嫁给你！"她说着，就把青蛙扔进了水里。那天晚上，她看见一个英俊的男子，身上佩戴着绿色的珠饰。他邀请她和他一起去见他父亲，因为他想娶她。她同意了，因为他是她见过的最英俊的男人。他们走到湖边，消失在水面之下。

第二天，她的家人看到她的脚印一直通向湖边，以为她淹死了，于是他们举行了丧宴。春天到来的时候，有个人看见青蛙聚集在湖边上，酋长失踪的女儿被围在这群青蛙中间。那个人向蛙群走近的时候，青蛙们挟着酋长女儿跳进了水中。那个人向酋长报信，酋长和妻子还有另一个女儿匆匆赶到湖边。当他们走近时，那群青蛙又带着

---

1 Tlingit，阿拉斯加南部和英属哥伦比亚北部沿海地区以航海为业的美洲印第安人。

酋长女儿一起消失了。酋长的另一个女儿解释说："因为她对蛙族出言不逊,说它们丑陋,所以它们就带走了她。"

酋长恳求青蛙原谅他的女儿,他给它们提供食物和长袍。蛙族接受了酋长的礼物,但不肯放回他的女儿。绝望之中,酋长和其他人挖了一条沟渠来排干湖水。青蛙们拼命用泥浆填塞沟渠,但是蛙族的首领意识到这样做只是白费力气,于是把酋长女儿送回了她父母身边。

有很长一段时间,酋长女儿只能讲蛙族语:"呃,呃,呃。"不过,最终她又能讲特里吉特语了,她透露:"蛙族听得懂我们的语言,所以我们不能在言语上诋毁它们。"从此以后,人们就非常尊重青蛙。听到青蛙的叫声时,人们就会说,那是蛙族在给它们的孩子讲酋长女儿嫁青蛙的故事。

在一则中国民间故事中,有一天,一个小男孩发现了一颗蛋并将它带回了家。这颗蛋孵出了一条又瘦又小的蛇。多年以后,小男孩长大成人,在离开家乡去寻求功名之前,他向蛇索取一件礼物,作为他多年来对它无微不至的照顾的回报。蛇吐出一颗硕大而宝贵的珍珠。年轻人把珍珠带到京城,献给了皇帝。皇帝龙颜大悦,于是,钦点这位年轻人为宰相,位居一人之下万人之上。但是,新晋宰相却因为自己没有了珍珠而心生不满。他回到家乡,向蛇索要第二颗珍珠。蛇张大了嘴,宰相以为它又要吐出一颗珍珠,便走上前去。不料,蛇一口吞下了它曾经的主人。虽然许多食肉动物都可以用来传达这则寓言中关于慷慨大方的教训,但是之所以选蛇,也许是因为人们对它们又敬又怕吧。

像其他涉及鳄鱼的民间故事一样,这些"反派"爬行动物的捕食本性促成了它们在寓言故事中的举动,并强化了人们对它们的偏见。非洲南部恩达乌人的一个故事讲到,有一条大鳄鱼杀死了绵羊、牛和放牧的人。国王将受惊的臣民和首领召集到一起,讨论如何杀死这个罪魁祸首。狐狸参加了集会并提出:"我想知道你们为什么会坐等敌人变得强大。应该像我这样:趁鳄鱼还没孵出来时,吃掉它们的蛋;趁敌人不如自己强大时,将其杀死。"

许多巨蜥体形庞大,令人恐惧,有些则颜色单调,毫无光彩。由此,它们为肯尼亚和坦桑尼亚卢奥人某个故事的伟大主人公提供了原型,故事鼓励人们要有同情心。奥邦多的妻子不停地生下小巨蜥,而不是人类的婴儿。夫妇俩扔掉了这些相貌丑陋的小巨蜥。然而,奥邦多和妻子最终留下了一条小巨蜥。它长得十分健壮,小小年纪就喜欢独自在河里洗澡。每次跳入水中之前，它都会蜕掉它的皮。它光着身子游泳的时候就是个相貌正常的男孩，它的那层皮只是表面的遮盖物。有一天，一个过路人看见了正在游泳的男孩，就告诉了男孩的父母。奥邦多和妻子偷偷去看儿子游泳，发现它确实是个人。于是，他们就毁掉了儿子的那张皮，从此，所有族人都接受并喜欢上了这个男孩。奥邦多和妻子对以前所做的事情深感后悔，他们抛弃了其他的巨蜥孩子，只因它们长相怪异。

6.4 玉斑锦蛇（*Euprepiophis mandarinus*）可能是上述中国蛇故事的原型，故事中的蛇吐出一颗珍珠作为多年养育之恩的报答。图中为一条孵化中的玉斑锦蛇

　　另一个巨蜥故事，来自印度尼西亚的科莫多岛。很久以前，传说中的龙公主普特里·纳迦住在科莫多岛上。她嫁给了一个男人，生下一对双胞胎——其中之一是个男孩，名叫司·格龙，他被人类抚育长大；另一个是雌性科莫多龙，名叫奥拉，在森林里长大。兄妹俩互不相识。多年以后，司·格龙在森林里射中了一头鹿，然而即将到手的猎物却被一只巨蜥抢去了。他想把巨蜥赶走，但是巨蜥露出一口獠牙，嘴里咝咝作响。就在司·格龙举起长矛要杀巨蜥的时候，普特里·纳迦出现了，让司·格龙住手："她是你妹妹奥拉。你们是双胞胎。你应该平等地对待她。"这个神话故事代代相传，从此以后，科莫多岛上的居民都尊重、善待巨蜥，甚至会在这些"兄弟"因为衰

老而无法养活自己的时候喂养它们。直到今天，科莫多岛上的一些人仍然相信，如果科莫多龙受到伤害，那么它的人类亲戚也会受到伤害。

6.5 虽然科莫多龙样子吓人，但是科莫多岛上的一些居民相信普特里·纳迦的传说，因而不会去伤害它们。图中的两条雄性科莫多龙在为争夺领地而打斗

人为什么会死？

世界各地的民间传说都认为死亡是反常的，是某些动物的错。在这种情况下，两栖动物和爬行动物往往就成了替罪羊，尤其是蛇，长期以来，一直被视作导致人类死亡的罪魁祸首。

巴比伦英雄史诗《吉尔伽美什史诗》是已知最早的文学作品之一，拥有4000多年的历史，其中有一段讲述了乌鲁克国王吉尔伽美什渴望战胜死亡的故事。在得知海底有一种能使人长生不老的神奇魔草之后，吉尔伽美什便把沉重的石头绑在脚上，沉到海底，四处寻找。终于，他找到了魔草，于是砍去绑在脚上的石头，游上水面。吉尔伽美什打算把魔草带到乌鲁克交给长者，然后自己也要吃下一些来恢复青春。那天夜里，吉尔伽美什半路在一口凉水井里洗澡。一条深藏在水中的大蛇嗅到了魔草香甜的味道，从水里爬出来把它偷走了。蛇在带着偷来的魔草离开时蜕下了皮。吉尔伽美什痛哭不已，因为他知道自己失去了长生不老的机会。然而，命运的转折却在意料之外，吉尔伽美什获得了不朽的美名，因为他的故事是世界上最古老的故事之一。

在诗人尼坎德（公元前2世纪）讲述的希腊神话中，普罗米修斯从天上偷得火种之后，人类背叛了他并向宙斯告密。作为回报，宙斯送给人类一头驴子，驮着可使人长生不死的药草。驴子停在河边喝水，而这条河被一条蛇守护着。蛇要求驴子交出背上的药草作为喝水的回报。蛇吃掉了长生不老的草药，直到今天，蛇拥有永恒的青春，而人类却会渐渐衰老，最终死亡。

非洲的民间传说讲述了许多两栖动物和爬行动物导致人类死亡的故事。我将用各种各样的非洲故事来说明"替罪羊"的多样性以及人类对这些动物的不同看法。我认为那些将人类的死亡归咎于动物的文化，不会像其他文化那样，善待两栖动物和爬行动物。例如，小孩子若听说人之所以会死，是因为很久以前青蛙的所作所为，那么他们很可能就不会喜欢青蛙，反之亦然。故事的讲述者可能会选择那些从一开始就不被本地文化特别看好的动物作为替罪羊。

根据刚果民主共和国爱菲人的说法，至尊神穆里－穆里（Muri-Muri）将一个沉甸甸的陶罐交给了一只蟾蜍。死神被关在罐子里。他告诉蟾蜍不要让罐子掉在地上，因为一旦罐子被打碎了，人类就会死。蟾蜍跳着离开，半路遇到了一只青蛙。青蛙主动提出帮忙搬运这个沉甸甸的罐子，蟾蜍便满怀感激地把罐子交给了青蛙，并告诫它一定要小心。结果青蛙把罐子摔碎了，死神逃了出来。从此以后，凡人终有一死。

苏丹的赞德神话把人、月亮、青蛙以及蟾蜍与死亡联系在一起。人和月亮的尸体躺在一座敞开的坟墓旁。据说，如果青蛙和蟾蜍能分别扛着月亮和人跳过墓坑，月亮和人类将永远不会再死去。青蛙背着月亮的尸体成功地跳过了墓坑，蟾蜍却和人的尸体一起掉进了坟墓。由此一来，月亮永存，而人则会死。

肯尼亚的卡维龙多人把蛇的永生和人类的死亡归咎于变色龙。有一天，变色龙命令一个男人给它带一壶啤酒。那人按它说的办了，这条变色龙一头跳进了啤酒里。变色龙爬出来之后，它就叫那个人喝啤酒。男人拒绝了，因为他讨厌变色龙，认为它们的皮肤有毒。变色龙心生怨恨，宣布所有的人都应该死去。就在这时，一条蛇出现了。变色龙命令蛇啜饮啤酒。蛇服从了变色龙的命令，于是，变色龙就宣布，蛇会通过蜕皮而获得永生。

6.6 你们觉得肯尼亚的马舍氏侏儒变色龙（Kinyongia tenuis）看起来像要求一个人去喝它的"洗澡水"的狠角色吗？我认为不能把人类的死亡怪罪在它们头上

在一些非洲故事中，关于永生，两只动物向造物主传递了两条相互矛盾的消息，而人类不想永生的消息首先被送达。在多哥和加纳的传说中，人们派狗将自己的愿望带给神，希望在死后能够获得重生。与此同时，青蛙也要向神传递消息，说人类希望死后不要再重生了。狗在路上只顾闲逛，结果青蛙首先来到神的门口，并把它的消息带给了神。不久之后，狗也到了，说人类希望长生不老。神左右为难，深思熟虑之后应允了青蛙的请求，因为他最先听到。人类一旦死亡就会彻底死去，而青蛙在旱季死亡，又伴随着第一场雨复活。青蛙夺取了人类永生的机会，并将其据为己有。

尼日利亚南部的伊索科和乌尔霍博部族有一个狗和蟾蜍的故事，其中包含了人口过剩的情节。造物主奥根内想让人们永生。老人可以像蛇一样蜕下皮肤重返年轻，但是这样一来就出现一个问题——随着时间的推移，地球上的人口就过于稠密了。由于狗和人类关系亲密，狗争辩说，奥根内应该扩展疆域以适应不断增长的人口；蟾蜍则争辩说，因为空间有限，人死之后就不应该复生了。人们叫狗和蟾蜍把各自的意见传递给奥根内。谁最先到达，谁的观点就会被造物主认可。狗和蟾蜍争相赶路前往天堂。狗很快就超过了蟾蜍，停下来吃东西的时候吃得太多，结果一下子就睡着了。而此时的蟾蜍仍在不停跳跃着奔向天堂。到了之后，蟾蜍向奥根内表达了自己的看法，说人们必须死亡。狗醒来之后急忙赶到天堂，但它发现奥根内已经接受了蟾蜍的意见。奥根内的声明已经生效：人类必会死亡。

尼日利亚的布拉人说，在很久以前，死亡尚不存在，每个人都很幸福。一天，一个男人生病死了。没有人知道该怎么处理尸体，于是他们叫蠕虫到天上去问问该怎么办。上天说要把尸体挂在树杈上，往上面抛洒玉米粥，直到它复活。这样以后就不会再有人死去。一只名叫阿加扎的蜥蜴无意中听到了上天的建议。蜥蜴想骗一骗人类，于是便跑到村子里，声称，上天嫌蠕虫太慢，所以就派它来了。它告诉人类，要挖一座坟墓，用布把尸体裹好埋起来。人们照做了。等蠕虫回来的时候，人们告诉它，他们已经埋葬了尸体。蠕虫向人们转述了上天说的原话，并建议人们按照上天的指示挖出尸体。然而，人们太懒惰，拿已经完事了搪塞蠕虫。蜥蜴被认为是导致人类必死的罪魁祸首，然而，在这个传说中，人类也有逃脱不了的责任。

许多死亡起源的非洲传说都有这样的情节，两只动物分别将两条完全相反的神谕带给了人类：一只动物说神赐予永生，另一只动物说凡人皆有一死。人们只能收到其中一条神谕，或者首先收到的神谕才会有效。变色龙通常被指责因为走得太慢而导致人类失去了长生不老的机会。据南部非洲的祖鲁人传说，神派变色龙给人类送信，说人们不会死，会永远活着。变色龙在路上游游荡荡，一会儿爬树，一会儿晒太阳，一会儿逮苍蝇果腹，一会儿打盹儿。在变色龙送信的时候，神改变了主意，决定让人类成为会死的凡人。他派了另外一种蜥蜴去送信，告诉人类他们终有一死。这只蜥蜴飞奔而去，赶在变色龙到达之前迅速传达了神谕。于是，人类从跑得快的蜥蜴那里接受了他们的命运。

蛇在死亡起源故事中的替罪羊角色是可以理解的，因为人们普遍不喜欢蛇，但是为什么蛙和蜥蜴也是这样呢？蛙、蜥蜴和蛇都蜕皮，蛙会经历变态发育过程，蜥蜴能够断尾并生长出新的尾巴，长期以来，它们在很多文化中象征着复活和再生。不过，讲故事的人丰富了这种概念并增加了一个意外转折：蛙、蜥蜴和蛇偷走了人类长生不死的机会。

6.7 蜥蜴代表重生和复活，因为它们会蜕皮而且可以再生尾巴。左上：特立尼达壁虎（*Gonatodes humeralis*）正在蜕皮。右上：断尾的沙漠强棱蜥（*Sceloporus magister*）。左下：图森带斑壁虎（*Coleonyx variegatus bogerti*）和它再生的尾巴。右下：帝王角蜥（*Phrynosoma solare*）正在蜕皮

　　为什么变色龙频频成为死亡起源故事中的替罪羊呢？对于一些人来说，它们是一种可爱迷人的动物。然而，不同文化背景之下的非洲人则认为变色龙有毒，具有超自然的力量，是恶魔或者厄运的使者。民俗与创造这种传说和信仰的文化是不可分割的。

　　反过来说，非洲民间传说中所体现的传统的负面情绪，仍旧影响着今天人们对于

变色龙的感受。一些祖鲁人不喜欢任何蜥蜴并把它们赶尽杀绝，因为这种行动敏捷的蜥蜴对人类的死亡负有直接责任。另外一些祖鲁人则专门向变色龙报复，因为变色龙使者游手好闲误了事，所以他们把人类的死亡归咎于变色龙。在其他非洲部落也有形式相似的变色龙的传说，它们同样引起了人们对这些动物的不良情绪。非洲中东部的恩戈尼族人仍然对变色龙的误事之举感到不满。那里的人遇到变色龙时，无论男女，都会故意惹得它张开嘴巴，然后往它的舌头上扔一撮烟草，兴高采烈地看着变色龙痛苦地扭动，肤色

6.8 对于那些把人类的死亡归咎于变色龙的非洲人来说，这条国王变色龙（*Calumma parsonii*）的目光看起来可能有些阴险

从橙色变为绿色再变为黑色，直到死去——这一切都是为了报复变色龙的远古祖先，是它夺走了人类长生不死的机会。

　　想象一下聆听部落长老分享这些关于爱、道德和死亡故事的情景。体验故事讲述者和听众之间神奇的互动。感受紧张、怨恨、厌恶和恐惧的情绪。拥抱欢乐与惊奇。我们似乎能够听到笑声、叹息，还有窃窃私语。有些故事会加重你对蛇的恐惧和厌恶吗？有些故事会激发你对蛇的同情和尊重吗？你会对那只慢吞吞却坚持不懈的老龟心生敬意吗？你同情丑陋的青蛙和巨蜥吗？你会怎么看待那些偷走人类永生机会的动物？如果你生活在以上某种文化之中，并且反复听到这些故事，它们是否会影响到你对两栖动物和爬行动物的看法呢？阅读接下来一章时，请好好琢磨一下最后一个问题吧。

7

轻松的一面
骗子的故事以及
"如何"和"为什么"的故事

青蛙的故事是生物学故事。王子的故事是历史故事。但是青蛙王子的故事却是魔法故事，这就是它们的不同之处。

——简·约伦[1]《触摸魔法》（*Touch Magic*）

简·约伦用寥寥数语就点出了民间故事的精髓。民间故事确有其神奇之处，这也是我们喜爱它们的原因。这些故事可以瞬间把成年人送入幻想的世界。孩子们无穷的想象力使得他们可以长久地翱翔在那个魔法和现实之间没有明确界限的世界之中。对于他们来说，龙、美人鱼、精灵和牙仙都是真的。两岁的菲奥娜曾问她爸爸是否喜欢毛毛虫，他的回答是喜欢，然后反问她知不知道毛毛虫会变成什么。菲奥娜则信心满满地答道："我当然知道，毛毛虫会变成独角兽。"

接下来请随我踏上另一段世界民间故事之旅。在本章中，我们将领略骗子的故事以及"如何"和"为什么"的故事，在这些故事中，两栖动物和爬行动物经常扮演着可爱、亲切、迷人的角色。总的来说，这两种类型的故事在民间传说中显得较为轻

1　简·约伦（Jane Yolen，1939—），美国著名童书作家，凯迪克奖得主，被誉为"美国的安徒生""20世纪的伊索"，著作多达360多本。

快——没有太多对未来的思考，也没有过多地着墨暴力与死亡。

7.1 "我当然知道，毛毛虫会变成独角兽！"

骗子的故事

布里尔兔[1]、郊狼[2]、阿南西[3]、洛基都是极具喜剧效果的骗子。这些恶作剧故事情节幽默，人物聪明有趣、讨人喜欢，故事内容总是让人感悟颇深。有些故事使我们从不同的角度看待问题，传达智慧，或者解释某些事情存在或发生的原因。有些故事帮助我们理解人性或其他动物的本质。骗子故事因其妙趣横生而令人喜闻乐见，同时又寓教于乐。我们喜欢开心一笑，我们也会记住幽默风趣的内容。

一个常见的骗子故事主题是，行动迟缓的动物在比赛中智胜行动敏捷的动物。在北美塞尼卡人讲述的故事《乌龟和河狸的比赛》中，很久以前，乌龟生活在它心目中最完美的池塘里。有一年春天，它冬眠睡过了头。醒来的时候，它发现池塘的水比它

1　Br'er Rabbit，迪士尼第一部长篇真人与动画合演的电影《南方之歌》（*Song of the South*）中的角色。

2　Coyote，是北美原住民的许多文化中共有的神话人物，以动物郊狼（*Canis latrans*）为原型，这个角色通常是男性，一般都是拟人化的。

3　Anansi，西非加纳民间传说中的骗子蜘蛛，是加纳地区老少皆知的经典形象。

在深秋入睡时深了很多，面积也扩大了一倍。它晒太阳的地方已经被水淹没，巨大的桤木也被伐倒了，原来桤木生长的地方出现了一座大坝。乌龟看见一只长着扁平尾巴的陌生动物向它游来，便问道："你在这儿干什么？"

陌生的动物回答说："我是河狸，这是我的池塘，你必须离开。"

"不，这是我的池塘，"乌龟争辩道，"你要是不离开，我就揍你。"

"好，那我们就打一架。"河狸回应。

乌龟注意到河狸长着长长的黄牙："不，我要打赢你太容易了。不如比赛游泳吧，从池塘的一边游到另一边。谁输了，谁就要永远离开。"河狸同意了。乌龟又提出："我游得快，起步时我就让你一点。"河狸点点头，乌龟便在河狸的尾巴旁边就位了。

河狸游得太快了，乌龟差点追不上。游到池塘中间，乌龟咬住了河狸的尾巴。河狸感觉到了刺痛，但忙着游泳，没工夫回头看。它猛地左右摆动尾巴，但乌龟死死咬住不松口。当河狸快要游到对岸时，乌龟咬得更紧了。河狸把尾巴从水里甩出来，想摆脱那个咬着它尾巴的东西。当河狸把尾巴甩到最高处时，乌龟松了口，从空中飞过，落到岸上。河狸到达岸边的时候，抬头看见乌龟已经在那里等着了。于是河狸离开了，再也没有回到乌龟的池塘里。

另一个慢吞吞的骗子是蟾蜍，出现在牙买加故事《蟾蜍与驴子赛跑》中。有一天，国王要举行一场二十英里的长跑比赛，最终的冠军将会获得丰厚的奖金。蟾蜍来参赛，并吹嘘它一定会赢。"想都别想！"驴子说。国王事先宣布，每个参赛者每到达一个里程标志，都要大声喊叫来表明自己所在的位置，以便他跟进每个参赛者的进度。

比赛前一天夜里，蟾蜍把它的二十个孩子召集到一起，每个孩子都跟它们的爸爸长得一模一样。它带它们来到比赛场地，在每个里程标志那里都藏一个孩子，并告诉它们，听到驴子的叫喊声时，处在相应位置的蟾蜍孩子也要大声叫喊。

驴子确信它能赢得比赛，所以它停下来吃了些草、红薯头和木豆。到达第一个里程标志时，驴子叫道："哈哈，我比蟾蜍跑得快！"

第一只小蟾蜍叫道："金——科——罗——罗，金——硌——硌——硌。"

下一英里驴子跑得更快了，只停下来喝了一点水。到达第二个里程标志时，驴子喊道："哈哈，我比蟾蜍跑得快！"

第二只小蟾蜍喊道："金——科——罗——罗，金——硌——硌——硌。"这回驴子开始担心了。

到达第五个里程标志，驴子听到小蟾蜍的"金——科——罗——罗，金——硌——硌——硌"时，它已经累得抬不起腿了，而且憋了一肚子气。每到达一个里程标志，它都觉得越来越疲惫，也越来越生气，最后它知道自己无法赢得这场比赛，只好放弃了。驴子被蟾蜍的诡计打败了，直到今天，驴子都是慢步小跑的。

有时恶作剧的结局会适得其反。一个非洲民间故事讲到，有一天狮子宣布它不想再当国王了，因为坐在王座上很孤独。它举行了一次赛跑，并宣布最先跑到王座那里的胜利者将会取代它，成为新国王。除狮子外，其他动物都想成为国王。变色龙知道猎豹跑得最快，所以它爬上猎豹的尾巴并且紧紧抱住不放。猎豹当然最先到达王座。但是正当猎豹准备坐下时，变色龙跳到了王座上面。大家都以为变色龙是公平公正地赢得了比赛，于是它就成了新国王。几天之后，变色龙就为它的恶作剧后悔了，因为它尝到了独坐王位的孤独滋味。这个故事反映了世界各国领导人的一种共同感受。

很多有关青蛙骗子的故事反映了一种观念——小生物也能成就大事业，就像中国民间传说中的"青蛙皇帝"[1]那样。一天，有个妇人生下一只青蛙。虽然一开始她非常想扔掉这个小家伙，但她还是把它留了下来。几年后，青蛙对它的父母说："我知晓一切天下事。我们的国家正处在危难之中。我们无法抵御外敌入侵。我必须觐见皇帝陛下拯救国家。"

父亲带着青蛙儿子去京城求见皇帝。到达京城的时候，他们看到了一张皇榜："外敌入侵，陷我于水火。凡击退敌人者，赐为驸马，与公主成婚。"青蛙毫不犹豫地揭下皇榜并吞进了肚子。卫兵无法想象一只青蛙竟能担下这样的重任，但是他还是尽忠职守地将青蛙送进了皇宫。

青蛙讲完它的计策后，皇帝问它需要多少人马来驱敌。青蛙回答："只需要一大堆烧红的炭末。"青蛙用了整整三天时间，吞下了闪着火光的炭末，然后告诉皇帝，让他的将士们放下弓箭，打开城门。入侵者蜂拥入城的时候，青蛙从城楼上向他们喷射火焰。敌人落荒而逃。皇帝喜出望外，封青蛙为将军，并举行了庆功会。

青蛙与公主成了亲。白天它是青蛙，但每夜在私密的寝室中时，它都蜕去绿色的蛙皮，变成一个英俊男子。公主最终没有守住秘密，禀告了她父皇，皇帝问女婿："为何日间你要穿上那件可怕的蛙皮？"

青蛙回答说："哦，我的蛙皮是无价之宝。它冬暖夏凉，护我免受风雨之灾。最为

1　该故事源于广西百色壮族地区流传的故事《蛤蟆皇帝》，壮族地区自古以来就有崇拜蛙的文化。

重要的是，每日穿着它，我可活上一千年。"

"让我试试你的蛙皮！"皇帝命令道。

青蛙很快脱下了蛙皮。皇帝脱下龙袍，披上湿答答的绿蛙皮。蛙皮一套上身，皇帝就再也脱不掉了。于是青蛙穿上皇袍，当上了皇帝。贪婪的岳父只能作为一只青蛙度过余生了。

一个流传甚广的北美本土故事讲述了乌龟参战的经历。它爬进敌营时，被敌人逮住了。"看哪，乌龟参战了！我们把它扔进火里去！"人们说。

"太好了！我要把滚烫的煤块踢出来烧死你们。"乌龟说。

"好吧，那我们就把你扔进开水里。"人们说。

"太棒了，"乌龟说，"那我会使劲扑腾烫死你们。"

"好吧，那我们就把你扔到河里去。"

"哦，不要啊，"乌龟倒抽一口气说，"别这样！"

"它怕水！"人们喊道，随后就把乌龟扔进了河里。

乌龟浮出水面，大笑道："哈哈，我骗了你们！"从此之后，每当有人从河里打水时，乌龟就会浮出水面，嘲笑道："哈哈，我骗了你们！河流是我的家！"

有时，骗子也会为了他人的利益而弄出恶作剧来，下面这个反映变色龙变色能力的故事就是这样。尼日利亚的约鲁巴人讲述了一个故事，有一天，海王奥洛昆[1]挑战天神，要天神以最漂亮的着装现身。奥洛昆也会打扮自己，由子民们判断谁是胜利者。天神派使者变色龙去接奥洛昆。当奥洛昆从水下宫殿里出来时，他看到天神的使者穿得跟他一样华丽。奥洛昆潜回水中，换上更漂亮的衣服，佩上更多珊瑚珠饰。当他重新浮出水面时，他发现变色龙换上了与自己一样漂亮的衣服，还缀上了更多的珊瑚珠饰。奥洛昆更换了七套衣服，一套比一套华丽，每次他都以为能够胜过变色龙，但每次变色龙的衣服都和他的不相上下。海王终于放弃了："如果连天神使者的衣服都如此华丽，那么天神的衣服肯定会更加奢华。"

鳄鱼骗子的故事中有掠食行为，但是故事本身妙语连珠，诙谐有趣。因此，我们在听故事的时候不会害怕得瑟瑟发抖，而是会哈哈大笑。在篝火旁经常唱起的一首《鳄鱼之歌》中，鳄鱼骗子扮演了主角。一条鳄鱼要载着一个年轻女子沿着尼罗河顺流而下。它看上去如此温顺，因此她应该可以度过一个阳光灿烂的如意夏日。"她的脸上

1　Olokun，约鲁巴人的海神。

挂着幸福的笑容，向众人一一道别，鳄鱼眨了眨眼。"后来，鳄鱼就露出了本性。"旅程结束时，女子已成鳄鱼腹中食，鳄鱼乐得笑开颜！"

7.2 变色龙，包括这种雅致变色龙（*Chamaeleo gracilis*），在应对捕食者、猎物和同类，温度、光线或者生理状态变化时，会迅速改变颜色。雄性的雅致变色龙在休息时会呈现出三种颜色——绿色、棕色或黄色，但在对其他雄性示威时则变成亮绿色

"如何"和"为什么"的故事

毫无疑问，人类一直很好奇其他动物的行为是怎样的，以及为什么它们会这样。科学和民俗学都讨论"如何"和"为什么"的问题。尽管两者都需要想象力和创造力，却采用了截然不同的方式去解答这些问题。科学研究是一种强有力的认知方式，通常以一个基于对现象的观察而提出的问题开始。科学家提出假设（有根据的猜测）来解释观察到的现象，然后再通过实验来验证这些假设。对一个问题的解答会引出新的问题。科学的基石建立在从已经解答的问题中搜集而来的信息之上。

相比之下，全世界的非科学人士都通过编故事来回答"如何"和"为什么"的问题——通常不是严肃的解释，更像是一些冥思随想以及妙趣横生的评论。这些口口相传的故事常常道出人类自身的真相，同时也展现出人类丰富奇特的想象力。大多数故事会将动物拟人化，并反映出一些基本的人格，例如，骄傲自满、自吹自擂或者以自我为中心。同样，与骗子的故事类似，这些故事里面的角色往往既有趣又可爱。

纵观历史，世界各地的人一直在琢磨两栖动物变态发育的奥秘。小时候，我总以为我的宠物蝌蚪长出了腿却没了尾巴是因为它们具有魔法。我从未向父母寻求过相关解释，我就是知道——就像菲奥娜知道毛毛虫会变成独角兽一样。我最喜欢的"如何"故事是关于青蛙变态发育的，这个故事也十分神奇，是非洲苏库马人的故事《青蛙如何没了尾巴》。

青蛙感到很痛苦。它蹲在那里，眼睛鼓得像个球形门把手。每天日落时分，当非洲森林和热带稀树草原上的动物来到青蛙的水洞喝水时，它就眼巴巴地看着它们挥动着漂亮精致的尾巴。青蛙也想要一条尾巴。其他动物取笑它，说它长得丑。青蛙找到天神，并乞求道："请赐我一条尾巴吧。"天神同意了，不过条件是，青蛙得去守护一口永不干涸的魔井。青蛙答应了，于是它得到了一条尾巴。

青蛙喜欢炫耀它的新尾巴，蹦蹦跳跳的时候也不忘挥舞尾巴。由于刚刚获得美貌和要职，青蛙变得骄傲自大起来。此外，青蛙对于过去刻薄待它的动物一直耿耿于怀。后来，所有的水洞和水井都干涸了，只剩下了那口魔井，然而青蛙却拒绝让其他动物喝它井里的水。"走开！"它喊道，"这里没有水。"

天神听说了这件事，就去察看水井。青蛙大叫道："走开！这里没有水。"天神勃然大怒，便收走了青蛙的尾巴。作为进一步的惩罚，天神每年都会提醒青蛙它做过的恶行。每年春天，青蛙孵化出来的蝌蚪都有可爱精致的尾巴。但是当蝌蚪变成青蛙时，它的尾巴就会逐渐缩小直至消失。

在世界的另一边，居住在不列颠哥伦比亚省和美国西北部的萨利希人讲述了一个骗子的故事，同样证明了，青蛙没有尾巴是它自作自受。故事中也有一只骄傲自大的青蛙。有一天，泥龟和青蛙约好了要赛跑。泥龟要用它的壳来赌青蛙的尾巴。泥龟花了三天时间去通知它的朋友们比赛的事情。与此同时，青蛙对自己的跳跃技能非常自信，它打赌它会赢。到了第三天，泥龟先出发了。青蛙迟疑不决，没有按照指示出发。当青蛙开始跳跃的时候，它看见泥龟遥遥领先。青蛙拼命往前跳，但泥龟先越过了终点线。其实是六只泥龟一起赢得了比赛，每段赛程的终点都有一只泥龟等在那里，然而青蛙对此一无所知。因为青蛙输了这场比赛，所以蝌蚪在变成青蛙之前一定会失去尾巴。

我猜想，有乌龟在的地方，那里的人都想知道乌龟是如何拥有这副防护盔甲的。大多龟壳分为两层，内层是骨质层，外面覆盖着由角质化表皮组织形成的盾片。这是对乌龟壳的科学描述，但是为了弄清楚乌龟为什么有壳，我们转而从民间传说中寻求解答。在《伊索寓言》中，希腊众神之王宙斯邀请所有的动物参加他的婚礼，唯独乌龟没有出席。宙斯要求乌龟给他一个解释，它回答："没有比自己家更好的地方了。"乌龟忤逆的言行惹得宙斯震怒，于是，宙斯就让乌龟永远背着它的家。

另一种解释来自北美洲原住民阿尼士纳阿比人的一个传说。有一天，精灵南纳博佐睡醒了，他头昏眼花，饥肠辘辘。他到附近的村子去找吃的，发现有村民在做鱼吃。村民给了南纳博佐一条鱼，并提醒他鱼很烫。精灵不顾警告，迫不及待地便抓起鱼，结果烫伤了手。南纳博佐向湖边跑去，想用湖水冰冰手，在路上被他的朋友

7.3 乌龟生来就拥有一套独特的盔甲。上图：卡罗莱纳箱龟（*Terrapene carolina*），有一个高高拱起的甲壳。下图：穿着海龟壳的阿尔·萨维茨基，在日本四国岛德岛县的美波町博物馆里。博物馆鼓励参观者试穿龟壳——教育展览的一部分，体验背着龟壳到处行走的感觉

乌龟米舍奇绊了一跤，还摔在了乌龟身上。那时候，乌龟柔软的身体露在外面，没有任何保护。米舍奇抱怨道，南纳博佐走路时应该长长眼睛。过后，精灵开始思索安抚自己朋友的方式。

南纳博佐从湖边捡起两个大贝壳，把米舍奇放进贝壳之间。他告诉它现在安全了。如果遇到危险，它只需要把腿和头缩进壳里面就行了。他还告诉它，它的壳是圆的，像大地母亲一样，它的四条腿分别代表东、南、西、北四个方向。它现在既可以生活在陆地上，也可以在水中遨游，无论走到哪里，它都会拥有一个家。米舍奇很高兴，继续骄傲地背着它的壳，以此向大地母亲致敬。

人们也纳闷为什么龟壳看上去像裂开了一样。盾片的结构导致了龟裂的外观，但广泛流传的民间传说却认为，有其他动物把乌龟从高处扔下，乌龟落地的时候摔裂了壳。非洲的本巴人有这样一个故事，讲述了秃鹫每周至少拜访一次它最好的朋友——乌龟夫妇的故事。有一天，秃鹫回家后，乌龟先生对妻子说："我们不去拜访秃鹫是很不礼貌的。他总是到我们家来。"

"但是我们怎么去呢？"乌龟太太问，"我们没法飞到秃鹫居住的高山上。"

乌龟先生想了一个主意："在秃鹫下次来访之前，把我裹进包袱里头。告诉他我们村里没有粮食了，叫他把装满烟草叶子的包袱带回家，用烟草来换谷物。"

乌龟太太同意了。秃鹫又来拜访的时候，喝完茶之后，他用爪子抓住包袱，朝自己的家飞去。正当秃鹫要降落时，包袱里的乌龟先生叫了起来："嘿，我是乌龟先生！我说过有一天我会来拜访你的，现在我来了！"秃鹫吃了一惊，爪子一松，包袱就掉了下去。包袱落在一块岩石上，于是，乌龟先生的壳就裂成了一幅网格图案。

各种各样的民间故事都讲述了锦龟（*Chrysemys picta*）华丽外观的由来。锦龟的壳、头部、颈部、腿和脚上都点缀着红黄相间的斑点和条纹，十分漂亮。下面北美索克人的这个故事告诫年轻人他们"举止如龟"时可能会发生的事情。很久以前，人们住在大湖边的一个村庄里。一个名叫杰西的年轻人和他的祖母住在村庄的一边。乌龟——一个喜欢跟女人厮混的男人——独自居住在村庄的另一边。乌龟不仅和每个愿意看他一眼的女人调情，还引诱姑娘离开她们的情人，引诱妻子离开她们的丈夫。他是个惹是生非的家伙。

男人们不愿意去打猎，因为他们担心女人独自留在村里会跟乌龟在一起。女人们不敢去采集野生植物，因为害怕乌龟会骚扰她们。杰西的祖母告诉他，他需要做些事来对付乌龟。于是他就去做了。杰西把自己装扮成一个漂亮的年轻女子，变成女人的杰西去给乌龟送玉米汤。"女杰西"到乌龟家门口时，乌龟正在化妆——两边脸颊、额头上各有一个红点。"进来吧。"乌龟说。"女杰西"一进到屋里，乌龟就往火里吐唾

7.4 锦龟，如图中的西部锦龟（*Chrysemys picta bellii*），会在阳光明媚的日子里花上几个小时晒太阳。它们看上去享乐的生活，再加上它们漂亮的红色、橙色或黄色的条纹和斑点，使它们成为最适合北美索克人故事的主角。这个故事警告人们千万不要做一个好色之徒

沫，他的唾沫变成珍珠和钻石。"把它们捡起来。"他嘲弄地说。

"女杰西"捡起那些珠宝时，乌龟在他的腿上画了红线。乌龟第二次向火里吐唾沫，唾沫又变成了珍珠和钻石。"这些你也可以拿去，"乌龟说，"如果你愿意跟我一起到树林里走走，我会给你更好的东西。"

"哦，我不知道我该不该去。""女杰西"羞答答地说，"祖母说，女孩子就是这样遇上麻烦的。"

乌龟就夸口说："看看我。你不觉得我配上红色的妆容很帅吗？你觉得我会让女孩子惹上麻烦吗？"

"女杰西"同意了，于是，他们就出门，朝树林走去。当他们走到一片空地时，乌

龟靠在一棵树上，说："过来，坐在我身边。""女杰西"一坐下来，乌龟就张开手臂，搂住了"她"。乌龟往下滑，直到躺下去为止。"躺在我身边。"乌龟说。"女杰西"躺下了。

就在那一刻，"女杰西"用魔法催眠了乌龟。他闭上眼睛睡着了。"女杰西"把一根腐烂的圆木滚到乌龟身边，圆木下面聚集着一群怒气冲冲的红蚂蚁。乌龟睡意蒙眬地拥抱着圆木。红蚂蚁先是抓挠乌龟，接着就开始咬他。乌龟醒来，看到披着黑色长发的美丽女人变成了男儿身。杰西对乌龟说："你惹了太多祸。从今往后，你永远都是一副涂脂抹粉的样子，这样一来，人们一眼就能认出你这个好色之徒。"

有些"如何"和"为什么"的故事让人听完顿感心情愉悦。美国亚利桑那州的托赫诺奥哈姆族讲述了一个讨人喜欢的故事，来解释吉拉怪物[1]是如何获得它们与众不同的带有黑色、粉色或桃色鳞片的珠状皮肤的。很久以前，人类和其他动物被邀请到首届仙人掌酒节去做客。当然，谁都希望自己以最美的样子出席。吉拉怪物把彩色的卵石堆在它的皮肤上，做成一件光彩夺目又经久耐用的外衣。直到今天，它还穿着参加首届仙人掌酒节时穿的外衣呢!

7.5 左图为吉拉毒蜥（*Heloderma suspectum*）的珠状皮肤，像多彩的卵石。右图为角蜥（*Phrynosoma*），比如这种山地短角蜥（*Phrynosoma hernandesi*），头部后面带有像盐草穗一样的醒目标志

---

1 *Heloderma suspectum*，中文学名为"吉拉毒蜥"。非传说故事的内容均译为中文学名。

角蜥的外表非常独特，它们有扁平的身体，后脑还有一圈角状突起。捕食者往往会发现吞下角蜥是件非常困难的事情，所以长着尖刺总是有好处的，但是角蜥是如何得到这些尖角的呢？北美的科科帕人根据他们祖先的故事给出了一个解释。科科帕人的祖先居住在俯瞰卡维拉湖的群山之中，吉拉河和科罗拉多河流入山谷。随着时间的推移，气候变暖，雨水减少。一只叫希什的角蜥被派去查看海水是否已经退去。希什来到了达拉古纳萨拉达湖，看到很多土地都露了出来，营养丰富的盐草也可以采摘了，它感到欣喜万分。希什折了一把盐草穗，插在头上，宣布了这个好消息。直到今天，角蜥的头上还带着形如盐草的醒目标志。

第三个让人心情愉悦的故事来自印度，解释了印度眼镜蛇颈部皮褶上的独特图案——曲线眼形纹是如何获得的。有一天，眼镜蛇目瞋邻陀（Muchilinda）在正在沙漠中冥想的佛陀头上张开了皮褶。佛陀把手放在眼镜蛇展开的皮褶上，并祝福了它，以感谢眼镜蛇保护他免受酷暑之苦的善举。结果，眼镜蛇皮褶的背面留下了一块标记，看起来像一副眼镜。直到今天，印度眼镜蛇都有这种标记，它们被称为眼镜斑眼镜蛇。

7.6 根据民间传说，印度眼镜蛇颈部皮褶背面的眼镜状图案，是由佛陀手抚眼镜蛇目瞋邻陀对其祝福得来的

任何近距离见过蛇的人，都会看到它那细窄分叉的舌头从嘴里拂进拂出。蛇用舌头来采集空气中的气味分子，然后由舌尖把气味分子转移至口腔上部对气味敏感的雅各布逊氏器[1]。但两个舌尖会比一个更好吗？亚里士多德论证说，叉状的舌头为蛇类提供了双重的味觉享

---

1 Jacobson's organ，又称"犁鼻器"，开口于口腔顶壁的一种化学感受器。

受。17世纪的意大利科学家霍迪尔纳认为，蛇总是在泥地里爬行，因此需要用叉状舌头剔除进入鼻孔的泥土。到了现代，研究结果表明，叉状舌头可以让蛇更有效地追踪猎物，它们可以利用两个舌尖沿着气味痕迹的边缘进行搜寻。

但是蛇又是如何获得叉状舌头的呢？根据印度的神话传说，印度神话中的鸟王迦楼罗[1]十分憎恨蛇，因为蛇负责看守他的母亲蒂缇[2]（Diti），蒂缇被迦楼罗父亲的一个妻子囚禁在一个遥远的地域。迦楼罗想解救他的母亲，而蛇则要他取回天神的不死甘露作为赎金。迦楼罗饮尽河流之水，扑灭了藏着不死甘露的那个山洞周围的熊熊烈火。他偷了一杯不死甘露，飞回关押他母亲的地方。众神追逐着他。众神之王因陀罗用雷电击中了迦楼罗。迦楼罗一点也没有感到疼痛，照样继续他的旅程，解救了他的母亲。正当蛇准备喝下不死甘露时，因陀罗再次出现，夺走了杯盏。蛇只喝到一点点已经溢出的甘露——那已经足以使它们长生不死，但不死甘露的药性极其猛烈，结果撕裂了它们的舌尖。

7.7 多亏喝了神的不死甘露，蛇才能长生不死，但是药性猛烈的甘露把它们的舌尖劈成了两半，正如图中的这条黑尾响尾蛇（*Crotalus molossus*）

1　Garuda，也译作"揭路荼"，是古印度神话传说中记载的一种巨型神鸟，在印度教中是三大主神之一毗湿奴的坐骑，而在佛教中则位列于天龙八部之一。

2　根据经典的故事版本，迦楼罗的母亲名为毗娜达（Vinata），与本文的说法有所不同。

毒蛇在其上颌的腺体中混合储存着多种致命的蛋白质和酶，但它们最初是如何得到毒液的？科学家们有不少论述都是说其他蛋白质和酶经过一系列转化变成了毒液，而民间传说提供的解释却千奇百怪。一个澳大利亚故事这么讲到，从前蛇是无害的，而戈安娜（巨蜥）是有毒的。戈安娜对人类的血肉有着无穷无尽的欲望。所有部落聚集到一起，商讨对付戈安娜的办法。但没有人愿意冒着被戈安娜咬死的危险，最终，蛇自告奋勇要偷偷接近戈安娜并夺走它的毒液袋。蛇夺得了毒液袋，被人类奉为英雄。但当人类要蛇交出毒液袋，将其销毁时，蛇拒绝了，还嘲笑道："我现在有了毒液袋，我就是最强大的动物。"这就是澳大利亚故事的结局，但是这个故事还在继续，因为澳大利亚科学家最近发现一些巨蜥体内仍存在毒腺。也就是说，蛇并没有完全偷走巨蜥的毒液！

北美洲乔克托人的一个故事解释说，在世界形成之初，乔克托人洗澡的海湾的水面之下，长着一株有毒的藤蔓。凡是触碰到这株藤蔓的人都会生病死去。藤蔓非常喜欢人类，后悔给人们造成了痛苦和悲伤。有一天，藤蔓召集了小动物的首领，告诉沼泽地的蜜蜂、黄蜂和蛇，它想将它的毒素全部送出去。这些小动物正好没有办法保护自己不受人类的伤害，所以它们都同意分担藤蔓的毒液。

"我只会用毒液来保护我的蜂巢，"蜜蜂许下诺言，取走了少量毒液，"如果我必须使用它，我会为此而死。因此，我会谨慎使用的。"

"我会把毒液放在尾巴上，用它来保护我的蜂窝，"黄蜂说，"在使用毒液之前，我会先在那个人近旁发出嗡嗡声作为警告。"

"我只会在被人踩到的时候使用毒液。"棉口蛇承诺道，"我会把毒液藏在嘴里。受到威胁时，我会张开我的嘴巴，露出白色的口腔。人们会意识到我有毒，然后就会远离我。"

响尾蛇果断地说："我会拿走所有剩下的毒液。我也会把它藏在嘴里。我会摇响尾巴发出'隐特杀，隐特杀，隐特杀'的声音，警告那些离我太近的人。"

于是，从那天起，对于乔克托人来说，河湾的浅水区变得安全了，只不过他们要留意动物们的警告。

长相酷似史前动物的鳄鱼有着凹凸不平、满是疙瘩的皮肤，上面覆盖有皮内成骨[1]。两栖爬行动物学家会告诉你，皮内成骨有助于防止被其他鳄鱼咬伤。澳大利亚原住民

---

1 osteoderms，鳄鱼皮肤中的骨质组织。

讲的故事，既解释了鳄鱼是如何得到皮内成骨的，又说明了人类和鳄鱼不能很好相处的原因。北部地区的昆尼乌吉人居住在美丽的利物浦河畔。一个名叫皮库瓦的帅小伙子爱上了一个已婚妇女，违反了昆尼乌吉人的法律。长老告诉皮库瓦，他的行为不检点，但他不听劝阻，继续和那个女人厮混在一起。大神说皮库瓦若继续和那个女人见面，他就会受到严厉的惩罚。当皮库瓦和那个女人再次被人看到在河边相会后，女人的丈夫和一群勇士将长矛深深地刺进了皮库瓦的后背。皮库瓦掉进水里，消失不见了。

然而，皮库瓦并没有死。几个星期后，一个怪物从河里爬了出来。那就是皮库瓦，背上布满了矛头。昆尼乌吉人把皮库瓦赶回了河里。大神宣告，皮库瓦违反了法律，必须受到责罚，从今往后要一直生活在水中。它的后代和昆尼乌吉人的后代永世不会在一起玩耍。从那时起，每当昆尼乌吉人在河里洗澡时，鳄鱼就会攻击他们；每当鳄鱼离开水面，昆尼乌吉人就会攻击它们，把它们赶回河里去。

在另一个故事中，皮库瓦诱奸了一对天真无邪的小姐妹。她们的父亲气坏了，一棒子打到皮库瓦的头上，把它打死了。他砍下鳄鱼的头并把它带回营地。接着，一家人就吃了一顿鳄鱼肉大餐。直到今天，鳄鱼的额头上还有一个肿块，这是要提醒它们诱奸少女会受到惩罚。

7.8 鳄鱼的皮肤中有皮内成骨，可以作为它们的防御盔甲。在澳大利亚原住民讲述的一个鳄鱼故事中，鳄鱼从前是一个叫皮库瓦的年轻男子，它背上的皮内成骨是刺入背部的矛头变成的，这是对皮库瓦与已婚妇女苟合的惩罚。上图是非洲的尼罗鳄，它的表皮凹凸不平、满是疙瘩

世界各地的文化讲述骗子的故事，揭露了人们所认为的该做或不应该做的诸多行为。在大多数情况下，两栖动物和爬行动物的故事中包含了这些动物在我们眼中好的一面，即使它们会违反规则、惹出麻烦和操纵他人。虽然故事很幽默，但在滑稽幽默的外表之下，骗子的所作所为通常会传递出某种信息或者教给大家某种道理。动物多种多样的本性也反映出了人性的多样性。有些动物虚伪，比如鳄鱼，表面上是在做一件好事，其实只是为了填饱自己的肚子。有些动物喜欢自吹自擂，比如蟾蜍，吹嘘它跑得比驴子还快。有些则慷慨大方，比如变色龙，为了维护天神不惜去欺骗海王。相比之下，与河狸比赛的乌龟则是自私的，为了自身利益而在比赛中作弊。虽然蛇经常是骗子恶作剧故事中的主角，但作为骗子本身，它们经常扮演着自私自利的角色，就像它们将人类长生不死的机会骗走那样。能够成为皇帝的青蛙聪明伶俐，而在争夺王位的比赛中作弊的变色龙则目光短浅。

　　为了解读周围的世界，人类编造故事来解释那些难以理解的事情——为什么青蛙没有尾巴，为什么蛇的舌头是开叉的，为什么乌龟有壳。和骗子的故事一样，两栖动物和爬行动物在"如

7.9 青蛙的民间传说通常反映了我们对它们的情感是正面的，甚至对它们抱有喜爱之情

137

何"和"为什么"的故事中经常反映出人类的优点与缺点。在这里分享的几个故事中，动物就被赋予了不同的形象：知恩图报的、慷慨大方的、心思缜密的、自高自大的、居心不良的、以自我为中心的、寡廉鲜耻的以及会剥削别人的。在另一个层面上，这些"如何"和"为什么"的故事说明了人类行为的后果。渴望得到尾巴的青蛙的故事告诉我们，自负和恶毒的行为会招致惩罚。缺席宙斯婚礼的乌龟的故事说明，以自我为中心会导致我们背上永远也摆脱不掉负担。另一方面，乌龟米舍奇的故事则证明了安全的美好。藏在秃鹫包袱里的乌龟的故事提醒我们，偷偷摸摸的行为，即使是出于好意，也会造成伤害。鳄鱼和锦龟都证明了玩弄女性必遭惩罚。

两栖动物和爬行动物经常出现在骗子的故事以及"如何"和"为什么"的故事中，它们特殊的角色反映了人类与这些动物相类似的方方面面。人类在动物身上看到自己的影子，因此认同它们。在这些较为轻松的民间故事中，两栖动物和爬行动物吸引我们的一部分原因在于，可爱的它们把我们带进了幻想的世界，让我们重新回到孩童时代。一切皆有可能，毛毛虫也有可能会变成独角兽。

8

无尾怪、裸蛇和火蜥蜴
民间信仰与两栖动物

身处布里布里人、卡维卡尔人、博鲁卡人、昌吉纳人和奇里基人当中，当奇恰酒饮尽，夜晚变得又黑又沉，篝火化为暗红的余烬，部落里最睿智的老人便开始给全神贯注的听众讲述金蛙的故事：有一只美丽异常的金蛙，栖息在这些神秘山脉中的森林里。传说这只金蛙腼腆而且孤僻，只有在经历过艰苦的试炼和耐心的寻觅之后，人们才能在雾霭笼罩的山坡和冰峰上面的黑森林中遇见它。不过，对于寻觅到这种奇妙生物的人来说，他们将会得到惊人的回报。

——杰伊·M.萨维奇[1]，《金蛙的踪迹》（*On the Trail of the Golden Frog*）

在巴拿马人和哥斯达黎加人的金蛙[2]（*Atelopus zeteki*）传说中，任何看到这种神奇青蛙的人，首先都会惊讶于它的美丽，进而激动得不知所措。抓住金蛙，幸福就会随之而来。然而，很少有人能找得到金蛙，能把它抓回来的人就更是屈指可数了。杰伊·萨维奇写道："就像塔拉曼卡和奇里基族的印第安人一样，每个人都肩负着寻找金蛙的使命。尤其是野外生物学家，他们似乎总是在寻找自然界的真与美，并且时常在

1　杰伊·M.萨维奇（Jay M. Savage，1928— ），美国两栖爬行动物学家，以对中美洲爬行动物和两栖动物的研究而著称。

2　即"泽氏斑蟾"，俗称"巴拿马金蛙"，巴拿马的特有物种，是一种濒危蟾蜍。

不自觉的情况下寻觅着印第安先知预言的幸福。"

　　读研究生的时候，我就很认同萨维奇的这段话。我在拉丁美洲的野外工作就是寻找金蛙，一路走来，收获颇丰。对于我来说，蛙象征着幸福，也许是因为我觉得最幸福的时刻，都是在野外研究蛙的时候——它们在求偶、照料幼体、在变幻莫测的环境中生存、保护领地和躲避捕食者时所面临的诸多挑战。

8.1 在巴拿马人和哥斯达黎加人的金蛙传说中，任何抓到美丽神奇的金蛙的人，都会找到幸福

　　到目前为止，我们一直在讲述两栖动物和爬行动物在民间故事中的形象。在本章中，我们将仔细审视一下有关蛙类（无尾怪）、蚓螈（裸蛇）和蝾螈（火蜥蜴）的民间信仰。民间信仰为我们如何看待这些动物身上的两面性提供了另一个视角，并且他们认为两栖动物能够影响人类的生活。一些信仰为人类带来更美好的希望；另一些则劝诫人类应该尊重动物，因为它们可以破坏地球的平衡，令人类的生活也失去控制。

蛙类

蛙在多种文化中象征着好运和繁荣。古罗马人相信蛙会给一家人带来好运，世界各地的人们仍会在花园和家中摆放蛙的雕像以期招来好运和兴旺。在许多亚洲文化中，蛙代表自然的"阴"面（象征着阴暗面）——缓慢、柔软、寒冷、潮湿和被动，与水、大地、月亮、夜晚、女性气质和好运有关联。在中国古代的风水学说中，蛙象征着好运，它平衡自然的力量影响着人们的运数与荣华。招财蛙——据说是三足金蟾（见第5章）代表着财富、丰盛和好运。招财蛙由水晶、孔雀石、玛瑙或玉石等材料雕刻而成，口衔一枚金币或蹲坐在一堆钱币上。风水师一般会建议将招财蛙放置在居所、办公室或者商铺的前门附近，正对着门外。

也许，人类一直想掌控自己的生活，所以才会去召唤超自然力量。世界各地都有人随身携带一些小物件，希望能够掌控自己的命运。护体之物包括项链、吊坠以及符咒等，可以防止伤害、疾病、衰老和死亡，还可以招来好运与健康。据说，亚马孙女战士——生活在亚马孙森林全女性社会中的传奇女战士，会把蛙形玉雕护身符送给她们的情人，作为彼此相遇的信物。这些蛙形玉石叫作"塔库瓦"（takua），时不时会出现在亚马孙盆地，为当地原住民流传下来的许多故事以及早期欧洲探险家创作的故事提供了物证。

一些日本人把小金蛙符放在钱包里，因为他们相信蛙与金钱接触能增加财富。日本人也认为蛙象征好运，因为它们经常出现在大水淹过的稻田及其附近地区。在日语中，蛙写作"カエル"（kaeru），意味着"回归"。在这个意义上，蛙象征着希望，特别是在自然灾害之后，给人以重建的希望；蛙会让人们的生活恢复正常。日本人在旅行时经常随身携带一个小小的青蛙护身符，以确保他们能安全回家。几年前，我的日本研究生一雄（kazuo）送了我一个小金蛙。从那时候起，我一直虔诚地把它放在我的钱包里，保佑我平安到家。

日本小金蛙不是我唯一随身携带的蛙。几年前在哥斯达黎加工作时，我买了一些前哥伦布时期的金蛙饰物的仿制品——吊坠、耳环、手镯，还有一枚戒指。如果让蛙来代表我的幸福指数，那么当然是多多益善。参加讲座或研讨会时，我偶尔会戴上我最喜欢的金质哥斯达黎加青蛙吊坠，希望它能保佑我演讲成功。有一回，我忘记戴了，投影仪竟在我最喜欢的那张角斗士蛙的幻灯片上烧了个洞，我只有那一张啊！而我戴着吊坠的时候，却从未发生过这样的情况。

许多从欧洲传到北美洲的民俗观念都会将蛙与好运联系起来。许下愿望的最好时机是在春天听到第一声蛙鸣的时候。许愿时，回到自己的房子里，然后转上三圈。新婚夫妇要是在路边看到一只蟾蜍，他们的婚姻就会幸福美满。把树蛙的干腭骨或胸骨放在口袋里，可以招来好运。在春天见到第一只蟾蜍时，往它身上吐点口水，能带来好运。如果去打牌时遇到了一只青蛙，你一定会赢得盆满钵满。

8.2 你的土地上有大量的蟾蜍，那就意味着你将获得大丰收，并且会增加财富

蛙也与爱情相关。老普林尼把"保持感情真挚永恒、促进情侣之间琴瑟和谐的力量"归功于蛙。他还写道："他们说，如果用芦苇秆贯穿蛙的生殖器和嘴巴，还有如果丈夫在被妻子经血浸染的地方播种，那么她就会对通奸情人产生厌恶之情。"罗马人佩戴青蛙护身符来保证他们的爱情永不褪色，这反映了老普林尼的谆谆教诲。英国有一种古老的避免分手的爱情法术，其做法是将九根针插进活蛙体内，再把蛙浸在浓硫酸里，最后把它埋掉。在丹麦，把蟾蜍的心脏蘸上果酱吃掉，可以治愈破碎的心。在美国，人们相信年轻姑娘若是把活蛙放在枕头下面枕着睡觉，翌日第一个走进她家的男子就是她未来的丈夫。若女孩看见蟾蜍蹦蹦跳跳地从她面前经过，当天，她就将遇见她的情郎。还有人告诉相思成疾的年轻男子，把蟾蜍装进一个有洞的盒子里，然后把盒子放在靠近蚁冢的地方，直到蟾蜍死去，蚂蚁把蟾蜍的尸骨清理干净，再从中挑出一块钩状骨头，

将其别在意中人的袖子里，就能令她坠入爱河。蟾蜍被用来施加爱情魔法：丈夫要是把活蟾蜍的舌头放在熟睡的妻子的心口，这条舌头就像吐真剂一样，令妻子将自己的心事和盘托出，丈夫就能知道他的妻子是否忠贞。

许多蛙的繁殖力都非常旺盛，因此，蛙和它们的蝌蚪象征着生育能力。美国牛蛙（*Lithobates catesbianus*）一次能产2万个卵，甘蔗蟾蜍甚至可以产3万个卵。古埃及人将蛙与人类的生育密切地联系起来。蛙女神海奎特掌管分娩和生育，蝌蚪象征着胎儿。古埃及的男女都佩戴金蛙护身符，以防止不孕不育。在古希腊，蛙也象征着生育能力，古希腊人把蛙和爱神阿弗洛狄忒联系起来，他们佩戴阿弗洛狄忒的标志物——蛙，来保护自己的生育能力。蛙也是古罗马爱与生育女神维纳斯的圣物。维纳斯的尤尼[1]有时被描绘成一朵由三只蛙组成的鸢尾花。法国最初的国徽是由三朵蛙状的鸢尾花组成的，鸢尾花形状的衣扣至今仍在使用，并被称为"蛙"。在古罗马，民间裁缝们有一条规定：衣服应该用九枚蛙形扣扣上。学者们认为，这种信念源于古巴比伦的一种被用作生育符咒的圆形印记，印记上面有九只青蛙，代表着女人怀孕的九个月。古代欧洲人把蟾蜍和子宫联系在一起，女人们会在圣地留下蟾蜍小雕像，祈求能够怀孕。

在新大陆，阿兹特克的大地之母——特拉尔泰库特利经常被描绘成半蟾蜍半猫的形象，她蹲坐在地上，像在分娩一样。在玛雅语中，

8.3 蛙常常见于不列颠哥伦比亚省海达族人的象征性艺术品中，海达族人认为蛙是智慧和知识的源泉。根据传说，两只蛙守卫着神话中雷鸟王国的入口，随时准备鸣叫警告入侵者。西部蟾蜍出现在海达人生活的地区，和大多数蟾蜍一样，被抓住时会发出吱吱喳喳、央求放过的叫声。也许蟾蜍的行为解释了海达人传说的起源

1 Yoni，来自梵语，指女性的生殖器官。

蟾蜍写作"*mut*"或者"*much*"，也指女性生殖器。对于许多美国原住民来说，蝌蚪象征着生育能力，他们会把蝌蚪图案用在编织物、陶器和珠宝上。阿根廷北部的马塔科人把蛙和人类的生育能力联系在一起，则是因为托克瓦的故事。托克瓦赐予男人"牛奶"，从而使人类繁衍成为可能。托克瓦将荆棘刺插入蟾蜍的肛门，使蟾蜍全身渗出黏液，再把收集到的黏液涂抹在男人的生殖器上，创造出精液。

在一些文化中，蛙与新生儿息息相关。中世纪时期，西方斯拉夫部落的温兹人传说把孩子送去给他们父母的是蛙，而不是鹳。德国勃兰登堡省的人们相信，如果一个女人挖出了蟾蜍，那么她会很快怀上孩子。婆罗洲[1]的海达雅族认为女神萨兰潘达外形如蛙。萨兰潘达被奉为婴儿的创造者，她是用黏土捏出婴儿的。婴儿出生时，其家附近就会有一只蛙出现。

8.4 逆境和厄运自有妙处，就像丑陋而有毒的蟾蜍，头上却顶着一颗珍贵的宝石。——莎士比亚《皆大欢喜》

中古时期的欧洲人将蟾蜍视为珍物，认为其头顶隐藏着珍贵的宝石。这种宝石被

---

1 东南亚加里曼丹岛的旧称。

称为蟾蜍石。关于蟾蜍石的迷信说法，至少可以追溯到公元1世纪老普林尼在《博物志》中的记述。蟾蜍石可以解毒，价值非凡。它还能通过发热或变色来警告毒物的存在，以此保护佩戴者。嵌在戒指或项链中的蟾蜍石更是珍贵，因其在治疗腹痛、癫痫、肾结石和膀胱结石上面有奇效。各种天然物品曾经被鉴定为蟾蜍石，包括一种已灭绝鱼类的纽扣状牙齿化石[1]。有关蟾蜍石的传说不计其数，其中就有传说借癫蛤蟆喻指美德往往隐藏在粗俗的外表之下。

一些民间信仰保护了蛙，因为他们警告人们，伤害或杀死蛙会招致恶果。在美国部分地区，人们相信如果杀死青蛙或蟾蜍，家里的房子就会着火，最好的朋友也会离自己而去，或者自家养的牛会产出血牛奶；要是踩到了癫蛤蟆，祖母就会因此而辞世。纳瓦霍人的一个禁忌是不允许捕杀青蛙，因为这样做会导致暴雨，毁坏庄稼。津巴布韦和莫桑比克的绍纳人的禁忌说法则相反：如果有人杀死蛙，上天就会拒绝降雨，水井也会干涸。在罗马尼亚，如果有人杀死青蛙或者蟾蜍，这凶手将来也会杀死他自己的母亲。欧洲人警告不要杀害蛙，因为它们体内有死去的孩子的灵魂。一种古老的波斯信仰认为，如果有人杀死了蛙，那么他的手就会变得"寡淡无味"，意思是从此以后无论他做多少善事，都不会有人感激他。

关于蛙的许多其他信仰反映并且强化了蛙拥有超自然力量的观念。人们早就相信青蛙和蟾蜍可以在地下或者石穴中生存数百年。这种观念甚至已经渗入了大众文化，如同"乐一通"系列动画片《青蛙之夜》中的主角密歇根蛙一样，人们在拆除一座1892年建的老建筑时，在地基中发现了它。当然，蛙不可能生活在坚硬的岩石、混凝土或砖块中，但人们想象出来的奇事给蛙增添了一种神秘色彩。据报道称，现在仍有从地下挖出活蛙的情况。这些报道要么是捏造的，要么是有意曲解。有些蛙能在地下蛰伏数月甚至数年，其中一些蛙会将蜕下的皮做成茧裹在自己周围，但是没有蛙类能够经历数百年的掩埋而不死。

想象一下，对于那些不了解这些自然现象的人来说，日食、月食、地震是多么可怕。为了解释这些自然现象发生的原因，人们编造出各种各样的故事。蛙经常出现在这些故事中，因为它们看似神奇的变态发育过程暗示了它们天生具有超自然的力量。新旧大陆的传说都提到，当大青蛙吞下月亮时，就会发生月食。在西伯利亚、印度和

---

1 根据后来自然学家的鉴定，蟾蜍石实际上是鳞齿鱼（*Lepidotes*）的纽扣形牙齿化石，鳞齿鱼是繁盛于侏罗纪和白垩纪时期的已灭绝鱼类。其牙齿化石形状完美带有光泽，从中世纪到18世纪，欧洲珠宝商将其镶嵌成神奇的戒指和护身符。

中国，传说世界栖息在一只蛙的背上。每当蛙移动时，世界就会发生地震。

对梦见蛙的解读有积极的，也有消极的，这常常依赖于梦境本身。梦见蛙可能预示着做梦的人在生活的某些方面会发生改变。梦到呱呱叫的蛙预示着成功，但首先做梦的人必须停止抱怨，付诸行动。梦见杀死蟾蜍意味着做梦的人会因为做出一些决定而受到指责，或者他或她会战胜某个对手。女人梦见蝌蚪预示着生育，也反映了希望怀孕的愿望。

一些古人声称蛙是从腐烂之物中形成的。接受这种观点的人一定会把蛙视为肮脏、恶心的动物。亚里士多德指出，有些动物自然地从腐烂之物中生成，这种想法很可能是因为昆虫和其他一些动物会出现在死去的有机体周围，却似乎不知它们是从有机体的哪个地方冒出来的。自古以来，处在各种文化背景之下的人们都相信蛙是这类动物中的一种。蛙经常在腐烂物附近被发现——不是因为它们在那里"出生"，而是因为它们在捕食以腐烂动植物为食的昆虫。托马斯·布朗爵士（1605—1682）——一位对宗教、医学和科学颇有研究的英国作家，认为那些从腐物中生成的蛙，叫"临时"[1]青蛙，其寿命比通过正常途径繁殖出来的蛙短。有些人相信蛙在冬天会分解成稀泥，到了夏天会恢复原状。这种误解产生的原因在于很多蛙类会在冬天时冬眠，又会在气温回升时重新出现。

也有人认为蛙由人体内部的腐败物生成，并从人的嘴巴或者正在分娩的阴道逃出。荷兰画家耶罗尼米斯·博斯（约1450—1516）的画作《魔术师》（*The Conjurer*）就反映了这种观点，画面中有一只蛙从一个人的嘴里跳了出来。在民间故事中，蟾蜍往往是从那些腐败、不道德或其他行为不端的人嘴里跳出来的。《格林童话》中有一个故事叫"森林中的三个小矮人"，故事中那个顽皮的小女孩每说一句话，嘴里就会跳出一只蟾蜍。

蟾蜍在西方文学作品和民间故事中往往象征着丑恶。在《理查三世》中，莎士比亚把国王比作"一只恶毒的驼背蟾蜍"，安夫人还在一幕中对葛罗斯特说："我宁愿我的口舌之毒，胜过令人作呕的蟾蜍。"在汉斯·克里斯汀·安徒生的童话《癞蛤蟆》中，小绿蛙们认为它们的癞蛤蟆妈妈又肥又胖又丑。约翰·弥尔顿在他的叙事诗《失乐园》中写到，撒旦"像只蛤蟆一样蹲着"，在夏娃耳边低语诱惑她。

还有许多民间信仰把蛙与污秽邪恶联系在一起。在早期基督教中，蛙代表不洁，

---

1 原文为拉丁文"*temporariae*"，意思为"临时"。

因为它们生活在泥泞之中。在中世纪的欧洲，也许是因为蟾蜍的皮肤分泌物有毒，它们常被视为恶魔，代表着淫荡和性欲的罪恶。对于中世纪的欧洲人来说，蛙也代表着魔鬼，反映了天主教会将青蛙和蟾蜍与巫婆熬制的汤药关联起来的观念。女巫会把自己变成蟾蜍，蟾蜍与女巫相伴成为"魔宠"，帮助实施邪恶的行径。有些人仍然认为青蛙和蟾蜍是女巫，应该被杀死。从英国传到新英格兰（美国）的一种信仰认为，蟾蜍的气息会引起儿童抽搐。巴拿马和哥伦比亚的库纳人认为，婴儿要是接触到甘蔗蟾蜍，他们的牙齿就会出现问题。

蟾蜍因其防卫行为而臭名昭著。蟾蜍受到威胁时，经常会鼓起身体，使自己看起来更大，更可怕，更难以被捕食者吃掉。这种做法带有一定的侵略性。在世界上许多地方，人们认为被蟾蜍咬伤是致命的。一些马来西亚人认为蟾蜍尿液溅到人的眼睛中会致人失明。在新加坡，传说亚洲黑眶蟾蜍（*Duttaphrynus melanostictus*）会向人吹出毒气。在英国，人们声称欧洲大蟾蜍（*Bufo bufo*）会往人身上吐痰。钟角蛙（*Ceratophrys ornata*）就像青蛙版的赫特人贾巴，这种好斗的小家伙嘴巴又大又宽，它们会鼓起身体，突然扑向正在向其靠近的捕食者，如果有机会，它们还会用锋利的牙齿咬对方一口。一种广泛流传的阿根廷迷信警告说，正在吃草的马或牛若是被这种角蛙咬到嘴唇，就会死亡。这种事情在一个高乔人的国家可不是闹着玩的，高乔人最珍视的财产就是马匹，而且时至今日，阿根廷人还以拥有全世界最高的牛肉消费率而自豪（乌拉圭现在略微领先）。

《圣经》中有一场灾难也诋毁了蛙。摩西和亚伦去见埃及法老并带去了上帝的旨意："让我的人民离开这里！"上帝要求埃及法老让以色列奴隶离开埃及，以便他们自由地崇拜上帝，而不是崇拜埃及诸神。法老拒绝了，于是，上帝接连降下了十场灾难，其中第二场灾难就是蛙灾。上帝警告说："我必用青蛙糟蹋你的全境。河里必滋生青蛙；青蛙必上岸，进到你的宫殿和卧房里去，跳上你的床榻，进你臣仆的房屋，跳上你人民的身上，进你的炉灶和抟面盆。青蛙也必跳上你、你的人民和臣仆的身上。"[1]

亚伦把手伸在埃及的众水之上，成百上千万只青蛙就上来了，并且在埃及大地上泛滥成灾。法老求摩西和亚伦恳请上帝除去青蛙，上帝若能除去青蛙，他就放以色列人离去。为了证明蛙灾真的是由上帝造成的，摩西让法老决定何时结束蛙灾。法老选择了第二天，于是，到了第二天，所有青蛙都按时死去。人们把死蛙堆成一堆，地里

1　见《圣经·出埃及记》8：2和8：3。

臭气熏天。法老却没有遵守诺言，上帝就降下第三场灾难——虱灾。之后是第四场，直到第十场灾难，法老终于释放了以色列人。一些学者就这个故事解释，上帝是为了要向法老证明其法力远在青蛙女神海奎特之上，他可以结束蛙灾，杀死青蛙，而海奎特则对此无能为力。

中世纪的基督教传教士描述了地狱的可怕幻象，用以说服人们改过自新、免入地狱——一个布满烈火、蛇和蟾蜍的地方（见第3章）。有一个故事讲的是一个暴戾官员的遗孀，她打开丈夫的坟墓，发现他嘴里有一只癞蛤蟆。另一个故事讲述了自私的现世报。一个年轻人说服他的父亲把所有的财产都交给他，这样他就能结下一门好亲事，然而，他完婚之后便把父亲赶出了家门。有一天，儿子正要吃晚饭的时候，他的父亲前来敲门。儿子把晚饭藏了起来。父亲离开后，儿子去拿盘子，但盘子里的晚饭变成了一只癞蛤蟆。癞蛤蟆跳到了他的脸上。从此以后，儿子无论去哪里，脸上都挂着一只癞蛤蟆，就像长了个令人恶心的肿瘤一样。

人们认为蛙类会伤害人，其中包括一种共识：触碰蟾蜍会让人皮肤长疣。许多蟾蜍的皮肤上面覆盖着一团团含有毒素的颗粒状腺体，这些腺体团长得很像疣子。蟾蜍的这种生理特征为上述观点提供了依据。触摸蟾蜍不会让人的皮肤长疣，导致人体皮肤长疣的是病毒。另一种对蟾蜍的常见误解是，蟾蜍进到水里会让水带上毒性。事实并非如此，蟾蜍只不过可能会让水变浑一些。传统的纳瓦霍信仰警告人们，不要盯着一只正在吃东西的青蛙看，因为这样做会导致咽喉出毛病和吞咽困难。

我们的一些日常表达中也对青蛙和蟾蜍出言不逊。斯里兰卡有一句谚语："人若因贪财而死，他就会转世成为一只青蛙。"在马来西亚，人们会把跳党的政治家称为"政治青蛙"。同样在马来西亚，"死于被青蛙咬伤"指的是自视过高的人被小人物所羞辱。在西方有这样的说法："如果你早上第一件事是吃掉一只癞蛤蟆，那么接下来的一整天就不会有更糟的事情发生了。"类似说法还包括"在找到英俊的王子之前，你必须亲吻很多只青蛙""看起来像只吃撑的癞蛤蟆"。"温水煮青蛙"这个比喻是指一个人不能或不愿意对逐渐发生的重大变化做出反应。我最喜欢的是马克·吐温对拖延症的评论："如果你的工作是吃掉一只青蛙，那么最好早上先把它完成。如果你的工作是吃掉两只青蛙，那么最好先吃掉较大的那只。"

8.5 许多蟾蜍的皮肤，例如图中的日本蟾蜍（*Bufo japonicus*），都覆盖着一团团含有毒素的疣状颗粒腺体

8.6 你绝对不会想吃草莓箭毒蛙（*Oophaga pumilio*），它们从自己的猎物——蚂蚁和螨虫身上获取毒素。值得一提的是，雌蛙会为蝌蚪喂食含有毒素的未受精的卵子，使它们的蝌蚪从一开始就具有毒性

蚓螈

　　蚓螈——一种3英寸（约7.6厘米）到4英尺（约1.2米）长、形似蚯蚓的两栖动物，只生活在热带和亚热带地区——属于蚓螈目（*Gymnophiona*），这个词源自希腊语，意思是"裸蛇"。这些无足的两栖动物大多生活在地下，不过也有一些生活在地上，还有一些生活在水中。这些"裸蛇"很隐秘，极少被人看到，除了我们这些寻找它们的人。出于这个原因，人们很难与这些两栖动物产生互动，有关蚓螈的民间传说也十分有限。

　　有一个民间信仰警告蚓螈是危险的，也许这反映了它们与蛇在外观上的相似性。印度喀拉拉邦的一些人认为三色鱼螈（*Ichthyophis tricolor*）比眼镜王蛇（*Ophiophagus hannah*）更毒。当地有句谚语说："上帝没有赐予蚓螈眼睛，也没有赐予马儿犄角，是因为它们有可能用致命的毒素和强大的肌肉力量引发灾难。"

　　大多数南美人从来没有见过或听说过蚓螈，但许多见过蚓螈的人认为这种蛇形的两栖动物既危险又令人讨厌。一种叫"米赫奥"（*Minhocão*）的神秘动物——生活在地下并在地下钻洞的巨型蠕虫状动物——就能让人产生上述看法。米赫奥呈黑色，能长到75英尺（约22.9米）长，头上有一对触角，看上去简直和巨型蚓螈一模一样。米赫奥是一种非常可怕的野兽，因为它会在地底下挖出深沟，导致房屋坍塌，道路下陷。神秘动物米赫奥让我想起了弗兰克·赫伯特1965年的科幻小说《沙丘》中的巨型沙虫。也许蚓螈为小说中那些在荒芜的沙漠行星上到处肆虐的生物提供了灵感。

　　另一小段蚓螈的民间传说涉及一种神奇的转变。在哥伦比亚拉孔德萨庄园，当地人相信，如果把女人的一束头发放进瓶子里，将瓶子沉入水中，第二天瓶子里就会出现一条蚓螈，即当地常见的泗盲游蚓（*Typhlonectes natans*）。许多当地人并不知道这种20英寸长（50.8厘米）的水生动物是两栖动物，而是把它当成了鳗鱼。

　　还有其他一些关于蚓螈的迷信。乔恩·坎贝尔在《危地马拉北部、尤卡坦和伯利兹的两栖动物和爬行动物》（*Amphibians and Reptiles of Northern Guatemala, the Yucatán, and Belize*）中写道：

　　神秘的蚓螈被赋予了特别低俗的特征，这很可能是由于它们身体的形状和颜色。它们的俗名"塔帕尔库阿"（*tapalcua*），是"tapalculo"一词较为文雅的说法。而

"*tapalculo*"源自一个西班牙短语，描述了动物的一些几乎让人难以启齿的行为[1]。简而言之，人们普遍认为蚓螈会从地里跳出来，进入那些正在解手并且毫无防备的人的下体。事实上，在腐烂的植物堆中也有可能发现蚓螈，但这在消解上述迷信上并没有任何帮助。

两栖爬行动物学家在采集两栖动物和爬行动物时，经常会向当地人寻求帮助。因此，当我的两栖爬行动物学家朋友乔·门德尔森在危地马拉的一片咖啡种植园里找不到蚓螈时，他咨询了当地居民。因为这种两栖动物十分罕见，许多危地马拉人都不知道它们就生活在自己脚下。要是说"蚓螈"，他们肯定不知道那是什么，因此乔便用了它的俗名"塔帕尔库阿"，希望当地人能够明白。乔操着结结巴巴的西班牙语说："嘿，朋友们！你们今天好吗？你们知道附近哪个地方能找到一只屁眼塞儿吗？"人们爆发出难以置信的大笑。乔又恳求道："我只想要一只屁眼塞儿，能找到吗？"结果，人们的笑声更大了。乔语无伦次地说："说真的，如果我出钱的话，这个星期内有人能帮我找来一只屁眼塞儿吗？"当地人起着哄互相拍打着彼此的肩膀，这时，乔意识到他只能靠自己去寻找这种行踪不定的两栖动物了。

在墨西哥，有关"屁眼塞儿"的诅咒更为可怕。恰帕斯州特内贾帕的印第安人相信，墨西哥蚓螈（*Dermophis mexicanus*）会在人们解手的时候进入人的肛门。它们不仅会堵塞人的肛门，还会寄居在人体内吞噬宿主。墨西哥蚓螈的数量正在逐渐减少，很可能是人们因为这种传说或者它们体形像蛇，于是一碰到就会杀死它们。

8.7 图中的两种蚓螈都是民间传说中的典型角色。左图为汜盲游蚓，水生动物，据说是女人的头发；右图为墨西哥蚓螈，陆生动物，被当地人称作"塔帕尔库阿"或者"屁眼塞儿"

---

1 "*tapalculo*"读音与西班牙语"*tapa culo*"相近，其大概意思是"塞住屁眼"。

蝾螈

长期以来，蝾螈都与火联系在一起，事实上，"蝾螈"这个词源于希腊语，意思是"火蜥蜴"。古代欧洲传说认为蝾螈诞生于火焰之中，可以经受住任何高温。这种看法可能源自火蝾螈（*Salamandra salamandra*）的行为——在潮湿的原木内寻找藏匿之处。当人们把原木拿到屋里并扔到火中时，有时会有蝾螈从中爬出来，给人一种在火焰中诞生的错觉。在受到惊扰时，许多蝾螈的皮肤腺体会分泌出黏液，这种黏液可以在它们逃离火焰时，提供短暂的保护，避免高温伤害。亚里士多德认为蝾螈也可以灭火。在《博物志》中，老普林尼认同亚里士多德的观点，他称，蝾螈的身体冰冷得可以像冰块一样将火熄灭。《塔木德》[1]教导说蝾螈是火的产物，因此，涂了蝾螈血的人就不会被火烧伤。列奥纳多·达·芬奇（1452—1519）除了具有艺术天赋之外，当时还作为科学家获得了广泛的认可。他认为蝾螈没有消化器官，唯一的食物就是火，在火中，它们让自己的鳞皮再生，从而获得美名。

8.8 很多种蝾螈，包括火蝾螈，会在潮湿的原木中寻找藏匿之处。当人们把原木拿到屋里并扔到火中时，有时会有蝾螈出现，这可能就是人们相信蝾螈诞生于火焰之中的原因

很久以前，人们相信蝾螈生活在火山里面。只要蝾螈睡着了，火山就一直休眠。

1　*Talmud*，犹太古代法典。

当人们惹怒了蝾螈的时候，火山就会爆发，蝾螈炽热的岩浆之舌所经之处，万物尽毁。

人们迷信蝾螈可以毫发无损地穿过火焰，于是就认为蝾螈"纯洁无瑕"，所以能够通过考验。因此，蝾螈象征着坚定的信仰、勇气、忠贞、纯洁、贞洁和自制。后来，蝾螈与上帝的声音产生了联系。在18世纪，"蝾螈"一词也指代面对种种诱惑，依然能洁身自好的女人。

由于蝾螈象征着勇敢，所以火蝾螈成了纹章符号。火蝾螈是苏格兰曾经最强大的家族——道格拉斯（杜格拉斯）家族的纹章。法兰西国王弗兰西斯一世（1494—1547）把火蝾螈选作自己的纹章图案，并配上了一句拉丁语格言："我既能吞下火，也能将它扑灭。"国王的这句座右铭还有一种解释："我滋养善，也消除恶。"

火蝾螈也是铁匠行业的传统标志。英国西米德兰兹郡达德利镇的现代徽章上就有火蝾螈的图案。自盎格鲁-撒克逊时代以来，达德利镇一直是铸铁工业的中心，很多古老的冶炼炉仍然保存在那里，这解释了城镇徽章上的蝾螈图案的由来。我母亲婚前姓达德利，她的祖先来自英格兰，所以能与"火蜥蜴"扯上关系，即便是间接的关系，我也感到无比欣喜。

对于古代炼金术士来说，蝾螈象征火，是四种元素中的一种，其他三种是土、水和气。炼金术士把蝾螈视为食火者和火精灵，因为它们可以毫发无损地穿过火焰。蝾螈也象征着人类的灵魂，为阳光所吸引并暴露在阳光之下。

人类很早就知道石棉是不可燃的。石棉的开采和使用已有几千年之久，是一种性能卓越的隔热材料。那么，石棉和蝾螈相互关联就不足为奇了。公元13世纪，意大利商人和探险家马可·波罗来到中国，人们向他展示了用可以防火的"蝾螈毛"制成的布料和服装，"蝾螈毛"是用蝾螈的"毛发"编织而成。马可·波罗并没有上当受骗，他仔细拨弄了一通，发现防火布是用石棉织成的，石棉则是从附近的山上开采而来。1884年，美国组建的第一个隔热材料工人联合会就以蝾螈作为会标。今天，美国国家高温、冷冻和普通绝缘与石棉工人协会仍然用蝾螈图案作为会标——一只蝾螈抱着一根管道，下面是熊熊燃烧的烈火。

蝾螈也是其他方式的火的象征。在南美洲，有很多"蝾螈"（柴炉）都给我带来了温暖。加热器、烤箱、烤架和烤炉通称为"蝾螈"。一些公司的名字里也包含"蝾螈"一词，比如英格兰德文郡的蝾螈火炉。18世纪，人们用一件叫"蝾螈"的发明把食物表层烤成焦黄色，例如，浇在威尔士干酪吐司上面的奶酪。"蝾螈"烤板由厚厚的铁板组成，铁板上附有一根长柄，可以支在需要烘烤的食物上方。今天，我们使用类似的烹饪器具——"蝾螈"烤箱，用于给汉堡包浇上完全融化的切达干酪，或在法国洋葱汤上铺上烤焦的奶酪。专业厨房的厨师经常使用一种叫"蝾螈"的器具——一种使用电或者燃气的烹调烤箱，其红外线加热元件能够产生高温，跟18世纪的"蝾螈"烤板有着相同的设计思路。

由于蝾螈被认为具有抵御火的能力，所以人们相信它们具有超自然和超凡的力量。北美的一个民间信仰认为，如果你在春天杀死一只活生生的蝾螈，水就会干涸。一个传统的纳瓦霍禁忌警告人们不要杀死蝾螈，因为害怕会因此残废、瘫痪或感染疾病。在德国，蝾螈被认为是能够预报天气和守家护宅的精灵。蝾螈也被用于民间医学和巫术，因为人们认为它们具有治愈的能力和超自然的力量（见第11章和第12章）。

蝾螈与从死亡到新生的转变历程——重生和再生——有关联，这其中有三个明显的原因。首先，很多蝾螈都先经过水生幼体阶段，然后才转变成陆生成体。蝾螈幼体和成体之间的差异不像蝌蚪和蛙之间的差异那么显著，但是其变态发育过程仍会让人联想到重生。其次，蝾螈像蛙一样会蜕皮。再次，当被捕食者抓住时，一些蝾螈会自断一截尾巴（尾部自割）。断掉的尾巴仍能够扭动一会儿。幸运的话，捕食者会将注意

8.9 蝾螈与重生有关联，部分原因是许多蝾螈在被捕食者抓住时能自断尾巴，并且经过一段时间后会长出新的尾巴。图中为尾尖经过再生的俄勒冈蚯蝾螈（*Batrachoseps wrighti*）

力放在扭动的尾巴上，蝾螈则可以趁机逃走。经过一段时间之后，蝾螈会再生出一条新的尾巴。这种尾巴再生的能力提醒我们，在经历了灾难事件之后，我们有能力恢复正常的生活。

8.10 一些蝾螈用有毒的分泌物保护自己。一些蝾螈，例如左上的斑点钝口螈（*Ambystoma maculatum*），头部的腺体中聚集着毒液，当它们用头部顶撞捕食者时，毒液就会被释放出来；一些尾部带有毒素腺体的蝾螈会将尾巴猛烈地抽向捕食者，例如右上的红瘰疣螈（*Tylototriton shanjing*），毒液正从它的尾部渗出；左下的火蝾螈能将剧毒直接射向捕食者；右下的瘰螈（*Paramesotriton*）腹面的警戒色警示其具有毒性

　　很多蝾螈类动物，尤其是蝾螈（蝾螈科）、无肺螈（多齿螈科无肺螈科）和钝口螈（钝口螈科），其毒液聚集在皮肤腺体中。某些蝾螈的毒液对于人类来说是致命的。如果你吃了一只粗皮渍螈（*Taricha granulosa*），你恐怕就是死路一条，就像那些因为逞能而吞下蝾螈的醉鬼一样。这些蝾螈含有河豚毒素（TTX），这是已知的最剧烈的毒素之一。一只粗皮渍螈皮肤腺体中含有的TTX足以杀死25000只小白鼠。

"咖啡壶事件的寓言"解释了小埃德蒙·D.（布奇）布罗迪博士[1]是如何开始研究粗皮渍螈的毒性的。20世纪60年代初，在俄勒冈大学读本科的布奇悠闲地走进生物学教授的办公室，想寻求研究的思路。肯尼思·沃克博士告诉布奇他在俄勒冈海岸从小听到大的一个传说。三个猎人被发现死在营地里，一切看起来并无异常——没有挣扎的迹象，也没有人受伤。奇怪的是，他们的咖啡壶里装着煮熟的螈。沃克博士建议道："你为何不去尝试一下，弄清楚那些螈是否有毒？"布奇用了几天时间将螈皮磨碎，使其与水混合，并将他弄出来的混合物注射到从野外捕获的田鼠的体内。注射完没过几分钟，田鼠就死掉了。接下来的事情大家就都知道了。布奇已经从事螈及其TTX防御毒素的研究五十多年了。出人意料的是，一个传说却成了推动科学研究的巨大动力。

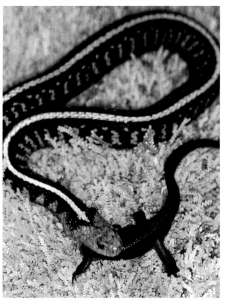

　　如果古代欧洲人知道"咖啡壶事件的寓言"，那么他们就有充分的理由相信当时流行的一些关于螈的传说。据说，螈毒性很大，以至于一只螈攀附过的树所结的果子都会有毒，能够杀死任何吃了果子的人。螈若是掉进井里，就会污染井水，任何喝了井水的人都会中毒身亡。螈的唾液有毒，人的皮肤若是沾上它的唾液，他/她的头发就会掉光。有些人仍然抱着一种错误的印象——所有螈都有毒。一般说来，关于螈的毒性，人们一直是言过其实了，不过，包括布奇研究的螈在内的少数品种除外。

8.11　虽然粗皮渍螈的毒性极强，但是一些束带蛇在吃掉它们之后仍旧安然无恙。上图为粗皮渍螈的防御姿态，下图中的束带蛇（*Thamnophis sirtalis*）正在吞食粗皮渍螈

1　美国犹他州立大学生物系两栖爬行动物学家。

人们相信蝾螈具有剧毒，结果蝾螈是邪恶之物的警告就传得满天飞。中世纪时期，据称东欧的女巫拿蝾螈酿造白兰地，用以召唤恶魔。莎士比亚在他的戏剧《麦克白》中把蝾螈描绘成邪恶的东西，将蝾螈的眼睛作为女巫魔药的成分。中世纪时期，人们可以因为杀死蝾螈而获得金币奖赏。人们将色彩鲜艳的有毒蝾螈与邪恶的灵魂联系在一起。虽然许多民间传说建议人们避开这些邪恶的动物，但一些欧洲人仍然相信，一个人若有勇气把蝾螈的腹面从头到尾舔舐三次，那么这个人将终生免于火灾，并且可以治愈其他人的烧伤。（考虑到蝾螈的毒性，我绝不推荐大家这么做！）

蝾螈被认为是邪恶的，它们会在人体里作恶。19世纪，美国的民间信仰认为一个人可以施法让蝾螈进入另一个人的肚子从而伤害对方，把蝾螈磨成粉末弄进人的鼻孔，会使人体内布满蝾螈并且痛苦得满地打滚，以此警告人们蝾螈会自行进入人体。一些爱尔兰人相信，一个人在屋外睡觉时若张着嘴，蝾螈就会进入人体并引发疾病。一位纳瓦霍族的朋友告诉我，亚利桑那州纳瓦霍族的母亲们和祖母们仍然警告年轻女孩不要涉入水塘之中，因为虎斑蝾螈的幼体可能会爬进她们的私处。

接下来，我将更详细地介绍其中几种蝾螈。首先是横带虎斑钝口螈（*Ambystoma mavortium*），它们是世界上最大的陆生蝾螈（长达14英寸，约35.6厘米）。得克萨斯西部平原是聆听这些蝾螈民间故事的好地方。在那里，蝾螈的陆生成体一年中大部分时间都在洞穴里度过。春雨过后，成体钻出洞穴并迁徙到浅水湖泊，在那里产卵。它们的水生幼体，通常被称为"水狗"，体形丰满，头部宽大，有羽毛状的外鳃，食量惊人，外表看上去相当可怕。人们知道水生的"水狗"和陆生成体是同一种动物，但不了解两栖动物的变态发育过程，便以为虎斑蝾螈就是魔鬼的后代，带有剧毒，并能够从鱼变成蜥蜴，然后又变回去。

在某种意义上来说，美西钝口螈（*Ambystoma mexicanum*）永远长不大。它们不会从水生幼体变为陆生成体，而是一直保持幼体形态以及羽毛状的外鳃，并留在水中生活。修洛特尔是克查尔科亚特尔（中美洲文化中的羽蛇神）的孪生兄弟，是犬头形象的阿兹特克火神、闪电神、死神和厄运之神。他是孪生兄弟中邪恶的那一个，会以巫术对付人类和其他神祇。传说修洛特尔为了不被献祭，跳入了霍奇米尔科湖，即现在墨西哥城所在的位置。在那里，他变成了蝾螈，就是我们现在所称的美西钝口螈。阿兹特克人相信这些蝾螈是修洛特尔的化身，被赋予了治愈的力量。美西钝口螈可入药，搅拌到糖浆里面作为治疗呼吸道疾病——例如，支气管炎的民间药物。因为美西钝口螈在看起来还很幼小的时候就能繁殖了，所以它们象征着永恒的青春。

美西钝口螈生长地仅限于墨西哥中部的两个湖泊：霍奇米尔科湖和查尔科湖。查尔科湖已被排干以避免周期性的洪水，所以，现在美西钝口螈只见于霍奇米尔科湖，而从这个小湖只看得到过去的一丝影子。霍奇米尔科湖曾是一个面积广阔的湖泊，并与一系列的运河相通，连接着墨西哥谷大部分阿兹特克人的聚居地，现在它只是一个被入侵动植物破坏污染了的运河系统。美西钝口螈——有时被认为是墨西哥灵魂的隐喻——已经成了一种极度濒危的物种。讽刺的是，"永远年轻"[1]也许并不是一种幻想。

8.12 美西钝口螈有羽毛状的外鳃，给人的印象是它们永远长不大，因此象征着永恒的青春

然而，美西钝口螈不会灭绝，因为它们在全球被广泛地人工饲养，用于医学和科学研究。它们因为具有令人惊叹的再生能力——包括四肢、尾巴、皮肤、脊髓和下颌的再生，而被用作再生研究的模式生物。它们的一个肢体可以截肢100次，每次都能完美地再生出来，不会留下疤痕组织。从其他个体移植到美西钝口螈身上的器官能被接受而不会产生排斥反应。美西钝口螈的抗癌能力比哺乳动物高出1000倍以上。也许有一天，美西钝口螈能够帮助那些遭受严重烧伤、截肢、器官移植免疫排斥反应和癌症折磨的病人。

极北鲵（*Salamandrella keyserlingii*）是一种长约6英寸（约15.2厘米），外表普通的陆栖棕色蝾螈。然而，从行为上来看，极北鲵是不同寻常的，因为它们能够在零下40摄氏度的低温下存活，而且可以在多年冻土中保持冰冻数年。一旦冰融化使它们解冻，它们就能伸展四肢到处爬。伊捷尔缅人是西伯利亚东部堪察加半岛的原住民，他们秉

---

1 forever young，作者在这里暗指美西钝口螈"永远长不大"，即在幼体时就会因无法生存而死去。

持着一种比极北鲵的自然历史更加离奇的民间信仰。伊捷尔缅人认为极北鲵是地下之神盖奇派来的奸细，它们要来抓捕他们的族人并送去交给自己的主人。

美洲大鲵（*Cryptobranchus alleganiensis*）[1]是一种水生蝾螈，体长可达2英尺（0.61米），生活在美国东部湍急的溪流和河流中。据说，"地狱狂徒"这个名字是西弗吉尼亚的黑奴们创造的，指的是蝾螈缓慢而扭曲的游动方式，就好比"地狱里那个该死的人所承受的痛苦"。美洲大鲵有扁平的身体和脑袋、小而圆的眼睛，身体两侧有额外的皮肤褶皱，它们皮肤黏滑，长着大嘴巴。大多数人认为它们极其丑陋，甚至令人恶心，从"泥魔""恶魔狗""鼻涕水獭"这些别名上就能看出这一点。很多人相信美洲大鲵会咬伤人并使人中毒（这不是真的），渔民经常割断鱼线，宁可把美洲大鲵扔回水中，也不愿意去摆弄它们。其他一些人则会杀死它们。民间信仰认为，美洲大鲵会赶走人们要捕猎的鱼群。事实并非如此。美洲大鲵主要吃螯虾，并且会避开可能会捕食它们的大型食肉鱼类。不幸的是，这些毫无根据的信仰导致渔民对美洲大鲵心生怨恨，并因此而残害它们。

日本大鲵（*Andrias japonicus*），世界第二大蝾螈，身长近5英尺（约1.5米），仅比中国大鲵（*Andrias davidianus*）小一点点。它们身体结实，皮肤呈褐色，上面布满了褶皱和瘤状突起，眼睛很小，头部宽且扁平，相比之下，它们的近亲美洲大鲵便显得可爱了几分！日本大鲵生活在寒冷的溪流和富氧的河流中，它们常常耐心埋伏等待，吃掉毫无防备的鱼。受到惊扰时，日本大鲵会分泌出辛辣刺鼻的黏液，气味类似山椒——一种由花椒树浆果制成的辛辣刺激的香料。因此，日本人将他们那里特有的大鲵称作"山椒鱼"。日本大鲵在当地还有一个别名是"半裂"（*hanzaki*），字面意思是"切成两半"，指的是人们误以为大鲵被切成两半后还可以重生。

日本的民间传说和大众文化讲述了名叫"河童"的水怪，许多学者认为河童的原型是巨型蝾螈。河童经常以捣蛋鬼的形象出现，它们会搞一些相对温和的恶作剧，比如大声吹气，从和服下面窥视女人。但它们也会跑到岸上来干坏事，比如绑架（和吃掉）孩子，强奸妇女。据说河童会引诱人进入水中使之溺亡，并从肛门掏出人的肝脏，因此，农村地区的水体周围会有标志警告居民小心住在水里的河童。人们用河童来警告孩子远离无人看管的水域。河童特别喜欢黄瓜，因此，一些日本人相信在游泳前吃黄瓜可以保护自己。其他人会在黄瓜上写下自己的名字和年龄，然后扔到水里，自己

1　此处英文名为俗名"Hellbender"，意为"地狱狂徒"。

则趁河童吃黄瓜的时候游泳或洗澡。不过河童并不全是坏蛋。若被人类友好对待或者受到人类鼓励，河童会帮人灌溉稻田，并为人类朋友送上新鲜的鱼。

在具有代表性的河童故事中，总会有河童去骚扰马或者牛的情节，比如《吹浦的河童》。传说很久以前，在吹浦村，一个河童从水中爬出来，朝拴在树上的一头牛走去。河童把它的手插进牛的肛门，想拔出牛的舌头。牛被吓了一跳，绕着树跑圈，结果河童的胳膊被绳子缠住了。看到一个农夫走近，河童便试图把胳膊从绳子中挣脱出来，不料胳膊被扯掉了，落在了地上。农夫捡起河童的胳膊并带回了家。那天晚上，河童跑到农夫家里，哀求着要取回它的胳膊，说如果在三天之内它拿不回自己的胳膊，胳膊就再也无法接回到它的肩膀上了。农夫拒绝了。第二天，河童又来哀求，但农夫还是拒绝了。第三天晚上，农夫可怜起河童来，表示如果河童答应除非附近的地藏石像的屁股腐烂，否则都不会去伤害村里的任何人，他就同意归还河童的胳膊。河童同意了，拿回了它的胳膊。每天晚上，河童都会去查看地藏石像的屁股。它把粪便撒在地藏石像上，希望能够加快它腐烂的速度，但是石像的屁股仍然没有一丝要腐烂的迹象。最终，河童放弃了继续干坏事的念头，村民们从此以后再也没有受到过河童的侵扰。

对于日本人来说，日本大鲵具有非常重要的文化意义，17世纪的一个故事解释了其中的原因。一条身长10英尺（约3米）的巨型大鲵横行乡野，吞食村民的马和牛，直到当地一位名叫三井彦四郎的英雄挺身而出，让大鲵把他自己整个人吞下。被吞进去之后，三井立即用剑杀死了大鲵，然后从它的肚子里爬了出来。当庄稼开始歉收，包括三井在内的人们开始神秘地死去时，村民们才意识到自己的愚行。大鲵的怨灵在到处肆虐，为了安抚它，真庭市（位于冈山县，在东京以西数百千米的山区）的人们建造了一座木质神社来拜祭半裂。这座神社如今仍然屹立不倒。每年8月8日，真庭市居民都会举行半裂庆典。人们身着盛装，在街上游行，一边跳着半裂舞，一边拖着两辆彩车，每辆彩车上都有30英尺（约9米）长的日本大鲵的复制品。一辆彩车上面是雄性大鲵，另一辆上面是雌性大鲵，它们整年都是分开的，只有在这天才相聚。大鲵的力量影响着人类寿命的这种民间信仰仍然影响着这些人，恐惧带来了尊敬。

最近日本之行的一个亮点是参观了位于本州岛兵库县附近的半裂研究所。此前我x

从未近距离地看过日本大鲵的成体。看着4英尺（约1.2米）长的巨型大鲵在我脚旁的水泥地上爬行时，我想起了曾经见过的那些巨型化石复制品，那是生活在3亿年前石炭纪晚期、类似蝾螈的两栖动物。我觉得自己穿越了时间，回到了尚未有恐龙在地球上漫游的远古时代。

半裂研究所将生态研究、自然保护和教育结合起来。栖本武吉博士管理着这个研究所，他研究日本大鲵将近四十年之久。在一个项目中，栖本博士从附近河流的巢中采集了大鲵的卵，把幼体喂养到一岁，然后放回河里。他的助手是当地的小学生。他给每个孩子一条大鲵幼体，让他们给它起名字并把它画出来，最后孩子们和栖本博士成群结队地来到河边，将各自照看的大鲵放归自然。我想不出还有什么比这更好的方法来给孩子们一点点灌输尊重爱护大鲵的思想了！自然保护要从儿童做起。

在不到一个世纪的时间里，日本大鲵已经走过了从被尊崇到被过度捕捉再到被保护的历程。第二次世界大战时，日本大鲵是人们急需的蛋白质来源，战后，它们被充分开发利用起来。现在它们已不再供人食用，至少在法律上是不允许的。自1952年以来，大鲵在日本得到了全面保护，目前也受到国际法的保护。日本人认为大鲵是他们的国宝。类似大鲵的图案出现在T恤、酒杯等各种各样的物品上。小学生们学习到他们国家独有的动物的自然历史，并开始关注它们。在保护日本大鲵上所做出的种种努力，为鼓励保护日本其他濒危野生动物提供了一个非常成功的范式。考虑到日本大鲵的外表——没有大眼睛，没有毛茸茸的外表，也不可爱漂亮，它们在日本能够享受如此崇高的地位，实在是了不起。

8.13 位于日本本州岛的半裂研究所，将生态研究、自然保护和教育集中在日本大鲵上。左上：三井武士的雕像，他杀死了传说中横行乡野的半裂；右上：研究所里面排成一列的日本大鲵；左中：作者与她的朋友在近距离观察大鲵；右中：一只卡通雄性日本大鲵正守护着它的卵；左下："去钓鱼"自然保护海报，旨在鼓励人们与大鲵分享河中的鱼；右下：海报上是孩子们为各自即将被放归河中的一岁大鲵画的画

9

吃棉花糖的家伙、老寿星、棘背蜥、蜥蜴人和保护者
民间信仰与爬行动物

学生们普遍认为鳄鱼爱吃棉花糖，在湖岸上经常能见到带着棉花糖来观看鳄鱼的人。然而鳄鱼无疑更喜欢吃香肠，香肠在水花溅起时就沉了下去，没有留给投喂者目睹它们取食行为的好机会。棉花糖却会漂浮在水面上，而且白白的，很显眼，一定可以让那些投喂者或者挑逗鳄鱼的人看到他们期望的凶猛的鳄鱼张开大嘴，露出尖牙抢食的惊人场面。事实上，鳄鱼确实会怀着高涨的热情吞下棉花糖，这么说来，买一袋棉花糖的钱就可以买来一次让人兴奋异常的体验。

——唐·古德曼《龙之夏》（*Summer of the Dragon*）

20世纪60年代中期，唐·古德曼搬到盖恩斯维尔时，佛罗里达大学校园里的爱丽丝湖是观看鳄鱼的绝佳地方。1976年，当我搬到盖恩斯维尔的时候，学生们仍然会消磨上好几个小时，把棉花糖扔进鳄鱼长满尖牙的大嘴里。鳄鱼吃掉过于靠近它的小狗的消息时不时地会登上报纸。最后，权威人士宣称，鳄鱼已经习惯了被人喂养，说不定哪天就会把岸边的小孩子掳走。于是，爱丽丝湖里的所有鳄鱼都被重新安置了。

是什么驱使我们喂养危险的野生动物？对于一些人来说，这是面临危险时肾上腺

素飙升带来的刺激体验。对于另一些人来说，这是与可怕的动物建立联系的一种尝试，希望通过接近它们，来更好地理解它们并放下内心的恐惧。在佛罗里达州，如今喂养鳄鱼是违法的。这项法律的出发点是为了保护人类安全，结果却让鳄鱼们受益匪浅。

到目前为止，我们已经了解人类是如何通过神话和其他故事去理解爬行动物的。在本章中，我们将专门讲述民间信仰对爬行动物的观念。正如上一章所描述的有关两栖动物的民间信仰一样，这些关于鳄鱼、乌龟、楔齿蜥、蜥蜴和蛇的信仰，可以为我们提供一个视角，让我们看到这些动物的两面性。

鳄鱼

关于鳄鱼的民间信仰，其描述的范围涉及了从普通平凡到野蛮反常等情形，包括善良、邪恶与丑陋。无论从哪种角度来看，大多数民间信仰都反映了鳄鱼的掠夺性。例如，一些巴布亚人部落认为，在晚上可以从鳄鱼的眼睛里看到被鳄鱼吞食掉的人，

这解释了它们的眼睛在手电筒的照射下发出可怕的红光的原因（鳄鱼眼睛发光的真正原因是，由鸟嘌呤晶体组成的一层组织可以在鳄鱼的视网膜内反射光线。这层组织被称作照膜，有助于夜行性动物获得极好的夜视效果）。

古埃及人也把鳄鱼当作太阳神的化身，就像太阳在夜晚沉入黑暗，每天早晨又从黑暗中升起一样，鳄鱼白天在陆地上爬行，晚上消失在水中。鳄鱼神索贝克头上顶着太阳盘，在仁慈的外表上与主太阳神拉有关联。但是鳄鱼也包含着负面的特征——贪婪。

古希腊历史学家希罗多德（公

9.1 鳄鱼代表着力量。图中为墨西哥高地的凯门鳄舞礼服，是布奇和朱迪·布罗迪的藏品，长6英尺（约183厘米）

元前484—前425）写过古埃及人对鳄鱼持有的相互矛盾的观点。在一些地区，鳄鱼被认为是神圣的，被视为理性的象征。这种被保护性薄纱蒙上了眼睛还能看清楚事物的动物，肯定善于思考并且通情达理。（这层"薄纱"其实是瞬膜，位于眼睛内角，在打开时扫过整只眼睛，用泪管分泌的液体清洁、湿润眼球。）

在古埃及其他地方，人们会杀死被视为"恶毒的野兽"的鳄鱼。这种看法可能因为鳄鱼与埃及冥王奥西里斯[1]的负面联系而得到加强。奥西里斯邪恶的弟弟赛特[2]，企图夺取奥西里斯的王位成为埃及国王。赛特杀死了奥西里斯，将他的尸体切成十四块，还把尸块分开扔掉。奥西里斯的妻子伊西斯找回了阴茎以外的所有碎块，有些故事说，奥西里斯的阴茎被一条尼罗鳄吞食了。伊西斯用魔法复活了丈夫。据说她虽然给丈夫做了木质的假体阴茎，鳄鱼却因为这种不当行为而受到责骂。正如我们已经从民间故事中看到的那样，对待鳄鱼的这两种截然相反的态度在整个古埃及和现代埃及文化和宗教中都是随处可见的。

马达加斯加的居民现在仍对鳄鱼持有相互矛盾的观点。有些人非常喜欢鳄鱼，他们相信如果有人杀了鳄鱼，这个人很快就会死去。马达加斯加巫师用鳄鱼牙齿制作护身符，据称能带来成功与爱情。一些马达加斯加部落自称鳄鱼的后裔。在一个鳄鱼部落中，一个人死后，一根长钉子会被钉进逝者的额头，使得尸体无法移动。几天之后，当尸体被放进家族墓穴中时，钉子就会被拔除。部落成员们相信，只要坟墓关闭，一条尾巴就会形成，手和脚就会长出爪子，皮肤就会变成坚硬的鳞片。一旦尸体变成鳄鱼，它就会到河里与祖先们团聚。然而，对马达加斯加鳄鱼必须保持警惕。马达加斯加没有大型陆生食肉动物，尼罗鳄是唯一一种会威胁到人类的动物。每种文化似乎都会惧怕并因此杀死一些危险的动物。对于那些不把鳄鱼当祖先的马达加斯加人来说，鳄鱼正是这种危险的动物。

许多非洲人认为鳄鱼具有强大的力量。有些人认为鳄鱼身体里藏着时刻寻求报复的怨灵，而鳄鱼之所以会攻击人类，是因为鳄鱼体内的怨灵正对先前发生的某些事件进行报复。班图人因为鳄鱼的力量而回避任何接触过鳄鱼的人，哪怕只是被鳄鱼溅湿的人也不行。一些非洲人相信鳄鱼会抓住人的影子，把他们拖到水下。许多人认为鳄

---

1 Osiris，古埃及神话中的冥王，也是植物、农业和丰饶之神，其形象是一个留着胡须，手持曲柄杖、连枷及象征至高无上权力的权杖，头戴王冠的绿色木乃伊。

2 Seth，英文也译作"Set"，古埃及神话中的力量、战争、沙漠和风暴之神，其形象通常是一位豺头人身的神祇，长有长方形的耳朵和弯曲凸出的长嘴。

鱼应该受到尊重，因为它们承载着人类已故亲人的灵魂，包括受人尊敬的祖父母。在加纳，鳄鱼象征着保护。西非的萨满用鳄鱼肝脏和肠子来施以邪恶的魔法。东非裂谷地区的康德人曾用巫术驱使鳄鱼杀死敌人。这种做法被认为是一种令人发指的罪行，如果被抓到，罪犯会被装进捕鱼器里，丢到水里，让鳄鱼把他吃掉。

 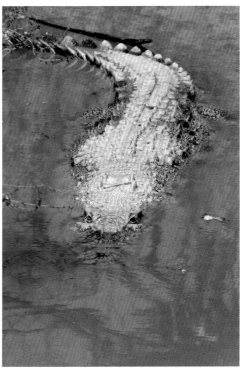

9.2 虽然大多数品种的鳄鱼都不够凶猛，也不够巨大，不足以威胁人类，但有些品种是具有潜在危险的。左图：丹泰·费诺利奥举着黑凯门鳄（*Melanosuchus niger*）的头骨，这种鳄鱼偶尔会攻击人类。右图：想象一下这种情形，你碰到了一根看起来像是木头的东西，但实际上它是世界上最大的爬行动物，还是一种凶猛的食肉动物——咸水鳄

同样，澳大利亚人对于鳄鱼也有相互矛盾的民间信仰。一些原住民把鳄鱼和智慧联系在一起，尤其是在沿海地区，有些人把世界上最大的鳄鱼——咸水鳄（巨大的身体可以长达24英尺，约7.3米）作为他们的图腾，并因此认为它们是神圣的。他们不会杀死咸水鳄，尽管它们具有侵略性以及潜在的危险天性。在澳大利亚其他地方，原住民却会捕食咸水鳄。

婆罗洲人过去常常保护鳄鱼，因为他们相信爬行动物能驱走无处不在的恶魔。现在，栖息地的破坏导致一些地区鳄鱼天然食物供给减少，而饥饿的鳄鱼迫于无奈会吃

掉家养动物或在水中玩耍的儿童。因此，人们对鳄鱼的态度变得越来越糟糕，这种态度的转变在世界上许多地方都能看得到，因为人类侵占了鳄鱼的生存空间。

人们也许对鳄鱼一直都有一种不正常的迷恋，因为害怕会被它们吃掉。想象一下，面对一种貌似史前生物的动物，它满口锋利的牙齿，突然从浑浊的水里向你冲过来，咔嚓咬住！你成了它的午餐！然而在现实中，大多数品种的鳄鱼攻击性不够强或者体形不够大，不足以对付人类。尼罗鳄和咸水鳄是例外，其他一些品种如美洲鳄对人类也有潜在的危险。

在南亚和东南亚地区，关于被鳄鱼吃掉的好处已经形成了一种流传甚广的传说，尽管对于被吃的人来说并非如此。在巴玛（缅甸）的勃固，人们相信任何一个不幸被鳄鱼吞食的人都会去一个永远快乐的地方。菲律宾人觉得被鳄鱼吃掉很荣幸。在印度和巴基斯坦的一些地区，人们认为可以通过把新生的女婴作为祭品扔进恒河来博得鳄鱼的好感，直到19世纪初英国殖民者取缔这种献祭行为。

美国东南部的短吻鳄也有着贬褒不一的名声。路易斯安那州巴约哥拉的马斯科吉人部落把短吻鳄当作图腾。相反，卡津人的信仰则警告说，如果短吻鳄跑进家里，家里就会有人死去。

对于一些人来说，鳄鱼象征着欺骗。那些敢于接近正在进食的鳄鱼的人注意到，它们看上去像是在哭，这才有了"流下鳄鱼的眼泪"的说法，暗指虚情假意。据说"鳄鱼的眼泪"这个短语源于中世纪的一个传说，鳄鱼会为被它们袭击和吃掉的人哭泣，但不是出于悔恨。它们流下沮丧的眼泪，是因为人类脑袋上的肉太少了！（鳄鱼有泪腺，可以产生眼泪，但它们并不是在"哭"。鳄鱼流泪根本不是在伤心，而是在清洁眼睛。鳄鱼在吃东西时可能会流泪，因为用力啃咬猎物的力量会挤压泪腺，或者呼哧呼哧吃东西时会迫使空气通过鼻窦，刺激泪腺流出泪水。）

人们在解析有动物的梦时在很大程度上会依赖于民间信仰。有关鳄鱼的梦有多种解法，这取决于在梦中发生了什么事情。由于鳄鱼体形庞大、强而有力，并且会以闪电般的速度攻击猎物，一些解梦者会说，梦中的鳄鱼代表了做梦者在潜意识里对敌人、即将到来的厄运或者潜藏的危机感到恐惧。与此相反，以鳄鱼为主角的愉快梦境则反映了一个人自由自在的感觉。

纽约市下水道里游荡着鳄鱼这种都市传奇对鳄鱼的名声并没有太大好处。一个流行的说法是，它们是从佛罗里达州度假归来的小孩带回家的宠物的后代。一旦鳄鱼宝宝长大，变得不再可爱（再没有能盛得下它们的容器），小孩的父母就把鳄鱼从马桶里冲下去。鳄鱼在下水道中依靠吃老鼠存活下来，然后进行繁殖。一些故事版本还添油加醋地说，随着时间的流逝，那些生活在不见天日的下水道中的鳄鱼变成了白化鳄鱼。

9.3 纽约市下水道里游荡着鳄鱼的都市传奇起源于1935年，当时《纽约时报》的一篇文章报道，有人在东哈莱姆区的一个下水道孔里发现了一条8英尺（约2.4米）长的鳄鱼。由于解释不了它是如何跑到那里的，人们编造出一个流传至今的故事——鳄鱼是被人从马桶里冲下去的

在《神话学导论》一书中，伊娃·图里和玛格丽特·德温妮认为，这个有关鳄鱼的都市传奇对于认识我们自己和我们的文化颇有裨益。这个故事告诉我们，在我们的社会中，"在文明生活的美好表面之下隐藏着一些肮脏可怕的东西"。在人行道下面，隐藏着一套由隧道、地铁和下水道系统组成的神秘的基础设施。"那么，鳄鱼体现了我们内心的恐惧——对城市里所有未知部分，以及我们作为文明人还未完全适应或者熟悉的所有自然本能。"这个传奇也反映了在拥挤的生活条件下我们对彼此的恐惧。一个人从马桶里冲走鳄鱼幼体的无心之举会影响许多无辜的人。我还要补充一点，这个

都市传奇流传得如此广泛并被人津津乐道的一个原因就在于鳄鱼本身：一种体形庞大、强而有力的爬行动物，一种被视为史前孑遗的凶猛动物。如果这个传奇只说在阴沟里游泳的是蝾螈，我很怀疑还会不会引起如此狂热的关注。

龟类

我们看到龟是顽强的幸存者：它们见证了恐龙的灭绝，却继续活了下去，并且活了很长时间，所以我们认为它们是睿智的。它们在生活中砥砺前行，所以我们认为它们有耐心、善于自省和思考。然而，并不是每个人都喜欢龟。因为龟在受到惊吓时会缩到壳里，所以有些人认为龟很懦弱、胆小和迟钝。龟的传说包含了上述的所有特点。

9.4 龟是完美的道路标志，提醒司机们"减速慢行"

9.5 龟象征着长寿、智慧和稳固

龟类，尤其是陆龟，是脊椎动物中的"玛土撒拉"[1]。已知圈养陆龟的最长寿命记录是188岁，这是授予马达加斯加的一只名叫图伊·马里拉的射纹龟的荣誉。18世纪70

1 Methuselah，《圣经·创世纪》中的人物，为以诺之子，据说他活了969岁，是世界上最长寿的人。

年代，詹姆斯·库克[1]船长将图伊·马里拉带给了汤加王室。图伊·马里拉一直活到1965年。普通的箱龟可以存活一个世纪，而海龟可以活到80岁以上。因此，龟象征着长生不死。在中国古代，一些墓地是龟形的，葬服上绣有龟，女性逝者的头发上别有龟形的簪子。巨大的石雕乌龟支撑着中国皇帝和其他贵族的墓碑。游客们仍然成群结队地来到泰国曼谷的龟寺[2]，投喂池塘里的乌龟并祈求长寿。中国台湾地区的人在婚庆和殡仪聚会期间会提供红色的龟形点心，这些糕点结合了长寿（龟）和好运（红色）的象征。龟纹图案在日本传统的婚礼上很流行，新娘可能会穿着带有龟纹图案的和服，宾客可能会得到龟形的和果子（日本点心），象征着对婚姻长长久久的期望。长寿意味着耐力，因此龟也代表力量和不死不灭，这就解释了为什么龟的雕像会坐落在建筑物的地基上，作为梁柱的承重基石。

9.6 龟是力量和耐力的象征，经常作为支撑物出现。上图：在日本京都，雕刻成乌龟形状的石头组成了一道人行桥。下图：琉球群岛的奄美岛，一座驮着男孩的海龟雕像

　　古代中国人认为乌龟极其聪明。乌龟稳固地处于胸甲（底壳）与背甲（顶壳）之间，因此，它们被看作天与地之间的媒介，拥有渊博的知识，并且可以预见未来。在商朝，中国人在占卜术中经常使用龟甲。乌龟被杀死后，它的龟甲被清洗和擦拭干净。问卜的时候，占卜者要给出是或否的答案，这时龟甲会被人用烧红的铁棒加热或者架在火上面烤。占卜者去诠释龟甲上出现的裂纹的形状、发出的声音或者开裂的速度。人们认为龟甲可以预测农业丰收或是歉收、天气情况以及可能发生的灾难，它们还被用来解梦。通常每片龟甲只能占卜一个问题。孔子（公元前551—前479）后来指出这

1　詹姆斯·库克（James Cook，1728—1779），人称库克船长，是英国皇家海军军官、航海家、探险家和制图师，他曾经三度奉命出海前往太平洋，带领船员成为首批登陆澳大利亚东岸和夏威夷群岛的欧洲人，也创下首次欧洲船只环绕新西兰航行的纪录。

2　应该是指泰国曼谷的帕荣寺（Wat Prayoon）。

种做法极为不当，因为有太多乌龟因占卜而被杀死。

乌龟沉着而谨慎的行动让人联想到坚持。在凯尔特人的象征主义信仰中，乌龟教导我们脚踏实地，与大地一同"随波逐流"。乌龟自给自足，一直在自己的"家"中生活，这一特点表现了乌龟的专注与自立。在印度教中，乌龟把头缩进壳里的能力显示了一种高深的精神状态，或者是一种有意识的内观，就像在冥想一样。

乌龟象征着好运和守护的力量。世界各地的人们长期使用龟形护身符、吉祥物和辟邪物，作为珠宝佩戴或者放在口袋里随身携带，期望带来好运、保平安、辟邪或者保佑健康与长寿。人们可以买到用各种材料雕刻出来的龟形护身符，虎眼石的、玛瑙的、玉石的、紫水晶的、孔雀石的、芙蓉石的、缟玛瑙的、赤铁矿的、皂石的等，随你来挑。

9.7 由于被水和海洋野生动物环绕着，很多夏威夷原住民对海龟都怀着深深的敬意。绿海龟（*Chelonia mydas*），夏威夷土语中的"*honu*"，意为"岛屿"，它们象征着好运与和平。传说很久以前，是海龟指引着波利尼西亚人来到了夏威夷群岛

在中国古代风水装饰艺术中，龟象征着稳固，被用来当作守护者，平衡家庭、办公室或庭院的能量，从而保证安康富贵。龟是风水四大天兽之一（其他三个为龙、凤、虎），用途广泛。后门或庭院后面的乌龟雕像具有保护和聚能的作用，而卧室里的乌龟

则可以确保人们安眠，不做噩梦。

在北美洲的一些原住民文化中，新生儿的脐带会被放置在护身符袋中，拴在婴儿摇篮上或由母亲佩戴。拉科塔人把女儿的脐带放在龟形的袋子里以保平安，因为乌龟具有保护壳。相反，他们把儿子的脐带放进蜥蜴形的袋子里，他们相信蜥蜴特别能照顾自己，因为蜥蜴受到攻击能自断一截尾巴，过后还会长出新的尾巴。一些拉科塔人会将他们的脐带护身符保存一生，并且在死后一同下葬。

从过去到现在，人们对乌龟的看法也有负面的。古埃及人把龟与阴间联系起来。龟象征着黑暗和邪恶，是太阳神拉的敌人。传说拉在地下世界穿行时，包括龟在内的危险生物试图袭击拉。龟是干旱的代名词，而干旱是拉的敌人。因为拉被人们当作一个善神来崇拜，所以龟被人们视作反派。人们会高声咏唱："愿拉长存，愿龟死去。"北美的穆斯科格人（克里克人）认为箱龟会引发干旱和洪水，因此，他们只要遇见箱龟，就会将其杀死。对于阿兹特克人来说，龟象征着懦弱和自负，因为尽管龟外表坚硬，但内里柔弱。在亚马孙盆地的部分地区，人们相信龟是邪恶的，与人类的罪恶有关。南美的加勒比人不吃龟肉，因为这样做会使他们"像龟一样又笨又重"。在西非，丰族男人在壮年时期都不会吃龟肉，因为他们害怕因此失去活力，变得笨拙。

我们用乌龟来喻指人类害怕面对责任或现实的状况。我们会不屑地说"缩到自己的壳里"。为了鼓励某人与别人交往或者面对现实，我们会说"走出你的壳"。"二战"期间，1942年2月，富兰克林·D.罗斯福总统在一次炉边谈话中使用了乌龟的隐喻来对抗失败主义的情绪："那些相信我们可以在孤立主义幻想中求生存的美国人，曾想要美国鹰模仿鸵鸟的战术。现在，他们中的许多人，害怕我们把脖子伸得太远，又想让我们的国鸟变成乌龟……我很清楚大部分国民是拒绝乌龟政策的，此刻我说的就是各位民众的心声。"

世界各地的文化都用乌龟谚语来表现它们缓慢的步伐、沉默的天性以及躲藏在壳里的能力。乌龟只有伸出脖子才能前进（韩国）。乌龟低估了加快脚步的价值（日本）。乌龟下了成千上万颗蛋，无人知晓，但是母鸡只下了一个蛋，结果全村人都知道了（马来西亚）。正是因为担心明天会发生什么事情，所以乌龟无论走到哪里都背着它的"房子"（尼日利亚）。打瞌睡的乌龟永远赶不上日出（牙买加）。

以龟为主题的预兆和迷信体现了人们对龟正面和负面的态度。在美国，如果你梦见了乌龟，要么你将会拥有长寿而且成功的人生，要么就是在害怕承担责任。美国其他的民间信仰还包括这些方面：把乌龟养在花园里，或者把乌龟的骨头放在口袋里，可以求得好运；如果你杀死了乌龟，雷电很快就会降临。在世界其他地方还有如下说法：把乌龟放生，你就能够从悲伤和沮丧中解脱出来（泰国）。如果你看到一只乌龟穿过街道，你计划好的事情就会延迟（越南）。拍拍乌龟的壳，你会时来运转（中国）。不要把乌龟当作宠物来养，养乌龟会拖累你的生意（中国）。在门下放片龟甲可以辟邪（安哥拉）。

楔齿蜥

许多人从来没有听说过楔齿蜥。楔齿蜥只有一种，并且只生活在新西兰远离海岸的小岛上。楔齿蜥表面上很像蜥蜴，但它们的近亲是已经灭绝的爬行动物中的一个类群，曾和恐龙一起在地球上漫游。楔齿蜥的名字"tuatara"源于毛利语，"tua"的意思是"背"，"tara"的意思是"多刺的"，指的就是它们背部正中从上往下延伸的棘嵴。

由于很多毛利人害怕楔齿蜥，因此，在他们的一些民间信仰中可以看出，人们对楔齿蜥抱着负面的态度。有些人认为楔齿蜥是掌控灾难和死亡的黑暗与邪恶之神围诺

9.8 亨利是新西兰因弗卡吉尔南岛博物馆里的一只楔齿蜥，新西兰5分硬币上的楔齿蜥图案的原型就是它

的使者。因此，楔齿蜥是死亡和灾难即将来临的预兆。对于一些人来说，它们身上藏有鬼魂，是不祥之兆。楔齿蜥的图案被用来标示边界，如果有人跨越就要付出代价。这类用途的一个极端例子就是，女性会在外阴附近文上爬行动物的图案，大概也包括楔齿蜥的图案。另一种负面观念则反映了楔齿蜥缺失交配器官的事实：人们认为它们是在残缺不全的状态下被送到大地上来的。

一些民间信仰反映了人们对楔齿蜥的正面态度与尊重。那些将楔齿蜥视为神圣守护者的毛利人会把它们放到墓穴附近来保护逝者。有些人相信楔齿蜥是知识的守护者，这种信念可能基于楔齿蜥头顶上的"第三只眼"（松果体），表明它们可以从另一个维度看透事物。楔齿蜥的寿命很长（70年甚至更长），因此人们相信它们积累了相当丰富的知识。这些"活化石"在毛利人的创世故事中也颇具特色。

蜥蜴

我们对蜥蜴既爱又恨——它们既能够治病又能杀人，既可以保障安宁又能造成破坏，既能带来好运又能招致厄运。从好的方面来说，蜥蜴代表了神圣的智慧和守护的神灵，它们充当着众神的使者。对于古罗马人来说，蜥蜴象征着复活——它们在冬季进入冬眠，然后在春季苏醒。在古希腊和古埃及，蜥蜴象征着好运，也许是因为蜥蜴能够为了自保而断掉尾巴，过后又长出新的尾巴来。南太平洋新喀里多尼亚岛上的居民敬畏蜥蜴，因为他们相信祖先的灵魂栖息在蜥蜴体内。从不好的方面来看，蜥蜴代表着不幸和死亡。在冈比亚，变色龙被当作恶魔的使者。在新西兰的民间信仰中，"蜥蜴人"和寄宿在蜥蜴体内的恶灵会带来不幸，招致灾难与死亡。伊朗人经常杀死蜥蜴，因为他们相信它们身上藏着魔鬼的灵魂。泰国人不想让壁虎出现在自己家里，因为它们会带来厄运。我们将会仔细地审视围绕这四类蜥蜴的民间信仰：巨蜥、变色龙、角蜥以及吉拉毒蜥和珠毒蜥。

巨蜥（在澳大利亚被称为戈安娜）属于巨蜥科，巨蜥属。欧洲人在其殖民地澳大利亚把巨蜥和美洲的大鬣蜥混淆了，鬣蜥的名字"伊戈娜"（iguana）最终演变成了"戈安娜"（goanna）。大约有40种巨蜥分布在三大洲：大洋洲、非洲和亚洲。大约三分之二的巨蜥品种出现在澳大利亚。它们的体形小到9英寸（约23厘米）长，大到像现存最大的蜥蜴——科莫多龙，长约10英尺（约3米）。

巨蜥在其原生地的民间传说中占据了显要地位，因为它们具有攻击性、力量强大而且聪明伶俐。许多都是蜥蜴巨人。它们值得尊敬。难怪来自不同文化背景的人们相信巨蜥能够以善恶两种方式支配他们的生活道路。大多数关于巨蜥的迷信并没有事实根据，很可能是因恐惧而产生的。在巴基斯坦，在巨蜥面前人们会把自己的嘴巴闭得紧紧的。如果巨蜥看到了你的牙齿，它的幽灵会入侵你的灵魂。在哈萨克斯坦，人们认为如果一条巨蜥跑进你的两腿之间，你生孩子的概率就会变为零。有些泰国人不会说出"巨蜥"这个词，因为害怕招来厄运。在斯里兰卡，据说如果你踩到了巨蜥的粪便，你的脚就会突然疼痛起来。人们相信沙漠巨蜥（*Varanus griseus*）会跳起来咬伤人的脸，而被巨蜥尾巴猛烈抽打会导致人不孕不育。

研究巨蜥的世界级权威沃尔特·奥芬博格[1]这样写道："在部落文化中，可能没有哪种生物能像泽巨蜥（*Varanus salvator*）那样具有一种分裂的性格。它们亦正亦邪，可被人珍视也会令人恐惧，可被人利用也会让人避之不及，这些都取决于与它相关的人。"

9.9 泽巨蜥是第二大巨蜥，亦正亦邪，可被人珍视也会令人恐惧，可被人利用也会让人避之不及，皆因文化而异

1　沃尔特·奥芬博格（Walter Auffenberg，1928—2004），美国生物学家，他花了近40年的时间从事野外考察，研究爬行动物和两栖动物的古生物学、多种爬行动物的系统学和生物学，包括鳄鱼和巨蜥。

泽巨蜥是第二大巨蜥，并且分布最为广泛。木质巨蜥雕像被人们放置在作物中间，以防止病害、昆虫和啮齿动物的损害。人们食用巨蜥肉以获得它们拥有的"力量"，涂抹以巨蜥脂肪制成的镇痛膏以减轻关节炎和风湿疼痛，饮用浸泡着巨蜥幼体、草药和香料的药酒以恢复活力。

另一些人则认为泽巨蜥会带来不幸。根据婆罗洲的加拉必族人的说法，如果在婚礼上看到泽巨蜥，这场婚姻就注定会破裂。一些婆罗洲人把泽巨蜥画在他们的盾牌上，希望给对手带去困难和痛苦。在泰国部分地区，如果泽巨蜥进入房屋，就会给住户带来厄运，只有佛教僧侣才能驱除这种厄运。一个神话还讲到，月圆之时，某些人会突然冒出鳞片，长出长长的叉状舌头，变成到处寻觅热乎乎的人肉的"巨蜥人"。

泽巨蜥吃腐肉，包括人的遗骸，此举是好是坏因文化而异。厌恶这种习性的人会用厚重的石块覆盖墓地，筑起隔离栅栏，或者把逝者放进可以防范巨蜥的棺柩里，以免被泽巨蜥亵渎。与此相反，在过去的印尼巴厘岛上，一些人会用破了洞的柳条筐罩住遗体，破洞大小足以让泽巨蜥幼崽通过，又能防止猴子或者狗接触到遗体。逝者的一个家人会蹲在柳条筐附近，等待前来觅食的泽巨蜥。当一只泽巨蜥前来吃遗体时，

9.10 在一个非洲神话中，魔鬼用多余的部件制造出了变色龙。他给了这种生物"猴子的尾巴、鳄鱼的皮肤、蟾蜍的舌头、犀牛的角"，以及"谁也不知道是什么"的眼睛。图为坦桑避役（*Trioceros Werneri*）

逝者的家人就会向村里人转达这个令人高兴的消息，说逝者的灵魂已经被带到了死亡之地。缅甸南部边远地区丹老群岛上的人们将逝去亲人的遗体留在森林中的露天平台上，以方便巨蜥取食，这样就不必再土葬或者火葬了。

长期以来，人们一直认为泽巨蜥的唾液有毒，或者泽巨蜥本身就有毒，因为被它们咬伤经常会导致严重的感染。在婆罗洲的沙捞越，人们会吃泽巨蜥，但是他们会把泽巨蜥的肉与姜一起烹制，以防万一：如果肉有毒，煮出来的肉会变黑并以此作为警示。许多斯里兰卡人坚持认为泽巨蜥不但肉有毒，而且呼出的气息也会引起严重的疾病。缅甸的喀伦族人吃泽巨蜥，但会去掉头部，因为他们认为泽巨蜥脑袋有毒。

科学的证据是如何解释的呢？科莫多龙唾液中含有54种致命细菌。科莫多龙咬伤猎物后，其唾液中的细菌会使猎物的伤口感染，最终导致猎物死亡。民间信仰中关于毒唾液的说法对于科莫多龙来说是真实的。长期以来，科学家们认为唯一有毒的蜥蜴是吉拉毒蜥和珠毒蜥。之后在2006年，布赖恩·弗赖瑞和他的合著者宣布某些巨蜥的下颚存在毒腺。（巨蜥与吉拉毒蜥和珠毒蜥亲缘关系相当近。）这些毒液是否真的会让巨蜥的猎物和捕食者中毒，还需要做进一步的研究来确定，但是民间传说中巨蜥有毒的说法迟早会被证实的。

现有的130种变色龙（变色龙科）大多数生活在非洲和邻近的岛屿上，在潮湿的丛林、稀树草原和沙漠中。它们的外貌是多么光怪陆离啊！"chameleon"这个词源于希腊语"chamae"（小小的、爬行的）和

9.11 马里西北部的马尔卡人会为青春期的男孩行割礼。也许在割礼中使用的马尔卡割礼面具上的变色龙正是象征着从青春期到成年的转变。布奇和朱迪·布罗迪的藏品，长15英寸（约38厘米）

"leon"（狮子）。

围绕变色龙产生了相当多的民间传说。例如，变色龙可以在不吃东西的情况下存活数周，这让人们相信它们能消化吸收空气。在《哈姆雷特》中，莎士比亚将空气称作"变色龙的一盘食物"。后来，英国浪漫主义诗人珀西·比希·雪莱延续了这种观念，写下了"变色龙以光线和空气为食"的诗句。变色龙是被人喜爱、接受，还是憎恨，这取决于文化和文化熏陶之下的人。在一些地方，人们相信蜥蜴体内藏有已故祖先的灵魂，因此不该被杀死。有些人欣赏变色龙的美丽而不愿伤害它们。而在有些地方，人们认为变色龙有毒，因而害怕并且杀害变色龙。

"法地"（Fady）或者说是被死亡支配的禁忌，约束着马达加斯加人。尽管全岛都禁止杀害变色龙，但具体的禁忌因部落、城镇、家庭、个人而异。人们对变色龙的看法有很大差别——从欣赏到容忍再到恐惧。最酷炫的变色龙是豹变色龙（Furcifer pardalis），幸亏有"法地"，它们在马达加斯加受到了保护。那里禁止食用这种色彩艳丽的大型蜥蜴，女人也从不触摸它们。如果男人摸了它们，他的妻子三天都不让他碰自己。人们行事小心，不愿杀死变色龙，这是因为它们法力强大。马路上，那些也许会毫不犹豫撞向鸡或者狗的司机却会突然转向避开一条正在过马路的豹变色龙。

然而许多非洲人不杀变色龙并不是因为喜欢它们。关于变色龙的说法比比皆是：女性被劝告不要直视变色龙，以免遭遇厄运。一个被变色龙直视过双眼的女孩将来会嫁不出去。如果变色龙看了孕妇，她将会难产。你在半路上碰到变色龙的后果，跟欧洲人认为在半路上碰到黑猫的后果是一样的。被变色龙爬过的食物，就不能再食用，因为食物已经有毒了。如果猎人在狩猎之初见到变色龙，他们就应该回家去，因为猎物已经被诅咒了。为了安抚变色龙体内的恶灵，冈比亚妇女会露出乳房，如果刚好在哺乳期，她们会向变色龙洒乳汁。

也有一些非洲人喜爱变色龙。西非马里的多贡人欣赏变色龙的颜色变化，就像彩虹把大地和天空连接起来一样。在西非的贝宁共和国，变色龙被视为神圣的动物；有一个神话讲述了变色龙是如何把火从太阳上带给人类的。非洲南部的桑人向变色龙祈祷，希望它能带来降雨。一些突尼斯人很尊重变色龙，他们说变色龙会沿着树枝爬行，爬到正在睡觉的蛇上面，把黏稠的唾液丝糊在蛇头上，将蛇杀死。这种说法可能源于变色龙像闪电般敏捷的长舌头。

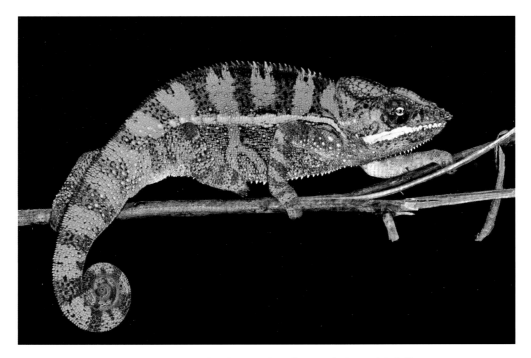

9.12 豹变色龙在马达加斯加受到保护，多亏了不允许杀死它们的禁忌

一些人因为觉得变色龙有法力，而将其用作药方、护身符和吉祥物。埃塞俄比亚北部的曼萨人会让一只变色龙在人的头上转悠以缓解头痛。当变色龙变换颜色时，人的头痛就会减轻，而当变色龙被拿走的时候，头痛就消除了。在北非，女人害怕丈夫出轨，于是就把变色龙的肉或骨头藏在伴侣的食物中，吃下变色龙可以让男人恢复忠诚。在突尼斯，人们杀死变色龙并将其埋葬在新建筑物的地基中，希望它们可以抵御恶魔之眼和厄运的伤害。为了带来急需的雨水，人们用硬木柴灼烧变色龙的头部、咽喉和肝脏。妇女会吃下变色龙的骨灰来保佑自己能够生育。为了求得好运，人们戴着变色龙图案的护身符或在脖子上围上一片变色龙的皮。人们还把变色龙的前腿别在鬣狗皮上，穿戴在左臂上面，以防范小偷。

许多非洲变色龙的民间信仰将注意力集中在这类蜥蜴会旋转的眼睛和不慌不忙、小心谨慎的行走方式上。对变色龙缓慢步态的一种解释是，很久以前，变色龙为了不滑入泥浆中，必须小心翼翼地迈步。变色龙一直没有改变自己的行走方式，总是小心翼翼地走着，一次只迈出一步。在马达加斯加，人们会说："像变色龙一样走路——要瞻前顾后""像变色龙一样，一只眼看未来，一只眼看过去"。在加纳，人们会说："变色龙可能走得很慢，但它总能到达目的地。"有一句阿拉伯谚语说："变色龙在确定好另一棵树之前，是不会离开原先那棵树的。"

我们早就把变色龙能够迅速改变外表的特征融入了我们的语言之中。对于苏菲派伊斯兰教传统的实践者来说，变色龙象征着言而无信、见风使舵的人。早期的基督徒用变色龙来象征撒旦，撒旦会假扮成不同的形象来欺骗人们。任何在外表、思想或言谈上总是变来变去的人也会被看作变色龙，例如，总是鼓吹要改变政策的政客。在1932年美国总统选举中，赫伯特·胡佛就把富兰克林·D.罗斯福称作"格子布上的变色龙"。据报道，美国著名律师马文·米切尔森曾说："离婚律师就是抱着法典的变色龙。"此外，还有"比装在彩虹糖里的变色龙更令人困惑"这样的说法。变色龙也渗透到宝石学术语中。紫翠玉是在乌拉尔山脉发现的一种珍稀宝石，被称为"变色龙石"。这种宝石神奇的颜色变化取决于光的强度和光质。在日光下，优质的紫翠玉呈现翠绿色或鲜艳的蓝绿色。而在白炽灯下，紫翠玉则会呈现柔和的红色或紫红色。

在世界的另一边，想象一下这个情景：在沙漠中，一条4英寸（约10.2厘米）长的蜥蜴仰头凝视着你，它形似一只形状扁平的小型恐龙，头上顶着一圈丑陋的犄角，身体两侧长有大而多刺的鳞片。这种样貌奇怪的生物是角蜥，属于角蜥科（*Phrynosomatidae*），名称来自希腊语"phrynos"（蟾蜍）和"soma"（身体）。除了有尾巴之外，从外表上看来，角蜥很像压扁的蟾蜍，这解释了很多人称它们为"角蟾蜍"的原因。作为一个类群，有14种角蜥分布在加拿大南部和墨西哥，其中有一种分布在更南边的危地马拉。

角蜥的一个俗称是"沙滩上的小侏儒"。墨西哥人称它们"camaleón"（变色龙），因为它们的颜色随着体温而改变。它们的另一个墨西哥绰号是"torrito de la Virgen"（童贞女的小公牛）。角蜥像公牛一样，头上长有犄角，一些角蜥防御时会从眼睛里喷出血液，它们的"血泪"与基督建立了联系。

角蜥在美国西南部原住民的传统信仰和神话故事中扮演着重要的角色。很久以前，人们在陶器上绘制角蜥的图案，用石头雕刻角蜥模样的崇拜物，在居住地周围的岩石上蚀刻岩画，颂唱和讲述角蜥的故事。至今，许多人相信角蜥拥有赐予他们健康和幸福的力量。

韦德·舍布鲁克[1]描述了亚利桑那州南部的皮玛人是如何请求角蜥治疗"顽疾"的。皮玛人相信，这种仅见于他们族群的顽疾，是由被他们冒犯的对象通过某种"方式"

---

1 Wade Sherbrooke，美国两栖爬行动物学家，曾任美国自然历史博物馆西南研究站主任。

9.13 在两栖爬行动物学家眼中，角蜥是蜥蜴世界的"小可爱"，例如图中的沙漠角蜥（*Phrynosoma platyrhinos*），虽然从外表上看一副不好惹的样子，但其性格却很温和

或"力量"引起的。这些被冒犯的对象大多是包括角蜥在内的沙漠动物。皮玛人觉得每一只动物都有尊严，必须尊重它们。因此，一个人的健康跟他或她与自然的互动交织在一起。皮玛人若在不知不觉中杀死或者伤害了角蜥，或者抢了它们的路，角蜥的力量就会受到侵扰并进入他们的身体，使他们的脚生疮、疼痛和肿胀，甚至会致人死亡。这种顽疾可以被萨满治愈，萨满召唤角蜥的力量，但只有萨满在病人身旁吟唱角蜥颂歌、对蜥蜴表示了应有的尊重之后，病才能被治好。

纳瓦霍人相信角蜥——权力、力量和智慧的象征，是他们的始祖。传统的做法是，一个人将一条角蜥捧在胸前，一边祈祷保佑，一边抚摩它四次。亚利桑那州和新墨西哥州的纳瓦霍族小孩子仍然会把角蜥捧在胸前，低声说："*Yáat'ééh shi che.*"（你好，我的始祖。）为了感谢这种恭敬的问候，角蜥会赐予孩子们力量。角蜥凭借其力量和智慧成了纳瓦霍人的神圣动物。纳瓦霍人会用角蜥为他们的战士举行仪式，他们相信角蜥会保护战士免受内心的伤害。也许正是因为角蜥的特殊力量，传统的纳瓦霍人仍然忌讳织物上出现角蜥的图案。

还有一些人也很喜欢角蜥。墨西哥原住民尊敬角蜥，并为它们写下了这样的句子："不要踩向我！我有大地的颜色，我掌控着世界，请小心行走，以免踩着我。"角蜥被认为是好兆头。在得克萨斯-墨西哥边境一带，有些人认为角蜥会为人类带来急需的雨水。在得克萨斯州，有些人会向角蜥寻求建议，他们说如果你迷路了，并且刚好遇到一条角蜥，不妨看看它面朝的方向。那就是你要去的方向。

有些人认为角蜥强大到可以伤害人类。得克萨斯州布拉佐斯山谷的一种民间信仰警告道：如果角蜥眼里"喷出"血，然后咬伤你，你将会死去。在其他地方，人们认为角蜥有毒，可以通过把刺扎进你的肉里杀死你。有一种信仰认为，如果你踩了角蜥，你的脚会长出无法愈合的溃疡，最终腐烂掉。一个传统的纳瓦霍禁忌告诫说，角蜥是族人的祖先，杀死它们会让你肚子痛，身体浮肿，或者心脏病发作，所以要么尊重它们，要么承担后果。

9.14 珠毒蜥（左）和吉拉毒蜥（右）的"镶嵌着颗粒的皮肤"可能是北美洲原住民制造各种莫卡辛软皮鞋、腰带、袋子和项链的灵感来源

美国西南部和墨西哥锡纳罗亚北部的吉拉毒蜥，以及墨西哥和危地马拉的珠毒蜥，都属于毒蜥科（*Helodermatidae*）。"Helodermatidae"源于希腊语"helos"（钉子或饰钉的钉头）和"derma"（皮肤）。

长期以来，围绕吉拉毒蜥和珠毒蜥产生了很多民间信仰。1577年，西班牙人第一次看到珠毒蜥时，他们相信珠毒蜥会呼出致命的气息。吉拉毒蜥则被认为会喷出或者吐出毒素，一滴夺命唾液就能杀死周围的草木。这些信仰可能反映了这样一个事实：吉拉毒蜥被激怒时，经常会发出咝咝声，有时它们喷出的气体之中还裹挟着唾液飞沫。另一个误解是吉拉毒蜥身上没有排泄废物的出口，因此它们的毒液来自肠道中分解的食物。吉拉毒蜥其实是有一个排泄口的，但是被鳞片遮挡住了。现在我们知道这两种蜥蜴都有毒液，存留在它们下颚的腺体中。其他的民间信仰还包括吉拉毒蜥会用叉状舌头蜇人、珠毒蜥会用尾巴蜇人等错误观念。

人们相信吉拉毒蜥和珠毒蜥具有疗愈的能力。纳瓦霍人视吉拉毒蜥为第一位医者，能够诊断出疾病的本质并治好病。吉拉毒蜥凭借其神秘的力量看到并了解一切。吉拉毒蜥爬行时，从地面上抬起的前肢会颤抖，它们能通过这种颤抖诊断出患者的疾病并制订好治疗方案。当一个纳瓦霍医者开始治疗仪式时，他会向四个方向撒上神圣的玉米花粉，向吉拉毒蜥神灵吟唱特别的祈祷词，请求它帮助诊断疾病并赐予治疗的方法。墨西哥索诺拉传统的雅基族医生会将吉拉毒蜥皮覆盖在已感染的伤口上，以排出里面的毒物并促进伤口愈合。墨西哥索诺拉海岸的斯里印第安人会将吉拉毒蜥皮加热，然后放在头上以缓解头痛。墨西哥人认为，使用珠毒蜥做的药剂是唤醒性欲的最好方法。用毒蜥属蜥蜴的毒液制成的顺势疗法制剂可以治疗躁郁症、暴躁、高血压和多发性硬化症，甚至西医也承认吉拉毒蜥的疗愈作用。吉拉毒蜥唾液中一种成分的合成物目前被用于治疗2型糖尿病（见第13章）。

与此相反，一些原住民认为是吉拉毒蜥和珠毒蜥导致了人类疾病。生活在亚利桑那州东南部和墨西哥西北部索诺拉沙漠的托赫诺奥哈姆族认为，邂逅吉拉毒蜥可能会导致哺乳期母亲的乳汁枯竭或者导致人的伤痛发作。治疗这些疾病的方法很多，从萨满吟唱吉拉毒蜥颂歌到用红布系上那只罪恶的蜥蜴或者用仙人掌雕刻崇拜物。无论用哪种方式，无论吉拉毒蜥是治病还是致病，它们都被人视为强大的存在。

蛇

民间信仰讲述了蛇非同寻常的力量。蛇可以复活生命，但也会制造杀戮，甚至会用眼睛杀人。它们能吐火，会把有毒的唾液射到人的食物中，会从奶牛身上吸奶，然后把尾巴塞进奶牛的鼻孔里面将其杀死。在印度，人们相信不育不孕意味着男人或女人在前世一定杀过蛇。蛇的灵魂纠缠着这个女人，使她无法怀孕。若想驱除蛇的灵魂，就要烧掉蛇的画像并为它举行葬礼。

古希腊人对曾经出现在他们神话中的蛇有着不同寻常的信仰。例如，遇见蛇交配是不吉利的。先知忒瑞西阿斯就因为目睹蛇交配付出了昂贵的代价。正在交配的蛇袭击了他，忒瑞西阿斯只能用手杖打死了雌蛇。根据古希腊人的信仰，如果男人杀死雌蛇，要么他会变成同性恋，要么他会变成女人。而先知忒瑞西阿斯则被众神之后赫拉变为妓女，时间长达七年之久。关于他是如何恢复男儿身的众说纷纭。有一种说法是，七年后，他又发现了正在交配的蛇，这次他没敢招惹它们。另一种说法是，忒瑞西阿斯回到曾经目睹蛇交配的那个地方，把雄蛇也杀死了。

在中世纪，被称作"动物寓言集"（Bestiaries）的一些插图典籍描述了很多"奇特的生物"，其中包括蝰蛇。据说蝰蛇交配很残忍，最终会导致交配双方死亡。有一种观点认为，在雄蝰蛇射精的时候，雌蝰蛇会把它的头吞进嘴里，狂喜地咬下它的头，将其杀死。另一种说法是，雄蛇将头伸进雌蛇口中以输送精液，雌蛇则在疯狂的欲望之中咬掉了雄蛇的头。这两种说法都说到幼蛇会咬开它们母亲的身体来到世上。12世纪的《阿伯丁动物寓言集》（*Aberdeen Bestiary*）在蝰蛇的故事中加入了一个转折来进行关于"配偶权利"的布道。当雄蝰蛇想要交配时，它就会去寻找乐于行使该义务的鳗鱼。布道中所包含的信息是说，女人应该容忍男人的欺骗、粗鲁和不可靠的行为。如果鳗

9.15 中世纪动物寓言集所描述的蝰蛇的交配行为很残忍，最终会导致雌雄两蛇双双死去。雌蛇咬掉雄蛇的头，而幼蛇则咬破母蛇的身体，然后从里面钻出来

鱼都能热烈地拥抱这条"黏滑的蛇",女人就应该默许男人的性需求。

许多民间信仰把蛇与死人和来世联系起来,这可能有以下几个原因。首先,毒蛇会杀人。其次,人们经常看到蛇从地下裂缝中出现,然后从地底"神秘地"消失。最后,蛇象征着邪恶。回想一下基督教的地狱和古斯堪的纳维亚的纳斯特朗中那些令受罪之人惊恐不已的蛇。在世界范围内,都有人相信蛇守护着逝者的灵魂,因此它们就是这些灵魂的化身。古罗马人、中世纪的日耳曼人、凯尔特人和芬兰部落都认为蛇承载着人的灵魂。如果有人杀了蛇,与蛇相关联的人就会死去。祖鲁人认为蛇是逝者的灵魂。婆罗洲、印尼和日本的一些达雅族相信,有一种"灵魂物质"能赋予逝者生命,并使他们化成蛇归来。在南非,蟒蛇被视为已故酋长的化身。

世界各地的民间信仰都说,蛇具有法力,可以用不同寻常的方式伤害人类。不列颠哥伦比亚省的夸扣特尔印第安人相信,如果有人剥了怀着幼蛇的雌蛇的皮,那么幼蛇就会爬进这个人的身体,使他生病。蛇是传统纳瓦霍人最忌讳的动物之一:如果有人触摸了蛇,邪灵就会在未来的某个时间进入这个人的身体并使他生病。这种迷信导致了其他的传统禁忌,如"不要把人唤作蛇,否则蛇会咬你""不要踩到蛇,否则你的腿会肿胀或者瘸掉""不要嘲笑蛇,否则它会咬你"。

牛蛇通常不会入户,但如果有,霍皮人则会相信它是巫师,应该被杀死。他们还警告说,如果你遇见牛蛇爬过的痕迹,你应该抬脚跨过去;若是踩到了这条痕迹,你不仅腿会痛,连腰也会变得瘦弱。不同文化背景下的民间信仰警告说,看到蛇会引起脸部肿胀,碰了蛇会使皮肤脱皮,在有蛇栖息的土地上干活会引起腿痛。人们认为蛇会引起疾病,如果有人做了坏事,他或她可能会变成蛇。在英格兰,家门口出现蟒蛇预示着家里很快就会有人去世。

各地的文化都发明了防止蛇咬伤的民间方法,用礼物安抚蛇或者用符咒、护身符和诅咒驱走蛇。许多美洲原住民会佩戴绿松石珠以防被蛇咬伤。在外面睡觉时,有些人会用麻绳、马毛绳、洋葱或大蒜围住自己,以防被蛇咬伤;另一些人会带着秃鹫的心脏,或用自己的唾沫作为驱避剂。加利福尼亚东北部的阿楚格维人会把当归根放在腿上,妇女们则会把草本植物蛇头花绑在裙子上。中美洲的米斯基托印第安人会咀嚼瓜柯叶——一种藤蔓状攀缘植物,他们相信它会使人流出臭烘烘的汗液,以至于蛇都不愿来咬人。在南美洲南部,男人们把美洲鸵鸟的羽毛系在脚踝上,认为这样一来毒蛇就会攻击羽毛而不是人的肉体。英国人认为"蛇纹石"能防止被蛇咬伤。在一些地区，"蛇纹石"是在乡村地区找到的玻璃圆珠，很可能是过去的人们使用的纺织锭盘。在英国的民间传说中，菊石化石一直被称作"蛇纹石"。

　　民间信仰也为蛇唱颂歌。蛇形护身符和吉祥物可以驱除危险，保人安康。中世纪的欧洲农民在牛的乳房上涂抹蛇脂以避免受到女巫咒语的侵害。蛇牙、蛇皮、响环、蛇骨、蛇血、毒液和脂肪被用来治疗各种疾病。阿纳尔都斯·德维拉诺瓦（约1235—1311）医生曾声称，满月之夜，当月亮进入白羊宫的时候，将蛇骨烧成灰烬，把灰烬放在人的舌头底下，可以赋予人智慧和口才；如果放在脚掌底下，则可以提升人的社会地位。

9.16 巴西音乐家把响尾蛇的响环放在吉他的音孔里，以改善乐器的音色和歌手的音质。在美国肯塔基州，小提琴手们把响尾蛇的响环藏在小提琴里以便带来好运。图为西部菱斑响尾蛇（*Crotalus atrox*）的响环

　　乌克兰人在复活节彩蛋（*pysanky*）上用蛇形符号作为驱邪物，以防范恶灵和灾难。人们在复活节彩蛋上用蜂蜡绘上传统的民间图案装饰。蛇被画成S形、螺旋形或波浪形。以螺旋形图案代表蛇的复活节彩蛋被视为法力最强的护身符，因为进入家中的恶魔会被吸到螺旋里面并被困其中。蛇还以另一种方式与乌克兰复活节彩蛋相关联。乌克兰西部的胡楚尔族相信复活节彩蛋掌控着世界的命运。只要乌克兰人继续制造复活

节彩蛋，世界就会像现在一样继续存在。然而，若这种习俗消亡了，那么可怕的蛇形恶魔将会在世上横行。根据传说，每年蛇魔的党羽都会数数人类造出了多少个复活节彩蛋。如果彩蛋的数量很少，蛇就会挣脱岩石悬崖，在世界上到处乱窜，造成毁灭性的破坏；如果数量很多，那么蛇会被继续束缚着，在接下来的一年里，善会战胜恶。

响尾蛇出现在许多民间信仰和观念中，既有正面形象，也有负面形象。在北美洲，大多数美洲原住民都非常尊敬响尾蛇，因为它们具有感知能力。长期以来，响尾蛇一直与雨水和大地的丰收联系在一起，它们也因为疗愈的功效而被用作传统药物。对于密歇根州和威斯康星州的基卡普人来说，响尾蛇是神圣的，因为它们能够控制雨水。在西南沙漠，锡亚人会乞求响尾蛇与云神对话以灌溉大地。加利福尼亚州北部的尤罗克人相信日食是由响尾蛇吞食太阳引起的。一些美洲原住民说响尾蛇会通过凝视人类传播疾病。看到响尾蛇从面前穿过时，勇士们会立刻停在路上，把随身携带的任何礼物都送给它们，以此贿赂它们，避免招来伤害。

对于切罗基人来说，蛇是地下世界最强大的动物，而响尾蛇是众蛇的首领。切罗基人崇拜响尾蛇，但也惧怕它们杀死对手的能力。人们只在深秋和冬季，等蛇冬眠的时候才敢表演鹰舞。在夏天这样做会惹怒蛇并且招来报复。一些切罗基人相信仅仅是看一眼响尾蛇也会使人的眼睛变得敏感，无法忍受火光或阳光。除了万不得已的情况，人们都避免杀死响尾蛇。杀死响尾蛇的人过后要背诵祷文以求获得赦免。如果没有这样做，死去的蛇的亲属会来寻仇。猎人们一边祈祷，一边在火上面挥动他们的护腿和莫卡辛软皮鞋，希望能把蛇吓走。被响尾蛇咬伤的人常常会说是被蟾蜍和其他"弱小"的生物咬伤的，或者是被荆棘刺伤的，以免冒犯真正的肇事者。

对于北美洲的奥色治人来说，蛇也是很强大的动物。这些最早居住在北美洲的民族会把故事区分为真实的故事和编造的故事。只有在冬天，蛇在地下冬眠的时候，他们才会讲编造的故事。奥色治人把蛇视为真理的守护者。不真实的故事会激怒蛇，这种后果必须避免。

在美国独立战争期间，一位名叫克里斯托弗·加兹登的美国将军设计了一面旗帜，上面有一条盘着身体的响尾蛇，还有一句话"不要践踏我"。正如人们所知，加兹登旗上的响尾蛇是新世界所独有的，象征着警惕、致命的权力以及行为准则。响尾蛇在攻击前会先发出警告。它们不会主动挑起战争，但是一旦交战，它们决不退缩。同样，这十三个殖民地也决不会把他们的独立主权交给大不列颠。

美国有许多与蛇有关的预兆关乎运气的好坏。为了求得好运，要杀死在春天看到的第一条蛇。看到在静息的蛇是幸运的，而看到在爬行的蛇则是不吉利的。如果有蛇进入你的家，说明有仇人正要试图伤害你。不要在早春时节捡蛇蜕下的皮，否则麻烦就会接踵而至。看到两条蛇盘绕在一起预示着婚礼将至。如果孕妇被蛇吓到了，她的宝宝将会有一个蛇形胎记或者会是个畸形儿。

世界各地的人们赋予了蛇梦某种象征意义或者预言意义。弗洛伊德把蛇梦解释为压抑的性欲。除此之外，关于蛇梦的解释，无论是正面的还是负面的，通常取决于梦中发生的事情。如果你梦见一条蛇并杀死了它，你会有好运气；如果蛇逃走了，你的运气就会变坏。如果你在熟睡的响尾蛇醒来之前杀了它，你将征服一个敌人；如果响尾蛇在被你杀死之前醒来，你将永远不能征服这个敌人。切罗基人认为蛇梦是疾病的征兆，但波莫人相信梦见牛蛇或响尾蛇会带来好运。对于玛雅人来说，蛇梦预示着会与配偶发生争吵。中国人对蛇梦十分重视：如果孕妇梦见黑蛇，她就会生儿子；若梦见白蛇或灰蛇，就会生女儿。梦见被蛇缠绕着腿或者身体，这预示着变化将会降临到你身上。如果梦见被蛇咬，你很快就会变得富有。如果男人梦见蛇，他很快就会结交新的女友；若他梦见许多蛇，这意味着他很快就会被欺骗或背叛。梦见蛇爬进你的怀抱意味着你将会有一个天赋异禀的孩子。

长期以来，蛇都与奶有关，其中有正面的说法，也有负面的说法。在美国，牛奶蛇（*Lampropeltis triangulum*）之所以得此名，是因为人们认为它们会潜入牲口棚，从奶牛那里吸奶。有些人甚至相信奶牛就是因为牛奶蛇才乳头发炎的。人们认为马鞭蛇（*Coluber flagellum*）会吮吸哺乳妇女的乳房，使她们的乳头染毒。在印度，人们向蛇神那伽供奉牛奶，以期作物丰收。在全世界的许多地方，几百年来，人们将牛奶奉送给蛇，以换取蛇的庇佑。事实上，没有哪种蛇会去喝牛奶，当然也不会去吮吸奶牛的乳头！毋庸置疑，蛇与奶之间的联系反映了蛇普遍存在于牲口棚周围的事实，在那些地方，有吸引它们的啮齿动物。

佐佐木清（Kiyoshi Sasaki）和他的同事提供了一个很好的例子，来说明民间信仰影响着人们对爬行动物的看法，进而会影响到对它们的自然保护。他们写到，日本人尊重自然界和已故先人令人敬畏的方方面面。这些存在物被称为"迦微"[1]，可以大致地翻译为"神"或"灵"。在日本神道教中，大多数迦微都是这个世界的自然精灵，他们经常探访或者居住在自然区域中。侵扰自然区域可能导致迦微们的报复，而尊重自然区域则可以为人类带来福佑。由于日本人对迦微的传统信仰深信不疑，所以几百年来，日本的许多自然区域和城市化地区里的小片"森林岛屿"从未受到过干扰，尽管它们便于接近，易于开发。

日本人历来把蛇视为迦微，既是神，又是神的使者。作为逝者转世的化身，蛇会照顾家人。参拜蛇的神社散落在乡间各处，彰显着它们与安康、兴旺和护佑之间的关系。伤害或杀死蛇会给个人、家庭或者整个村庄带来不幸或死亡。因此，日本人在传统上禁止伤害蛇，也不会去打扰蛇栖息的自然区域。一般来说，对于无害的蛇，这种禁忌执行得更为严格，但在日本，即使是毒蛇也会受到保护。

然而，时代在变迁，日本各地与蛇和自然崇拜相关的迦微信仰普遍弱化了。现在，许多日本人和世界上其他很多地方的人一样厌恶蛇，并试图杀死他们遇见的每一条蛇，尤其是毒蛇。有什么办法可以改变这种情况吗？佐佐木清和他的同事们认为，由于传统的民间信仰禁止日本人杀蛇和破坏蛇栖息的自然区域，所以保留和恢复这种信仰可能会改善蛇的未来。他们建议实行以下几项措施：（1）对与蛇和自然区域相关的传统信仰和道德观念进行归档；（2）实施恢复传统信仰、强化道德观念的教育计划；（3）鼓励政府认可传统禁忌，并将其推广到实践当中。他们总结道："大多数传统信仰只是通过口口相传的传统方式，而非书面形式得以延续。在高度现代化和工业化的社会中，若不去做以上努力，这些延续了数世纪或数千年的传统信仰和文化将面临永远消失的风险。"

日本民间信仰、日本人对动物的看法、日本动物保护的效果三者之间的联系，为世界其他地方同类型自然保护计划树立了典范。在这些地方，传统信仰式微，弱化了人们对大自然的欣赏和感恩之情。例如，在很多文化中，禁忌在人们生活中所起的作用越来越小。尽管在过去禁忌可以保护濒危物种不被吃掉或受到其他形式的迫害，但现在人们却是在道德和法律的狂轰滥炸下才去保护这些物种的。对法律的敬畏会像传统禁忌那样震慑过度开发这样的行为吗？对此，我表示怀疑。

---

1 *kami*，日语为"かみ"。日本人将皇室、氏族祖先和已逝英雄的灵魂称为"かみ"，亦将认为值得敬拜的山岳、树木、狐狸等动植物的灵称为"かみ"，也包括一些令人骇闻的凶神恶煞。汉字传入日本后，"かみ"，写作"神"。

10.1 我在日本冲绳第一次喝下了波布蛇酒。上图：一坛泡着波布蛇（*Protobothrops flavoviridis*）的酒。中图：侍者正在舀酒。下图：我在喝第一口蛇酒

滚开吧，伟哥

爬行动物的性能力

蛇因为具有成对的、带有复杂装饰的性器官，而被夸大为扭动的、柔软的情欲化身。

——哈利·格林《蛇》（*Snakes*）

一条大蝮蛇，张着嘴，露出尖牙，被绕成一盘放进一加仑的泡盛（米酒）罐子里。我当时在日本冲绳，正准备要喝第一口波布酒——用波布蛇炮制的冲绳蛇酒。泡盛先与香草和蜂蜜混合，再将一条蝮蛇塞进罐子里，泡在香喷喷的酒中。有时，一条活生生的波布蛇会被放进泡盛里淹死。而有的时候，蛇会被挖出内脏，再缝合起来，最后放进罐子里。据说用去了内脏的蛇泡出的酒味道更好。我喝了两次波布酒，味道很好，很顺喉，有点甜，又有点辣（当然是用去了内脏的蛇泡的酒）。波布蛇令人恐惧的原因是，它是一种很强大的毒蛇，一年多不吃东西也可以保持力量与活力，所以，人们认为波布蛇酒能够补充能量。此外，因为波布蛇可以交配数小时之久，所以，据说波布蛇酒能够减轻男性性功能障碍等疾病。

到目前为止，我们已经通过民间传说探讨了我们对两栖动物和爬行动物错综复杂的观念，这反映了我们如何去看待它们的情感维度——我们对它们的情感感受（见第1章）。接下来四章的内容将重点讨论效用维度，即我们如何根据动物的实用性来看待它们。在本章中，我们将看到，纵观历史，横看世界各地，人类都将蛇、鳄鱼和龟视为性能力和生殖器的象征，并希望以此来提高自己的性能力和满足感。无论如何，我们都不能忽视民间传说，因为人类对爬行动物性能力的信仰源自悠久的传统。

蛇的雄性（及雌性）生殖力

在北美阿尔冈昆人的神话中，有一天，大神生气了，因为打猎时，他的阳物总是挡着他的路。他把这个讨厌的东西拧下来，丢进了灌木丛中，然后这阳物就变成了一条蛇。

在玻利维亚神话中，有一个男人与月亮交配的时候把阴茎伸得太长了，他不得不把它塞进篮子里才能把它带回家。此后的每天晚上，男人外出的时候，他的阴茎都会从篮子里爬出来，四处游荡，然后和遇上的每一个女人交配。这种情况让村民们感到非常愤怒，尤其是有一个男人，他的女儿遭到了侵犯。当这位父亲看到阴茎爬进他的小屋，又来寻找他的女儿时，他就砍断了阴茎的尾巴。那个长着长阴茎的男人死掉了，但被砍下来的那一截变成了蛇。

在这些阿尔冈昆和玻利维亚的神话故事中，毫无疑问，蛇象征着人类的阴茎。这种象征意义可以追溯到人类最早的历史，并一直延续到今天，原因很明显：蛇的形状与阴茎十分相似。这种象征意义不应该用任何淫秽的意思来解释，不过它传达的信息不尽相同。在某些情况下，人的阴茎和蛇之间的联系是正面的：对于人来说是生殖能力，对于蛇来说是重生和永恒的生命。而在其他情况下，这种联系则是负面的：对于人来说意味着诱奸与强奸，对于蛇来说是杀死对手的能力。谢尔曼·明顿和马奇·明顿在《有毒的爬行动物》中写道："在印度，蛇与阴茎在象征意义上的等同性是非常独特并且被普遍接受的。眼镜蛇在警觉状态下抬着头展开颈部皮褶的姿势，暗示着阴茎的勃起，这使眼镜蛇成了人类男性雄风的自然象征。"许多人会把蛇的男性象征与精神分析的创始人西格蒙德·弗洛伊德联系在一起。弗洛伊德认为梦是通过意象和象征来表达无意识状态下的心理活动。他认为蛇是阳具的象征——一个超级阴茎，并且认为蛇梦表明了被压抑的性欲和与性有关的内心冲突。

在一些东方哲学中，一个人的生命力或精神能量被想象为昆达里尼[1]，那是一条盘卧

---

1 Kundalini，瑜伽教理中的一种有形的生命力，梵文原意是卷曲的意思，据说，这种生命力蜷伏在人体脊椎骨尾端，当它上升至脑部时，即激发悟道。印度传统上常以女神或是沉睡的蛇来作为它的象征。

在脊柱底部的蛇，直到通过神秘方式或者通过身体修炼如冥想和瑜伽才会苏醒。"昆达里尼"是一个古老的梵文单词，意思是"盘绕着的她"。昆达里尼瑜伽的目的是让蛇沿脊柱上升到头顶。随着昆达里尼的上升，她唤醒并激发起七个被称为脉轮[1]的主要神经中心的能量。一旦昆达里尼到达人的头顶，这个人将进入最高的意识境界。一些昆达里尼瑜伽的追随者将昆达里尼的伸展与阴茎的勃起联系起来，从而将其看作象征性能量的阳具符号。

10.2 喙眼镜蛇（*Naja annulifera*）在警觉状态下昂头展开颈部皮褶的姿势，暗示着阴茎的勃起

　　虽然我们通常把蛇与阴茎联系在一起，但它们也与女性性征有关联。盘绕着的蛇代表着生命的母性循环——大地、月亮、蛋和无穷无尽。古埃及的分娩女神瓦吉特被描绘成一个长着眼镜蛇头的女人。埃及丰饶女神列涅努式也是一位掌管婴儿哺乳并象征着滋养生息的守护女神，她被描绘成蛇首人身的女人，或是一条长着两根长羽毛的乌里厄斯（埃及传统风格的抬头眼镜蛇）。在许多传统文化中，蛇象征着阴道。很多文

1　chakra，人体精神力量的中心。瑜珈术认为人体中有七个能量中心，因为这七个能量中心呈盘旋状，所以被称为"七脉轮"，人们可以经过这些脉轮来接受、传递精神能量或者性能量。

化都有这样的民间信仰：女性的月经是因为被蛇咬伤造成了带有魔法的伤口，会周期性地出血但不能愈合。（关于蛇和经期妇女的民间故事见第6章。）

我们刚刚看到蛇与男性和女性的性征都有联系。还有一组对立的看法：一种认为蛇与生育有关，另一种则认为蛇与堕胎和流产有关。我们先来探讨蛇与生育的关系。

蛇与人类生育能力之间的联系，其基础可能有三重。首先，蛇的形状与人的阴茎相似。其次，很多品种的雌蛇具有很强的繁殖能力。再次，雄蛇有两个半阴茎，对于一些人来说，这暗示着蛇具有双倍的性力量。除了这种奇妙的构造，蛇的半阴茎通常还附带有刺和嵴，在外翻的时候看起来相当可怕。

蛇与生育的关联在创世神话中扮演着重要的角色。例如，西非加纳的阿善提人告诉我们巨蟒是如何向男人和女人揭示生育秘密的。起初，有一男一女从天而降。另外一男一女从地底下上来。这两对夫妇都没有孩子，夫妇之间也没有欲望。巨蟒主动提出要给他们的生活增添些情趣。它让这两对夫妇分别面对面站着，把河水喷在他们的肚子上，然后叫他们回家躺在一起。他们照办了，两个女人就怀孕生下了孩子。这些孩子将巨蟒河的精灵视作氏族的神灵。由于蛇的崇高地位，阿善提人仍然有禁杀蟒蛇的禁忌。若发现了死去的蟒蛇，他们会用白土覆盖蛇的尸体并将其掩埋。

甚至"医学之父"希波克拉底也相信蛇与人类生育能力之间的联系。在一本写不孕不育的书中，他推荐了一种阴道栓剂来帮助受孕：将公牛的胆汁、铜绿（一种由乙酸铜制成的绿色色素）和蛇脂混合在一起。用混合物将羊毛浸透，裹进足丝布（由某些双壳类软体动物产生的丝状物制成），并在表面涂满蜂蜜。晚上将橄榄大小的栓剂送入阴道，用了该药的女性应仰卧而睡。据说，这种含有蛇的基本成分的制剂可以溶解掉某层阻挡受孕的膜。

在春分或者接近夏末的时候，世界各地会举行与蛇有关的提升女性生育能力的仪式。其中一些传统仪式在印度一直存在。在《有毒的爬行动物》中，明顿写道：

在一年一度的蛇节期间，妇女们诱使活眼镜蛇进入其阴道，形象地模拟生殖之神湿婆与母亲女神沙克蒂的结合。19世纪80年代，一位到过那格浦尔[1]的游客说："画着各种形状、姿势的蛇的粗制图画被人售卖和分发，有点像在过情人节。在过去那些日子我亲眼所见的图画之中，女人与蛇交合在一起的那些最不体面，毫无疑问，在这些

1　Nagpur，印度中部城市。

194

粗制的图画中，眼镜蛇被当作了阴茎。"

大多数以蛇为特征的生育之神都是女性。希腊农业女神德墨忒尔有时被描绘成手持蛇的形象。在纪念德墨忒尔的节日期间，参加者会手执活蛇和蛇以及阴茎的塑像。印度教的女神穆达玛和摩那萨都掌管人类的生育能力，她们被描绘成眼镜蛇的形象。古老的凯尔特女神科琛很可能也代表着生育能力，因为她被描绘成裸体形象，身体两侧各有一条蛇。

有一些蛇生育神是男性，虽然这不太常见。一些神话学家认为，在希腊神话中，赫耳墨斯最初是一个与生育有关的阳具神，被描绘成一条蛇。后来，他被描绘成一个留着胡须、阴茎勃起的男人。最终，他变成了众神的使者。作为使者，他往返于神与人类之间，将神的信息传递给人类，因此被视为旅行、贸易、接待和交媾之神。作为信使，赫耳墨斯被描绘成一个手持双盘蛇带翼权杖的男人。克查尔科亚特尔，阿兹特克人的繁衍守护神，被描绘成一条长有羽毛的蛇。库库尔坎，玛雅人的羽蛇神，同样与生育和丰饶有关。卡斯蒂略金字塔是一座献给库库尔坎的神庙，位于尤卡坦半岛北部的玛雅城市奇琴伊察的中心。在春分和秋分时，落日的光线斜照在金字塔的西北角。光线逐渐消退时投下的阴影就像一条如波浪般起伏的蛇沿着金字塔的台阶爬行而下。

10.3 阿兹特克的神克查尔科亚特尔被描绘成一条长着羽毛的蛇，掌管人类的生育

与促进生育的角色形成鲜明对比的是，蛇会被看作流产和堕胎的罪魁祸首。先知穆罕默德告诫他的追随者要杀死背上有两条白线的蛇，因为它们能使人失明，导致孕妇流产。欧洲和泰国的迷信警告说，仅仅是看到蛇都能导致孕妇流产。根据美国乡村的迷信，如果蛇进入孕妇的家中，那么她将会失去她的孩子。

由于蛇代表着性的力量，所以世

界各地都有人服用以蛇为基本原料的药物，人们相信这些药物能提高性能力。德雷克·斯图特斯曼在她的著作《蛇》中描述了各种各样的中国蛇酒，它们被誉为壮阳佳品。五鞭酒用蛇、狗、羊、鹿和牛的阴茎泡制而成。另一种酒是现兑现饮的，在米酒中滴入刚被杀死的眼镜蛇的鲜血即可饮用。一种名为"viperine"的绿色蛇酒——通常在市场、酒吧和餐馆出售，被认为可以激发性欲，是将一条活蛇浸入浓缩酒中再加上草药制成的。浸泡三天后，蛇被取出，切去头部，放尽血液，除去内脏，然后蛇的身体被放在40度的烈酒中，至少要泡上100天。据说，用毒蛇制成的"viperine"威力更猛。

我丈夫阿尔最近和几个日本同事一起去了越南。一天晚上，越南的东道主带他们去了河内市众多蛇餐馆中的一家，在那些餐馆中蛇酒和蛇肉被当作壮阳佳品和一般补品供人消费。越南东道主被领到大堂里面的一个围栏中，他在那里挑选了两条灰鼠蛇，每条约6.5英尺（约2米）长。蛇被活活地挖出胆囊，胆汁滴进啤酒杯，与蒸馏酒混合。接下来，蛇的颈静脉被割开，血液滴注到第二个杯子里与烈酒混合。将所得的绿色和

红色两种颜色的酒，按人数分为7份。后来餐厅服务员又端上来一系列的菜肴，包括蛇汤、脆炸蛇皮、磨碎的蛇骨，以及其他蛇肉菜肴——煮的、烤的和油炸的，都挺好的，我能理解。

新大陆的人们也会通过食用蛇来改善他们的性生活。一些先民将响尾蛇的毒液作为壮阳药喝下，以增强自身的性能力。墨西哥人仍然会吞下由响尾蛇粉末制成的药丸来治疗阳痿。一些巴西人会喝浸泡了碾碎的响尾蛇骨头或者水蟒蛇脂的茶来治疗阳痿，他们还将毒蛇浸泡在卡莎萨（用甘蔗原料蒸馏制成的酒精饮料）中，制成"Pinga de Cobra"，用

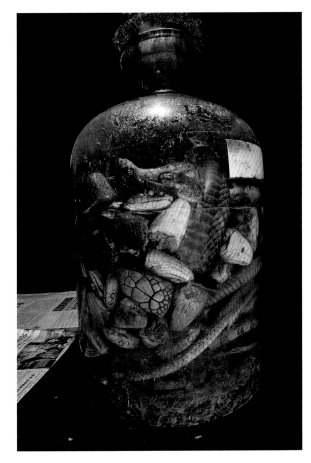

10.4 中国广西的蛇酒，被誉为壮阳佳品

10.5 越南人将蛇血、胆汁和蛇肉作为壮阳佳品和一般补品食用。左上：河内的蛇餐馆；右上：眼镜蛇酒；左中：灰鼠蛇（*Ptyas korros*）；右中：餐馆员工将蛇血滴入杯子中，与蒸馏酒混合；左下：灰鼠蛇汤和蒸馏酒饮料，含灰鼠蛇鲜血和胆汁；右下：前面为酥脆的炸蛇皮，后面是美味的蛇骨碎末

于壮阳和治疗阳痿。有些美国人用伏特加浸泡响尾蛇幼蛇来炮制蛇酒。类似的情况不胜枚举。

鳄鱼的雄性生殖力量

欧内斯特·琼斯[1]在1914年的一篇文章中写到了与鳄鱼高超的性能力相对立的信仰。一方面，有些文化认为鳄鱼是性无能的。他指出，根据普林尼的说法，鳄鱼是"唯一不使用舌头的陆地动物"，因此，人们认为鳄鱼是"哑巴"，而哑巴意味着无能。事实上，虽然鳄鱼不能伸出舌头，但它们确实会使用舌头。它们的舌头上有味蕾和盐腺。对于鳄鱼和长吻鳄[2]来说，盐腺可以将过量的盐分分泌出去，不过盐腺在短吻鳄和凯门鳄身上并无功能。鳄鱼没有可见的生殖器官无疑加强了它们性无能的传说。如果鳄鱼是性无能的，那么人们又是如何看待鳄鱼会繁殖这一事实呢？有一种理论认为雌鳄鱼是通过耳朵怀孕的。

而与此相反，其他一些文化则认为鳄鱼赞颂了阳性力量，有些文化还赋予鳄鱼超自然的性力量。琼斯写道：

鳄鱼的生殖崇拜意义仅从其环境中就能被猜到，它与智慧、太阳和蛇的观念密切相关，但比这些更为粗俗的事实也可以得到引证。在关于（古埃及）乌纳斯[3]时期的文献中，这些文献写于第六王朝时期，有一些段落表达了逝者渴望能够在来世获得像鳄鱼一般的阳刚之气，并因此变得"与女人在一起时无所不能"。如今在原属于古埃及的苏丹，人们认为拌上香料吃下鳄鱼的阴茎是增强男性性能力最有效的手段。无论是在古埃及还是在现代苏丹，人们普遍相信，鳄鱼有为了性而把女人带走的习惯。关于鳄鱼的两个生理事实可能促成了这些想法：鳄鱼交配行为极为激烈，持续时间很长；交配时，雄性鳄鱼的性器官——通常隐藏在泄殖腔内，不可见——却变得异常巨大。

我没有证据证明吃加了香料的鳄鱼阴茎不会增加性能力，也没有证据证明鳄鱼不

1　欧内斯特·琼斯（Ernest Jones，1879—1958），英国心理学家。

2　gharial，恒河鳄或马来鳄，通常指恒河鳄。

3　乌纳斯（Unas，公元前2375—前2345），古埃及第五王朝末期的法老之一。

会偶尔为了满足性欲而带走女人。但从我的朋友——鳄鱼专家卢·吉列特那里，我得来一个非常权威的说明：对于它们的体形来说，鳄鱼的阴茎长度显得很平常。一条4.5英尺长（约1.4米）的凯门鳄，阴茎只有3英寸（约7.6厘米）。一条16英尺（约4.9米）长的成年尼罗鳄的阴茎长8英寸（约20.3厘米）。鳄鱼的阴茎长度刚刚好，既不像大猩猩1.5英寸（约3.8厘米）长的"小弟弟"，也不像体长16英寸（约40.6厘米）的阿根廷湖鸭那件17英寸（约43.2厘米）长的"大家伙"（与所有脊椎动物的体形比例相比最长的阴茎）。琼斯在鳄鱼交配的时间上还有些言过其实，说持续了"很长一段时间"。鳄鱼交配可以持续10～15分钟，但这跟黑色小毛蚊相比简直不值一提，黑色小毛蚊即使在飞行过程中往往也能交配数天时间，鳄鱼也比不上有时能交配11周之久的印度竹节虫。毫无疑问，之所以会产生鳄鱼生殖力量的神话，是因为鳄鱼是具有侵略性的大型掠食者，因此，这种具有男子气概的动物就应该拥有强劲的性器官和性耐力。

索贝克，一位与生育密切相关的古埃及神祇，被描绘成尼罗鳄的形象，或者更经常地被描绘成鳄首人身的形象。在某些情况下，他是一个暴戾、好战、性欲极强的神祇。一些学者认为，他的名字源于"Sbk"，是个使役动词，意为"使……受孕"。出于他的力量和权力，埃及人把他尊崇为保护者，保护人们免受真正的食人鳄鱼攻击，免除尼罗河带来的各种危险，但他们也惧怕他好斗的天性。

长期以来，人们为了性而利用鳄鱼。古埃及人把鳄鱼牙绑在右臂上以激起性欲。如今，中国人把鳄鱼阴茎制成胶囊，并说100%纯天然，没有任何副作用。据多家网站报道，这种胶囊能减轻阳痿症状，增强性欲，提高精子质量，有效增强男性的性能力。中国人也吃中国短吻鳄的肉作为壮阳药。用雄性恒河鳄调配的药物被用作壮阳药，此外，巴西人还用凯门鳄配制药物来治疗性功能障碍。

然而，鳄鱼阴茎所处的世界并没有那么美好。危害来自化学污染，这些化学物质会导致鳄鱼的阴茎变小。20世纪90年代，卢·吉列特和他的同事研究了佛罗里达中部被污染的阿波普卡湖鳄鱼繁殖障碍的原因。在那里，短吻鳄暴露在农药三氯杀螨醇和滴滴涕及其代谢物中，这些物质是附近一家农药厂泄漏而来的。鳄鱼卵在阿波普卡湖的存活率只有20%，在佛罗里达野生动物保护区的存活率为80%。阿波普卡湖的短吻鳄雄性幼体血浆中的睾酮浓度只有对照组的四分之一。而且，它们的阴茎异常小。阿波普卡湖并不是美国唯一受化学污染的地方，鳄鱼也很可能不是唯一遭受化学物质影响因而阴茎变小的动物。

10.6 在印度次大陆，人们捕猎成年雄性恒河鳄（*Gavialis gangeticus*）来获取"盖拉"（鼻尖的球形突起），用于调制壮阳药

大卫·罗维茨是一位民间歌手以及具有社会影响力的词作家，他曾将吉列特对鳄鱼阴茎的研究编入了《短吻鳄之歌》（*The Alligator Song*）中，并将其引申到了人性的层面。

第一节：

每个人都得了癌症，
以几何速度。
或许那是你饮下的或吸进的东西，
或许那是你吃进腹中的东西，
或许这些与你无关。
嘿，将来某天我们全都得走，
但也许我可以告诉你一些事情，
会让你改变主意。

副歌：

短吻鳄的阴茎在萎缩。

很快它们都会完蛋，

是的，短吻鳄的阴茎在迅速萎缩。

这也会发生在你们身上，

会发生在你们身上的，小伙子们，

这会发生在你们身上。

短吻鳄的阴茎在萎缩。

这会发生在你们身上。

最后一节：

水中有多氯联苯，

土壤含杀虫剂，

风中飘着辐射，

毒药遍布周围。

所以如果你们关心自己的爱情生活，

还有那原始美好的激情，

孩子们，你们必须停止污染。

这就是我要告诉你们的事情。

龟的雄性生殖力量

马克·吐温在《来自地球的信》中写到了龟的性事："《圣经》根本不允许通奸，不管一个人能否控制得住。它不允许将山羊和乌龟区分开来：容易激动的山羊，感情冲动的山羊，每天都会有通奸行为，否则就会衰弱和死亡；而乌龟，平静冷漠的禁欲者，两年只行乐一次，还会在行乐时睡着，六十天也醒不来。"

马克·吐温在提到龟的性行为的时候搞错了。龟交配可以是一件很活跃的事情，而雄龟在追求性伴侣时也可以是残酷无情的。雄龟有时会狠狠地撞击雌龟，咬住它们的腿以防它们逃跑。龟通常是沉默的，但在性高潮时，雄龟有时会兴奋得尖叫。加拉帕戈斯象龟会大声吼叫。雄龟天生就有很大的能耐。当龟的阴茎随着体液的充盈而增大时,其长度增加接近50%,宽度增加约75%。一些龟勃起的阴茎长度几乎可以达到胸甲(底壳)长度的一半。阴茎不使用时则留在泄殖腔内。一只雄龟的阴茎长度相对于它的体长而言可能过长,但除非它的目标伴侣肯配合,否则它是不会用的。泥龟和麝龟会固定住它们的配偶,咬它们的头、壳或腿。红耳龟通过震颤和用爪子敲击雌龟的眼睛,在冷漠的雌龟身上滥施爱慕之情。

长期以来,龟都与人类的性征相关联。在希腊神话中,对于爱神和生殖女神阿弗洛狄忒和赫耳墨斯来说,龟是神圣的,赫耳墨斯还有"性交之神"之称。龟与人类性征之间的这种联系基于龟类的两个特征:首先,龟的头和脖子类似于人类的阴茎;其次,龟的头从龟壳中慢慢伸出的过程,就像阴茎勃起一样。

中国古代有一个神话,传说龙有九个儿子,每个儿子都有一种独特的天赋。其中一子名叫霸下,善游泳,能负重。它代表着坚韧、长寿和好运。很久很久以前,艺术家把霸下描绘成一只巨大的龟而不是龙。随着时间的推移,霸下的名声越来越坏:中国人把这个龙子和人类的阴茎联系在一起,这是因为它们在形态上十分相似;当时最侮辱人的一种说法就是骂某人"乌龟头"(有意思的是,在英语中我们用的是

10.7 图中的雄性豹纹陆龟(*Stigmochelys pardalis*)可能刚好处于性高潮中,正兴奋地尖叫着

"dickhead" [1]）。最终，艺术家们把霸下描绘得更像一条龙，这是一种较为体面的形象。（顺便说一句，龙生九子这件事非常重要。对于中国人来说，数字"9"是皇帝最爱的数字。它是一个神奇的数字：如果你将9乘以1到9之间的任何一个数字，然后将结果里的数字相加，你总能得到9！）

中国的其他神话和歌曲反映了乌龟头部和阴茎的相似性。在很多亚洲国家，人的阴茎仍然被称为"龟头"。东南亚文化特有的一种医学综合征暗指乌龟的头能够在龟壳间滑入和滑出。在马来语中，"koro"的意思是"乌龟头"，指的是一种人类心理障碍病征，其特点是幻想自己的阴茎会收缩并且缩进身体里面。患者会极度焦虑，其中可能还包括对阳痿的恐惧。这种缩阳综合征被认为是由性心理冲突引起的。传统的治疗方法包括服用以草药、动物阴茎和其他成分做成的制剂。对被诊断出患有缩阳症的人进行的医学检查并未发现阴茎有收缩或缩入体内的情况。与许多龟类能够完全将头部缩进壳内不同，人类的阴茎并不能完全隐蔽。

10.8 霸下是龙九子之一，善游泳。虽然它最初被描绘成一只乌龟，但后来它被描绘成更受人尊敬的龙龟。图中的这座雕像拍摄于中国广西，触摸它能带来好运

海龟蛋柔软，有韧性，富含蛋白质。根据海龟的品种，蛋的大小从乒乓球到网球不等。古玛雅人认为海龟蛋是壮阳药。在中美洲的大部分地区，想要激起性欲的人们仍然会吃海龟蛋。在酒吧和妓院里，海龟蛋被当作小吃，人们生吃没有经过任何加工的海龟蛋，有时会拌上莎莎酱和柠檬，通常会配上啤酒。虽然没有科学依据证明海龟蛋具有壮阳作用，但生活在沿海地区的人们相信这两者之间的关联，因为他们见过海龟交配持续8小时之久。有些人认为雄性海龟通过吃同类的蛋来获得持久力。对雄龟

1　字面意思为"阴茎头"，有"白痴、笨蛋、蠢家伙"的意思，多用于辱骂男性。

有好处的东西，一定对人类男性有好处！阿尔奇·卡尔在《如此出色的繁殖场》(*So Excellent a Fishe*)中写道：

墨西哥人将海龟蛋尊崇为一种壮阳补品。事实上，对海龟蛋的这种特性，他们的信仰程度比我知道的其他任何地方的人都要虔诚，除非是哥伦比亚人。杜克斯拉斯最近聚集的人数成倍剧增，从高原上下来的游客越来越多，他们渴望吃到海鲜，并且热衷于壮阳补品。游客和当地人都吃海龟蛋，在适当的时候，墨西哥新一代的东道主又会诞生，他们也吃海龟蛋，然后轮到他们被激起生育的欲望。

在另一章中，他解释道：

海龟蛋在大多数地方都有需求，原因有两个：一个是作为蛋白质的来源，另一个是作为壮阳药。前者是一个合理的动机。通常如果一个穷人为了饥肠辘辘的家人去挖海龟蛋，你们不能就此责怪他。而壮阳药的说法当然是一种毫无根据的民间信仰。然而，这种观念已经根深蒂固。在某些地方，这可能会成为比将海龟蛋作为食物的需求更大的执法障碍。干预男性的性生活，会使偷猎者转而变成一个理直气壮的公民。

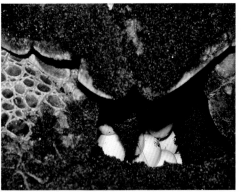

10.9 绿海龟的蛋是令人难以抗拒的美味，许多人相信它还是功效显著的壮阳补品。图中的绿海龟正在哥斯达黎加的托土盖罗海滩上产卵

海龟蛋作为壮阳补品是非常昂贵的，但是还有什么能比海龟阴茎更具强大的性助力呢？在牙买加，人们可以按英寸购买海龟阴茎，与朗姆酒、葡萄酒、树根、牡蛎或海螺混合服用。在英属维尔京群岛，人们能喝到浸泡着海龟阴茎的朗姆酒。在多米尼加共和国，人们可以买到泡着鱼、

树叶和树皮碎块的瓶装朗姆酒，再加上干制的海龟阴茎作为额外的潘趣酒配料。

　　性，我们想要更多，想要更好，因此我们求助于爬行动物。人们若是相信民间传说，就会认为爬行动物有助于增强性欲，改善性能力，增大阴茎的尺寸。几千年来，我们一直都寄望于爬行动物的壮阳威力，很难想象这种谋求利益的方式会很快停止。我们对爬行动物性力量的信仰会不会影响到动物的种群状况和自然保护？大多数用于传统药物的鳄鱼、龟和蛇都是从野外捕获的，而不是人工圈养的。讽刺的是，很多种爬行动物已经被列入濒危物种名单，因此受到法律保护。然而，非法偷猎和黑市买卖猖獗，人们对一些物种的捕猎，导致了其种群数量的进一步下降。

　　虽然过度捕猎用于制备传统药物——包括治疗性功能障碍在内——导致了一些种群数量下降，但从另一方面来看，正是因为当地人相信爬行动物的药用价值，所以他们可能会采取一些保护措施。在某些文化中，人们理性地捕猎爬行动物以免种群灭绝。如果这些种群灭绝了，他们就会失去治愈疾病的方法。野生动物的自然保护与利用似乎是相互排斥的，但事实并非如此。长期以来，自然保护的目标和方法与资源的价值和利用密切相关。当我们以一种不可持续的方式捕猎过多动物时，问题就出现了。可持续捕猎意味着将个体从一个种群中去除之后，这个种群仍然会无限期地延续下去。我们能够用可持续的方式捕猎野生爬行动物，获取它们那种所谓的性功效吗？那些需要杀死成年动物的治疗方法，对于许多物种来说，答案很可能是"不能"。对于蛋来说，又是另一回事。

　　自然保护主义者并没有要求绝对禁止收集海龟蛋，而是制订了可持续的收集计划。在拉丁美洲的一些地方，包括墨西哥、尼加拉瓜和哥斯达黎加，这些计划允许有组织和有限制地收集海龟蛋。海龟蛋收集合法化的理由是，向市场大量供应便宜的海龟蛋，会减少非法和无限制的收集行为。

　　其中一个例子是丽龟（*Lepidochelys olivacea*）。1983年，奥斯蒂奥纳尔野生动物保护区成立，沿着哥斯达黎加太平洋海岸绵延9.5英里（约15千米），其建立正是为了保护丽龟筑巢的海滩。在那里，成千上万只海龟会连续数天聚集在一起产卵，这种盛况被称为"阿里巴达现象"（*arribada*），这个词源自西班牙语，意为"到达"。在奥斯蒂奥纳尔野生动物保护区，每次阿里巴达现象发生时，可能有2万～13万只甚至更多的雌海龟参与其中。在阿里巴达现象中，雌海龟会拖着沉重的身体从海中游到岸边，再沿着海滩缓慢爬行。每只雌龟都会挖掘一个巢穴，在里面产下80～100枚白色的软壳海龟蛋，把这些宝贝埋藏好之后，又回到大海里面。在大规模的阿里巴达现象过程中，会出现一种"抢椅子效应"。由于在筑巢海滩上没有足够的空间容纳所有的雌海龟，后面来的海龟挖掘巢穴时会破坏前几个晚上已经筑好的巢穴，数以万计的丽龟蛋会因此被毁掉。

自1985年以来，哥斯达黎加政府允许奥斯蒂奥纳尔社区居民在阿里巴达现象最初的36小时内收集保护区里的丽龟蛋。村民们用印有奥斯蒂奥纳尔标志的包装将海龟蛋包起来。这些海龟蛋被运往哥斯达黎加各地，主要运往酒吧，在那里，它们被拌上辛辣的红莎莎酱作为开胃菜生吃——因为它们具有壮阳的功效，或者仅仅是因为人们特别想吃海龟蛋配啤酒。通过给市场提供充足便宜的海龟蛋，该计划阻止了偷猎者在其他地方非法收集海龟蛋的行为。村民们获得了经济利益，但也有许多人对海龟有了更深入的了解，并在海滩上巡查防范偷猎者，以此来保护它们。海龟蛋带来的利润资助了当地学校的修缮、道路的维护、社区中心的修建，还有篮球和排球场以及社区的电力工程的建设。

10.10 大量雌性丽龟在哥斯达黎加的奥斯蒂奥纳尔野生动物保护区筑巢，海龟数量是如此庞大，以至于它们在无意中破坏了彼此的蛋

11

挑选你的毒药——
血、毒液、皮、骨头
民间医学

民间医学有一个优势：它总是显得确凿无疑。科学医学从真理走向错误，又从错误回归真理，它必须研究和再研究。

——布鲁诺·格布哈特《1850年以来美国科学与民间医学的相互关系》

请允许我以一则免责声明开始本章，该免责声明论述了效用问题的另一个方面——两栖动物和爬行动物是治疗人类疾病的良方。虽然我写了一些关于"要止住鼻血，就用蝌蚪灰塞住鼻孔"这类功效的文字，但我并不主张采用这种治疗方法，也没有说这些方法已经通过临床测试，被证明有效。我只是不想让读者在本章频繁地读到"据说"这个词。即使它没有被明明白白地写出来，阅读时，也要请大家留意"据说"的暗示！

人类自诞生以来一直遭受着健康问题的困扰。在现代医学出现之前，人们处理健康问题的方式可能与今天那些无法获得常规医学帮助的人处理健康问题的方式大致相同。对于那些认为疾病是由邪灵或被触怒的神祇所引发的人来说，要想治好病，就必须把邪灵从身体中赶出去，或是让神祇得到安抚。对于那些认为疾病是由身体系统失衡引起的人来说，由植物、动物和矿物质制成的天然药物可以恢复和谐与平衡。这些疗法往往是通过反复试验发现的，随后又代代相传下去。人们往往认为若由熟悉相关仪式、咒语和禁忌的药师或萨满操刀的话，这些民间疗法（等同于传统医药）的疗效会更好。病人总是相信这一套。

也许这正好解释了为什么我在中美洲和南美洲尝试过的各种民间疗法效果甚微——因为我不相信。在厄瓜多尔，我把活蝌蚪放在眼皮上以减轻眼睛疲劳，但根本没有减轻。在巴西，我把蛇脂涂抹在被虱子叮咬发炎的部位，结果一点用都没有。在哥斯达黎加，我把酸橙汁挤到蜗牛壳上，然后把由此产生的糊状物涂在伤疤上以祛除疤痕。伤疤最终消失了，但我不知道要是什么也不做结果会怎样。在智利，我用一大团蜘蛛网让伤口上的血凝结起来，这确实有效，不过我认为自己的身体组织能同样有效地凝血、止血。

民俗学家唐·尤德写到，民间医学分两种：自然民间医学和魔法宗教民间医学。自然民间医学是"人类对自然环境最早的反应之一"，它涉及寻找自然界中的草药、矿物质和动物成分，用来治疗疾病。相比之下，魔法宗教民间医学"试图用咒语、圣言和圣行来治疗疾病。这种类型通常涉及一种近代科学发展起来之前的复杂世界观"。自然民间医学假设某种物质的应用与身体问题之间有着直接的因果关系。相反，魔法宗教民间医学试图通过影响病人以外的某个媒介来操纵某种情况，例如，与神灵或拥有治愈能力的圣灵交流。在本章中，我们将重点介绍自然民间医学，在下一章，我们再探讨魔法宗教民间医学。

读本章时，你们可能想知道人们怎么会相信这些五花八门的疗法。往蛙嘴里吹气治疗哮喘？吃拌了蜂蜜的碎海龟壳能治头痛？在油里面炸过的狗的子宫能去倒刺？若尝试了这些疗法后症状没有得到缓解，人们还会继续相信下去吗？

在《蜂蜜、泥土、蛆虫和其他医学奇迹》（*Honey, Mud, Maggots, and Other Medical Marvels*）中，罗伯特和米歇尔·鲁特－伯恩斯坦指出，事件的正相关性比负相关性更能打动我们。我们记住了中国幸运饼能准确预测未来的小概率事件，却忘了它们曾无数次出错。如果我们发觉某一特定的疗法曾经奏效，即使治疗措施和病愈之间的联系并不确切，我们仍然相信它会再次奏效。显然，"治愈"是一个巨大的黑匣子，最近一次的治疗并不一定就是病人康复的原因。许多疾病和病征，其病程时间有限，在未进行治疗的情况下也可能自行康复，在治疗过程中会意外出现缓解，而早前的治疗所产生的疗效有时会姗姗来迟。

11.1 蛇是民间药物中常见的成分，如图中日本京都的这家商店橱窗所展示的药物

在哥斯达黎加的托图格罗被三色矛头蝮（*Bothrops Asper*）咬了之后，阿尔奇·卡尔的反思表明了民间疗法是如何深深地根植于一种文化的。阿尔奇被蛇咬中右小腿之后，一瘸一拐地走回了家，一路上那个细小的穿刺伤口都在滴血。几个小时后，被咬部位周围的皮肤变成了蓝绿色，但阿尔奇没有出现浮肿、呼吸困难或恶心的症状。也许只是无毒蛇咬的。由于要等到第二天早上阿尔奇才有可能被空运送去就医，他也不打算冒险使用药箱里的抗蛇毒血清，因此他接受了邻居们的"丛林药物"疗法（bush medicine）。一位巫医（治疗师）斥责阿尔奇没有抓到咬他的蛇。他本可以把蛇头劈开，把蛇脑捣碎，然后把脑浆涂在被咬的地方。为了避免发生吐血症状，阿尔奇喝了咖啡，浓稠得像熔化了的屋顶防水浇盖物一样。他嚼着一根焦黑的卷烟，里面的烟草是当地种植的，但他拒绝再喝两指高的"煤油"。

阿尔奇躲过一劫，结果证明他只是被无毒蛇咬伤了。阿尔奇对自己的经历思考得越多，他就越意识到民间信仰往往比表面上看起来更加理性。在诸如被毒蛇咬伤的困难情况下，伤者需要得到安慰。如果此人认为，一个简单快速的干预措施近在眼前，可以解决困难，这样的安慰没有任何坏处。在《蚂蚁、印第安人和小恐龙》（*Ants, Indians, and Little Dinosaurs*）中，他写道：

我想让事情变成那样的原因有两个。一个是在绝望之中除了你自己的经验和想象力，以及你祖先和邻居的经验和想象力，再没有其他办法。另一个原因是被三色矛头蝮虚咬一口的概率很高。事实上，治疗蛇咬伤的所有丛林疗法都有一个重要基础——能使明智的人也信以为真的一个事实——可能是以下情况发生的概率极高：蛇牙擦过或者咬到人的骨头时，没有毒液或者只有少量毒液注入人体内，不管接不接受这种治疗，伤者都能够康复。在（一个）没有医疗救助的国家，在不幸被三色矛头蝮狠咬一口之后，任何人都想抓住救命的稻草，接受邻居的治疗，而不需要知道它是如何奏效的，只因为这是仅有的治疗方法。如果这类无效咬伤发生的概率足够高的话，这种疗法必然会成为该国民间医学的一部分。如果世世代代的人只靠蛇脑、"煤油"和咀嚼烟草就能得到40%的治愈率，除非出现反常的情况，让他们生疑，否则他们一定会坚持将其作为治疗方法的。现代医学的特效药很少会有这样高的治愈率。

正如哥斯达黎加的治疗师建议在阿尔奇的伤口上涂抹蛇的脑浆一样，世界各地的人也都主张将伤人的蛇作为治疗毒蛇咬伤的最佳药物。在中世纪，吉卜赛人将伤人的蛇的脂肪炼成油，涂抹伤口治疗毒蛇咬伤。不久前，在美国俄克拉何马州和阿肯色州，人们还相信如果把刚咬伤了人的蛇杀死，把温热的新鲜蛇肉放在被咬伤的部位上，蛇肉会将毒液吸收回去。

在传统药物中使用动物通常反映了它们的自然属性——外观和行为——以及人类看待这些动物的方式。在某些情况下，动物会从我们身上带走一些东西。把一只活蛙放在痛风的脚趾上，蛙就会吸走疼痛。撕开一只活蛙，把它覆盖在毒蛇咬伤处，蛙的血会把毒液吸出来。在你的额头上放一只冰冷的蛙，它会吸走你发的烧。要治甲状腺肿，就让一条蛇绕着你的脖子游走，它会带走你的甲状腺肿。

相比之下，其他一些治疗方法看来有效，那是因为某些方面的特性从两栖动物或爬行动物身上转移给了人类。一些蝾螈的有毒分泌物保护它们不受捕食者的伤害，所以我们若摄入这些分泌物，就能治愈疾病，甚至癌症。由庞大而有力的动物——例如，蟒蛇、鳄鱼和巨蜥制成的血制品和药物，能补充能量或起到保护作用。龟的寿命很长，吃它们的肉，可以延年益寿。由于不同疾病往往具有相同的症状，因此，同一种民间疗法可能具有多种用途。与此同时，某种疾病或病征也可能在许多不同的民间疗法下产生反应。

两栖动物和爬行动物在世界各地的民间医学中占有重要地位。作为一个类群，这些动物与疗愈和重生联系在一起，因为它们会周期性地蜕皮，会使身体部位再生，会因冬眠与活动的周期神秘地出现又消失，此外，两栖动物还会从一种形态变为另一种形态。我们用至少331个品种（284种爬行动物和47种两栖动物）的全身或部分——血液、毒液、分泌物、肉、脂肪、排泄物、胆囊、卵巢、阴茎、头、壳、皮、骨骼，还有卵来改善我们的性生活，减轻痛苦，增强记忆、身体活力和免疫系统功能，缓解压力，治疗疾病。下面我们就遍访两大洲——亚洲和欧洲，循着时间顺序来简要了解一下，人们将两栖动物和爬行动物用作天然药物的部分方式。

亚洲

传统中医学可以追溯到大约5000年前，它基于一种不同于当代西方医学所设想的对人体的认识方式。中医认为身体是与自然联系在一起的，并受自然力量的支配。中医学的一个理念是阴阳观，"阴"和"阳"是两种对立而互补的力量。人体状况（健康与疾病）是阴阳平衡的结果。当二者不协调时，人就会生病。中医试图调节阴阳平衡，在某种程度上会使用草药和动物制品。几千年前使用的许多药物现在仍然在使用。

长期以来，中国人一直认为蛙类在传统医学中很有价值，因为它们能解毒并减少体内积热。以雪蛤膏为例，在中国东北，工人们把活的雌性雪蛤（又称中国林蛙，*Rana chensinensis*）串在金属线上，放到阳光下晒干。然后他们取出其卵巢和附着在卵巢上的脂肪。雪蛤膏富含营养，常被加入汤中食用。传说雪蛤膏对健康的益处包括增强免疫系统功能、补肺补肾、增强记忆、缓解失眠、治疗神经衰弱、改善皮肤状况以及减轻肺结核引起的咳嗽和盗汗症状。

蟾蜍被认为是五种阴性毒物之一（其余的是蜈蚣、蝎子、蛇和蜥蜴），是一种受人欢迎的中医药用动物。许多蟾蜍（蟾蜍科）的眼睛后面有腮腺。受到惊扰时，蟾蜍经常通过腮腺和其他疣状皮肤腺分泌白色分泌物来保护自己。根据物种的不同，这种分泌物要么倒人胃口，要么使人皮肤发炎，要么可以致命。3000多年来，中国人用中华大蟾蜍（*Bufo gargarizans*）和黑眶蟾蜍（*Duttaphrynus melanostictus*）的腮腺分泌物制成一种粉末，称为"蟾酥"。蟾酥，与面粉和其他成分混合之后制成饼，用于治疗心脏病、疮疖和脓肿，并且能够治愈溃疡。蟾酥也会被用在草药汤剂中。小剂量的蟾酥可以刺激心肌收缩，因为它含有蟾蜍二烯羟酸内酯类物质。其中一种蟾蜍二烯羟酸内酯，即蟾毒灵，能阻止血管扩张，促进血管收缩，增强血管阻力和血压。蟾酥在17世纪传到欧洲，那里的医生将其作为治疗心脏病的药物使用了至少200年。

近代，蟾酥被吹捧为壮阳药。这种蟾酥制剂在市面上被称为"爱情石"（love stone）和"硬石"（hard stone），是专为男性设计的一种外用药物，潜在的消费者需要小心。20世纪90年代，纽约市有四名男子因服用了本该外用的蟾酥而死亡。

"华蟾素"是蟾酥的一种注射制剂，在中国和其他亚洲国家用于治疗肝癌、肺癌、结肠癌和胰腺癌。该制剂用中华大蟾蜍或者黑眶蟾蜍皮在无菌热水中的提取物制成。除了具有强心作用外，蟾毒灵还能诱导人体肿瘤细胞凋亡（程序性细胞死亡）。1991年，华蟾素在中国被正式批准为癌症治疗药物，它没有明显的副作用。

制作蟾酥的两种蟾蜍也被用来治疗亚洲的多种疾病。在中国，中华大蟾蜍的肉被用于解毒、消肿和镇咳，蟾蜍皮则被用来退烧。黑眶蟾蜍在中国被用作强心剂和利尿剂，用于治疗咽喉肿痛、牙痛和其他痛症。蟾蜍肉在泰国被用来治疗酒精中毒，在越南被用来治疗儿童佝偻病和生长迟缓，在印度被用来治疗淋病、肺结核和麻风病。

蝾螈在中医中长期被用于治疗人类疾病。中国大鲵可以长到5英尺（约1.5米）长和近90磅（约40.8千克）重，是世界上最大的蝾螈。受到侵扰时，它们的皮肤腺会分泌出难闻的乳白色分泌物。在过去的2300年里，这种分泌物被用于治疗疟疾、贫血，以及近代出现的重金属中毒、阿尔茨海默病和癌症。中国大鲵的肉可以作为一种刺激食欲的食品，它们的胰液还可以退烧和改善视力。讽刺的是，这些外表丑陋的大型两栖动物却为人类健康和美容产品提供了原料。在中国西北部，人们将新疆北鲵（*Ranodon sibiricus*）晒干并碾磨成粉末，浸泡制茶，然后饮用以治疗骨折和疟疾。干制的红瘰疣螈被用来制成传统中药，在中国，人们可以买到街头小吃——串在木签上的蝾螈干。据说味道"辛辣"，毫无疑问，这反映出它们的皮肤分泌物有毒。生的东方红

腹蝾螈（*Cynops orientalis*）
肉可以治疗皮肤瘙痒和烧
伤。去了内脏的无斑瘰螈
（*Paramesotriton labiatus*）晒
干后磨成粉末，与酒或温水
混合，可以治疗胃病。

印度唯一的蝾螈是喜
马拉雅疣螈（*Tylototriton
verrucosus*），它们被干制后
可作为治疗胃病的一种药
物。喜马拉雅疣螈有巨大的
腮腺和长满瘰粒的皮肤。它
们的一些化学分泌物表现出
广泛的抗菌特性，另一些
化学物质则与蛋白水解活性
（分解蛋白质）有关，还有
一些表现出胰蛋白酶抑制活
性（能降低影响吸收的胰蛋
白酶效率的化学物质）。这
些分泌物的特性无疑说明了

11.2 蟾蜍（蟾蜍科）的有毒分泌物储存在头后部的腮腺中。上图：请
注意甘蔗蟾蜍巨大的腮腺；下图：黑眶蟾蜍，其腮腺分泌物被用来制
作蟾酥

喜马拉雅疣螈作为民间药物的疗效。

蝾螈在某些文化中具有重要的地位（至少在男人最关心的方面）。中世纪，如今
的以色列，还有叙利亚、黎巴嫩和约旦部分地区的医术中使用过一种动物——被称为
"特里同"的南条带螈（*Ommatotriton vittatus*）。它们被制成一种增强性欲和治疗勃起
功能障碍的合剂。像其他蝾螈科的蝾螈一样，南条带螈的皮肤含有河豚毒素，一种尚
未有解毒剂的烈性神经毒素。由特里同制成的合剂一定会含有低剂量的河豚毒素。

在读关于合剂和河豚毒素的文献时，我很想知道中世纪合剂的科学基础是什么。
我了解到，研究人员最近发现，让戒毒中的海洛因上瘾者服用低剂量的河豚毒素，可
以减轻他们的毒瘾和焦虑症状。也许中世纪的合剂可以充分减轻人们的焦虑感，因而

分享者能够专注于性事，从而增强性欲？血管扩张剂今天被用来治疗勃起功能障碍。事实证明，低剂量的河豚毒素会引起血管扩张，所以蝾螈合剂或许具有充分合理的药物学基础。我咨询过的一位河豚毒素专家告诉我："我可以想象，在非常小的剂量下，它会对男性的性功能产生积极的影响——但这并不意味着我愿意去尝试。"

11.3 南条带蝾，一种含有烈性神经毒素——河豚毒素——的蝾螈，被用来制成一种增强性欲的合剂

蛇是中药、藏药和印度（阿育吠陀[1]）传统医药的核心。俄勒冈州波特兰市传统医学研究所所长苏布提·达尔曼达认为，传统治疗师看重蛇的原因有三个：第一，蛇不寻常的体形和运动方式。它们无肢的圆柱形身体惊人地灵活，让人觉得它们具有让身体变得柔软的能力。人们会用蛇酒以及蛇油涂抹由滑囊炎、关节炎和风湿病引起的僵硬关节。因为蛇移动得很快，所以用它们制成的药物可以很快地遍布病人全身。蛇被用来治疗"风"症疾病，例如，麻疹、流感和非典型肺炎，这些疾病通常在多风的春季达到发病高峰，并像风一样迅速传播。

第二，因为蛇会蜕皮，所以人们认为它们在治疗人类皮肤疾病上面有很大的作用。蛇入药的最早记录载于公元100年左右的《神农本草经》中。脱落的蛇皮被用来治疗皮

---

1 印度的一种医学体系。

疹、眼睛感染、咽喉疼痛和痔疮。将蛇蜕下的皮绑在产妇的肚子上可以减轻疼痛，让产妇放松并加快分娩速度。人们早就观察到蛇在蜕皮之前眼睛会变成不透明的乳白色、皮肤会变得暗淡；蜕皮之后，眼睛清澈、皮肤恢复光彩。现在蛇皮仍然被用来治疗皮肤问题，比如痤疮、痈疽、乳腺脓肿、皮疹、疖子和牛皮癣。蜕下的蛇皮通常是烘烤后内服或者外用。

11.4 蛇蜕下的皮被认为有助于治疗痤疮、牛皮癣等各种皮肤问题

第三，传统治疗师看重毒蛇的价值。观察发现，一些蛇的毒液会导致被攻击的猎物出现麻痹现象，由此诞生了以毒液为基础的、治疗抽搐的传统口服药物。这些毒液通过抑制剧烈的肌肉收缩来阻止抽搐。某些形式的麻痹是由肌肉过度收缩引起的。尖吻蝮（*Deinagkistrodon acutus*）的毒液被用于缓解此类麻痹和治疗癫痫。神奇的是，尖吻蝮的毒液也会被用来治疗白血病。

传统中医也以其他方式将蛇入药。蛇胆汁能治疗百日咳、发热、痔疮、牙龈出血和皮肤感染。新鲜的蛇血富含铁，能缓解疲劳和增强性欲。泡了酒的蛇胆是一种补品，因为人们认为蛇具有力量。"五蛇酒"是将五种毒蛇浸泡在一大罐蒸馏米酒中制成的一种药酒，它能增强体质，缓解关节疾病。

由于龟与坚韧和长寿有关，传统中医使用龟类的肉来增强体质，延年益寿，并用于治疗关节、脾和肾等问题。一些东亚的运动员会喝龟类的血来提高他们的技能。自从1993年长跑运动员王军霞打破10000米世界纪录，将其缩短了42秒后，这种做法在亚洲以外的地区也变得普遍起来。作为训练计划的一部分，她按照教练的建议，服用了一种含有鳖血[1]和冬虫夏草（*Ophiocordyceps sinensis*）的解压补品。

龟甲被用作中药已有4000年的历史。据说龟甲具有滋阴的功效，是目前100多种制剂中的成分之一。龟苓膏可以补肾、促进血液循环和改善气色，是一种黑色胶状物，传统上是用极度濒危的金钱龟（*Cuora trifasciata*）制成。龟的胸甲与包括金银花和菊花在内的草药一起熬制。现在，龟苓膏通常是由非濒危的龟类制成，例如，中华鳖（*Pelodiscus sinensis*）。鳖甲——中华鳖的干壳、碎壳，能活血、治疗盗汗和月经不调。龟板被用来治疗子宫出血，养血，强筋健骨，治疗焦虑症和失眠症，是用草龟（*Mauremys reevesii*）的干制胸甲磨碎制成。

也许是因为壁虎不同寻常，它们大多数都在夜间活动，在天花板上爬行，很多种壁虎还会互相发出唧唧声，许多人认为壁虎非常神秘并且具有特殊的能力。从阿拉伯世界部分地区到印度，壁虎被视为引起麻风病和其他皮肤病的罪魁祸首；但在东亚和东南亚，壁虎通常与好运气和生育有关。这并不奇怪，因为壁虎在民间医学中的应用反映了当地人对它们的看法。在那些认为壁虎有害或危险的地方，它们被用于治疗人们认为由壁虎引起的疾病，比如皮肤疾病。举个例子，印度北安查尔邦库马翁喜马拉雅山脉的朔卡部落使用家壁虎（*Hemidactylus*）来缓解由它们引起的湿疹。整条家壁虎被放进油中煎炸，然后敷在患者的皮疹上。在壁虎受人欢迎的中国，它们会被除去内脏、晒干并磨成粉末，用来治疗肾结石、骨折、癫痫和癌症。

1　根据报道，王军霞在训练时曾经服用鳖血，"turtle"一词统称龟类，未将鳖和龟做区分，但实际上在传统中医中，二者并不完全等同。

11.5 在亚洲的大部分地区，大壁虎（*Gekko gecko*，左图）被绑在木板上（通常是一雌一雄，右图），在太阳下晒干。据说，由大壁虎磨成的粉末可以治疗哮喘、阳痿、早泄、肺结核、糖尿病和艾滋病。图中的这对壁虎是在中国广西的一个市场上出售的

在阅读关于传统中医的文献时，我一直在怀疑它们的疗效。我选择了壁虎，寻找有关其药效的研究，并很快找到了相关的论文。例如，2008年发表在《世界胃肠病学杂志》上的一篇论文研究了壁虎［"天龙、守宫"[1]，原料为多疣壁虎（*Gekko japonicus*）］作为抗癌药物的有效性。该研究是由中国洛阳的河南科技大学医学院和第一附属医院医学部的研究人员开展的，探讨了壁虎对人食管癌细胞株（体外）和小鼠移植性S180恶性肉瘤的抗肿瘤作用和机制。

研究结果表明，与对照组相比，壁虎治疗组的细胞生长明显受到抑制，中药治疗组的肿瘤则明显缩小。壁虎诱导了肿瘤细胞的凋亡——程序性细胞死亡。中药还降低了肿瘤组织中VEGF（血管内皮生长因子）和bFGF（碱性成纤维细胞生长因子）的蛋白表达量。VEGF通常在形成新血管的过程中起作用。当过度表达时，癌性肿瘤会生长并转移。医学研究人员假设在肿瘤发展过程中，bFGF被激活，同时有新的血管形成。此外，bFGF能诱导多种细胞的增殖。壁虎能引起程序性细胞死亡，再加上能够下调生长因子蛋白的表达，这表明壁虎有望成为一种抗癌药物。

我好奇的是，多疣壁虎能成为有效的抗癌药物，是有什么特别之处吗？其他壁虎也同样有效吗？也许其他任何蜥蜴也行？如果真是这样的话，蜥蜴会在人类认知的效用维度上更上一层楼！

1　"天龙""守宫"均为壁虎的别称。

欧洲

在西方世界，蛇和医学早已交织在一起，这源于希腊－罗马文明。古希腊人和古罗马人崇拜蛇。古希腊医神阿斯克勒庇俄斯与古罗马医神埃斯库拉皮乌斯的手杖上都缠绕着一条蛇。在当时，西方医学界采用的标志是单蛇缠绕的手杖——阿斯克勒庇俄斯之杖。蛇的各种特征解释了为什么这些神与蛇有关。首先，对于古人来说，蛇蜕皮的能力代表着恢复活力和健康。其次，早期的希腊人认可蛇毒的药用特性。再次，蛇很可能代表着医生不可避免的双重性质——要跟生与死、疾病与健康打交道。

西方医学界的标志有时被错误地称为"双蛇杖"（caduceus）。希腊人所描绘的神与人之间的信使赫耳墨斯，手持一根带有双翼的权杖，上面有两条交缠在一起的蛇。希腊人称这根权杖为"商神杖"（kerykeion，希腊语，意为"信使"）。罗马的人神信使墨丘利也有一根带有翅膀和两条蛇的权杖，在拉丁语中被写作"caduceus"，象征着商业和谈判。1902年，美国军队的医学分支机构采用了赫耳墨斯的双蛇杖作为其标志，这就解释了为什么人们混淆了双蛇杖和作为西方医学界的标志阿斯克勒庇俄斯之杖。各种美国医疗保健组织都用"双蛇杖"作为它们的标志，更进一步混淆了这个问题。

早期的希腊人和罗马人用魔法和巫术来治疗疾病。后来，"医学之父"希波克拉底教导说，疾病有其自然的原因。他的医学体系围绕着四种体液的概念展开：黑胆汁、黄胆汁、黏液、血液。当这四种体液平衡时，人体是健康的。任何一种体液过量或不足都会导致疾病。草药和其他药物可以调节不平衡的体液，使之恢复平衡，这种观点主导西方哲

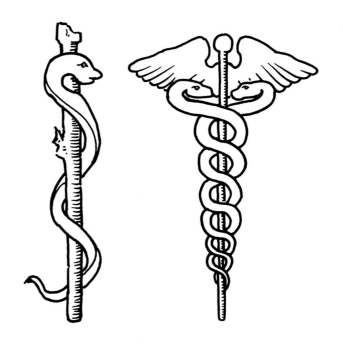

11.6 蛇与健康相关由来已久。左图：阿斯克勒庇俄斯之杖，西方医学界的象征。右图：双蛇杖，商业和谈判的象征，但也被美国军队的医学分支机构和其他一些卫生保健组织用作标志

学和医学 2000 多年，一直持续到 19 世纪末。

在希波克拉底之后的四个多世纪，古罗马作家老普林尼写下了《博物志》，全书共 37 卷。据称，《博物志》囊括了当时所有的知识，还编入了动植物用法的药典。两栖动物和爬行动物在其中占有显著地位。古罗马人以及后来的中世纪甚至最近的人们，都十分依赖于普林尼的医疗指导。

因为蛙与水有关，而水又与清洁有关，所以长期以来人们都很欣赏蛙的治疗能力。普林尼的蛙疗法包括吃河蛙肉来解蛇毒和蝎子毒。要治疗由疥癣引起的脱发，就将三只蛙的骨灰混合蜂蜜后敷在脱发位置可以使头发再生。要治好咳嗽，就往树蛙嘴里吐口水。要止住鼻血，就用蝌蚪的骨灰塞住鼻孔。将蛙的脂肪抹到疼痛的耳朵里面可以减轻疼痛。用醋煮出来的蛙汁漱口，把煮过的蛙肝和蜂蜜混合敷在牙齿上，或者把整只蛙绑在下巴上，可以消除牙痛。将活蛙放在生病的关节上可缓解疼痛。在三条路交会的地方，用油炸出来的蛙脂擦身体可以退烧。蛙的骨灰或者干血可以用来止血，蛙肉可以活血化瘀。

普林尼主张把爬行动物应用于多种治疗方法。蛇的牙齿，作为护身符佩戴，可以减轻牙痛。更妙的是，每年用乌龟血漱口三次，你永远也不会牙痛了。要治好头痛，可以在头上洒一点浸泡过变色龙的酒。吃煮熟的乌龟蛋可以减轻胃痛。把从鳄鱼肚子里取出的石头[1]当护身符佩戴可以防止关节疼痛。想要治疣，就把脱落的蛇皮放在疣上，或者把蜥蜴的头或者血用在长疣的地方。晒干的蟒蛇脂可以用来愈合新鲜伤口，蝮蛇脂可以治疗烧伤。绿蜥蜴的骨灰或新鲜的龟胆可以淡化疤痕。把从活蜥蜴身上取下的右眼拴在人身上可以退烧。鳄鱼腹部的鹅卵石或鳄鱼脂肪可用于发烧的身体。要治白内障，就用鳄鱼胆和蜂蜜或者海龟胆汁、河龟血和牛奶的混合物涂抹眼睛。用乌龟胆汁或鳄鱼血滴眼睛可以提高视力，吸附在棉条中的鳄鱼粪是一种有效的避孕药。

底野迦（Theriac）是希腊人在公元 1 世纪配制的一种毒蛇酒，最初是作为毒蛇咬伤的解毒剂。"Theriac"一词来自古希腊语的"Theriakos"（涉及野生动物或有毒爬行动物）。普林尼对底野迦持怀疑态度，因为它含有的成分多达 60 种，而他发现这些成分的比例很荒谬。加入酒中的有草药、矿物、鸦片和动物血液，但最重要的成分是蛇肉。毒蛇（通常是巴勒斯坦彩锯鳞蝰，*Echis coloratus*）的全身或某些部位被煮熟或浸泡在酒中。每种成分都被认为与人体的特定部位和功能相对应，因此，底野迦反映了人体的

---

1 由于鳄鱼的牙齿没有咀嚼能力，鳄鱼会吞食一些小石块到胃里帮助磨碎食物。

生理学特征。尽管普林尼对此持怀疑态度，底野迦在古代世界却广受欢迎。从中世纪到18世纪，人们都认为底野迦能强身健体，使人焕发活力，是治疗包括瘟疫在内的所有疾病的灵丹妙药。这也许并非巧合，在自然界中，彩锯鳞蝰的毒液具有高活性抗凝血作用，在中世纪，放血疗法是治疗痤疮、肺结核等几乎所有疾病的标准医疗方法。

11.7 由于蛙与水的密切关系，它们与清洁和愈合关联起来。图为日本的河鹿蛙（*Buergeria buergeri*）

　　普林尼并不是中世纪晚期唯一的医学权威。波兰的尼古拉斯——一位生活在公元约1235年至1316年的多米尼加修士——敦促人们使用自然疗法。他提倡吃蝎子、蟾蜍、蜥蜴和蛇来治疗所有的疾病，因为这些动物具有非凡的优点。尼古拉斯修士还声称他的配方比医师推荐的药物更为有效。他认为这些生物越是污秽可憎，其药用价值就越高（想想现代医学中的相似之处：小时候，你就已经知道药效越强，味道越难吃）。

　　在过去的两千年中，欧洲很多流行的以欧洲两栖动物和爬行动物为基础的民间药方，都可以追溯到深受普林尼影响的古罗马医学。仔细看看蛙和不列颠群岛的情况。正如普林尼建议用往树蛙嘴里吐口水的方法来治疗咳嗽一样，英国乡村的人们相信，如果小孩子对着蛙的嘴咳嗽，蛙就会把咳嗽摄走。如果哮喘患者往蛙嘴里吹气或吐痰，哮喘就会转移给蛙。英国一种治疗百日咳的方法就是把一只幼蛙放进一个盒子里，绑在病人的脖子上。随着蛙因为饥饿而变得虚弱，咳嗽也会逐渐减弱，直到蛙死去，咳嗽消失。在英格兰约克郡，人们用九只蛙制成的汤治疗百日咳。普林尼提出的用蛙止血的方法在英格兰被人们沿用，人们会把蛙或者青蛙卵用在伤口上。蟾蜍曾被用来治疗早产和月经过多。在中世纪的英格兰，用醋浸泡过的蟾蜍干被置于人的前额或挂在脖子上以止住鼻血。普林尼建议把蛙用作治疗牙痛的药物，但爱尔兰科克郡的一个民间信仰主张，如果你对着活蛙咬上一口，你将永远不会牙痛。许多欧洲民间疗法被欧洲移民带到了新大陆，其中一些现在仍在使用。

据推测，许多以两栖动物和爬行动物为基础的欧洲民间疗法的基础是转移。疼痛、肿胀、高烧或其他疾病从患者身上转移到动物身上。例如，普林尼建议把切开的蛙放在大脚趾上治疗足痛风（大脚趾部位的痛风）。转移的概念在美国以蛙为基础的治疗方法中延续着，在那里，人们将活蟾蜍绑在疼痛的关节上以治疗风湿病。人们也会把无毒的蛇缠绕在甲状腺肿周围以摄走肿块。

在世界上的一些地区，以两栖动物和爬行动物为基础的疗法的使用率正在减少。然而，在其他

11.8 波兰的尼古拉斯建议人们吃蟾蜍。蟾蜍是"肮脏"的动物，能够治愈各种疾病。除了其他治疗方法外，尼古拉斯建议人们每天喝两次他的配方——将蛇和蟾蜍粉混合进酒中做成的合剂，以此打碎膀胱结石。他还提供用蟾蜍粉末制成的药丸来治疗心脏衰弱、眼睛疼痛和失眠

地方，人们仍然使用这些疗法，要么是因为它们带来了真正的药理学功效，要么是因为它们提供了心理上的安慰。我们相信是因为它们能让我们感到好转，它们能让我们感到好转是因为我们相信。这就是安慰剂效应的威力。快把干雪蛤膏、五蛇酒和炖蛙油拿来！

❖

  世界上大约有80%的人治病药方的主要来源都是传统药物。据估计，全世界有三分之一的人无法获得西药，只能依靠民间药物。许多人可以获得常规药物，但他们更喜欢使用民间药物，要么是因为他们买不起西药，要么是因为他们认为民间药物效果更好。此外，发达国家的人们对替代医学越来越感兴趣。据美国国立卫生研究院（NIH）估计，近40%的美国人使用的保健方法是在主流西医之外发展起来的。为应对替代药物日益增加的使用量，1998年，NIH成立了国立补充与替代医学中心（NCCAM），以调查补充与替代药物的有效性和安全性，并评估其在保健中的作用。每年那些被用于民间药物的动物种群都面临着越来越大的压力。

  那么，我们在传统药物中使用两栖动物和爬行动物对它们的未来意味着什么呢？罗慕洛·阿尔维斯（Rômulo Alves）和他的同事最近调查了两栖动物和爬行动物在全球民间医学中的使用情况，调查报告显示，在已被入药的284种爬行动物和47种两栖动物中，分别有182种（64%）和42种（89%）被列入了世界自然保护联盟（IUCN）濒危物种红色名录（IUCN的职责是评估物种灭绝的风险，并维护和提供全球物种保护状况的清单。濒危物种被列入"红色名录"，并分为"已灭绝""野外灭绝""极度濒危""濒危"或者"易危"等级别）。由于人们经常会根据他们认为的动物所具有的药用价值来选择食谱，因此，往往很难区分某种特定物种被用作食物和民间药物的负面影响。尽管如此，一些物种的减少与它们被用于民间药物有着直接的关系。

  墨西哥的响尾蛇就是一个例子，用它制成的胶囊含有响尾蛇的皮、肉和骨头粉末，被用于治疗包括癌症、心脏病、肾病、糖尿病、风湿病、皮疹和阳痿等在内的多种疾病。制备这些民间药物导致了对响尾蛇的需求，造成了一些地区种群数量的大幅下降，例如，萨卡特卡斯州的高原地区。巴西的一些蛇和东南亚的各种龟类也是如此。

  开发利用民间医药对个别物种的影响取决于很多因素，包括被利用的身体部位的性质和数量。采集动物全身、器官和组织显然比采集动物的分泌物对种群的影响更大，尽管后者会对动物造成压力。其他相关因素包括动物的生活习性，例如，成熟时间、寿命、生殖物候，还有后代的数量。小型个体往往被宠物贸易所青睐，而较大的个体则更受民间医药欢迎。对于繁殖潜力较低、生命周期长、成熟缓慢的物种来说，从野生种群中取走成体可能对种群的长期生存造成灾难性的后果。在捕猎季节，无论目标种群的数量是在增加、保持稳定还是在减少，同样会造成极大的影响。

以下是为保护动物免受过度滥捕的三个建议。每条建议都会带来相应的问题，我将会以龟类为例进行说明。

第一种保护动物的方法是通过国内和国际法律来限制贸易。然而，仅通过立法是不够的。必须加强这些法规的执行力度。需要为海关和野生动物工作者提供更好的培训和识别指南，他们通常更关心和了解鸟类和哺乳类动物。如果没有有效的执法，走私就显得有利可图。举个例子，一只金钱龟在黑市可以卖到2000美元。此外，人们还相信，用乌龟胸甲制成的制剂可以治疗癌症，这为非法活动提供了强有力的诱因。当然，有些人会故意唱反调争辩，严格的法律和有效的执行对敢于冒险的人更加有利，因为减少了来自那些没那么胆大、肆无忌惮的人的竞争。

圈养繁殖是减少野生种群压力的第二种方法。中华鳖的养殖在亚洲非常成功，仅2007年在中国就有1499个甲鱼养殖场。每年农场出售约3亿只圈养甲鱼，价值约为7.5亿美元。尽管养殖是为了减轻野生动物的压力，但中华鳖的养殖场并非如此。石海涛[1]和他的同事认为，利润丰厚的中华鳖养殖场是一个主要威胁，因为这些养殖场正是从野外捕获的野生鳖的主要买家。甲鱼养殖业是不可持续的。由于养殖的甲鱼连续几代后繁殖能力下降，养殖户需要不断地寻找野生种鳖，为养殖的甲鱼注入新鲜活力。

其他几个问题也与龟类养殖有关。首先，有一些中药制剂，客户更喜欢取材自野生龟，因为它们的药用价值被认为优于圈养繁殖的龟。其次，野生捕获动物的价格更高，因此一些供应商更喜欢经营野生龟类。再次，人们将非法采集的龟类当成饲养商品销售进行洗钱。最后，许多龟类养殖场位于非养殖物种天然生存的地区，这种情况会导致潜在的生态问题。当养殖的龟类逃跑时，它们可能会成为这个陌生生态系统中的主要捕食者或竞争者，还有可能会传播本地龟类从未接触过并且也抵抗不了的疾病。

第三种减轻野生动物种群压力的方法是，用草药或驯养动物制品来替代濒危动物。

1　Shi Haitao，音译。

一篇2000年发表在《野生动物保护》(*Pro Wildlife*)杂志上的文章引用了中医与哲学协会主席罗彦沃[1]的话:"药膏(龟苓膏)中最重要的成分是草药,而不是龟制品。草药很便宜,但是加上龟制品,它们的价格会更高。"在理论上,采用替代品在某些情况下可能有效,但会引发许多问题。一个是消费者可能更喜欢真品。如果几百年来你们的文化一直认为海龟的阴茎是最厉害的性激活剂,你们会接受牛鞭吗?不太可能。经研磨和煮沸制成的木香酒?恐怕没人会要。

推荐替代品的一个基本问题是,我们对用于民间药物的动物或动物某部位的化学成分知之甚少。例如,为什么巴西人要用花面蟾头龟(*Phrynops geoffroanus*)的脂肪,而不是其他龟类、蜥蜴或蛇的脂肪,来愈合新生婴儿的脐带?大概是因为花面蟾头龟的脂肪有某种特别之处,无论是真的还是想象出来的。如果不知道这些成分的化学构成和药理作用,替代品的选择可能是最佳猜测,甚至有可能是随机的。

另一个与替代品有关的问题是,一些用于民间药物的濒危物种得到保护可能正是因为它们具有药用价值。正如上一章所提到的,为了避免一个重要的种群灭绝,当地居民可能会采用可持续的方式捕猎动物并保护动物们的栖息地。如果牛肝可以被用来代替濒临灭绝的龟类的肝脏,保护龟类栖息地的动机没了,那么这种龟很可能就会走向某种形式的灭绝。

十五年前,南非的两位生态学家T. S. 西梅拉内和G. I. H. 克利提出,西方科学家只要肯离开他们的"文化舒适区",与当地人和传统治疗师密切合作,他们或许就能利用这种互动来实施保护战略。由于人们普遍尊重被认为具有药用价值的动物,生物学家应该能够获得当地人的支持,建立和维持保护区来管理这些物种。此外,传统的治疗师因为他们的知识和妙手回春的医术而受到当地人的尊重,他们若能了解可持续捕猎的重要性,在教育社区民众上,可是拥有着得天独厚的条件的。我们也就能够很好地接受南非所面临的挑战了。

最终,卫生保健从业人员和自然保护生物学家的共同目标应该是,支持对世界80%的人口至关重要的民间医学,同时避免野生动物灭绝。然而,这些目标引起了伦理方面的关注。如果没有证据表明某些疗法是有效的呢?从西方医学的角度上来看,我们不应该支持无效的民间医药,而应该提供有效的治疗方法。另一方面,从使用这些医疗手段的人们的角度上来看,安慰剂效应可能会提供某种程度的缓解。外来者干

---

1 Lo Yan-Wo,音译。

涉另一种文化的传统信仰是否合乎伦理呢?

处于某种文化之外的生物学家,是否有伦理权限要求人们放弃使用由濒危物种制成的传统药物(无论有效还是无效)? 这些可能是他们唯一可以获得、能够负担或者可接受的药物。依赖传统疗法的人们相信,他们有充分的权利使用祖先传授给他们的药物,包括与他们生活在同一片土地上的动物。与其要求完全停止开发利用,改为可持续地捕猎是否能提供一种解决方案? 不幸的是,在许多情况下,用于民间药物的濒危物种数量非常稀少,无法实现可持续的捕猎。那怎么办呢? 关于濒危物种的利用谁能做决定呢?

很明显,必须做出某些让步,没有一个正确的答案可以解决所有的问题。

12

一锅沸腾冒泡的地狱汤
巫术与魔法

"他们肯定盯上了阿黛尔,"她说,"她在街上走着,有什么东西一下子进入她的双眼里面。她痛得倒在地上尖叫起来。他们把她送到医院,但她已经瞎了。你知道他们做了什么?他们杀了一条蛇,让它在太阳底下腐烂,然后把蛇尸的粉末抛撒进别人的眼睛里。你会看见那人的眼睛里长出各种各样的小蛇,他们肯定也看见了。"

——罗伯特·塔伦特《新奥尔良的伏都教》

你有没有在丈夫身上撒过磨成粉末的蜥蜴来平息他的性欲,戴上装着一点凯门鳄皮的护身符项链,以防范恶魔之眼侵扰? 1969年至1970年,我作为一个年轻的研究生,在巴西贝伦时就对这些制品有所了解,那里的维罗佩索市场(Ver-o-Peso)将我带进了巫术和民间魔法的奇异世界,这些巫术和民间魔法可以被用来控制事件发展的状态,或者影响他人的行为或情绪。在弥漫着腐朽气味的氛围之中,头发灰白的妇人教我如何使用粉末和液体的混合物才能带来爱情、财运、幸福、健康和性满足。干瘪的亚马孙河海豚的眼睛、犰狳的尾巴、硬邦邦的鸟皮,还有水牛的牙齿能缓解和治疗疾病。但让我更感兴趣的是,两栖动物和爬行动物在民间魔法中所具有的突出地位。一位满脸笑容、牙齿掉光了的妇人,送给我一小瓶泡着一点点大蟒蛇碎末的玫瑰露。我摇了摇小瓶,它就变成了一个怪异的雪景球,里面的有机物质飞舞起来。摊主建议我把里面的东西倒进洗澡水里，就能获得它所保佑的幸福。

12.1 巴西贝伦的维罗佩索市场的粉末和液体混合物，保证能带来爱情、财运、幸福、健康和性满足。大蟒蛇在诸多民间魔术中占有很突出的地位

　　为什么两栖动物和爬行动物在维罗佩索市场中会如此突出，既可作为施展邪恶法术的神秘工具，又能成为丰富我们生活的强化剂？我的结论是，相互矛盾的应用方式反映了我们对这些动物的双重认知——我们爱它们也恨它们，欣赏它们也鄙视它们。但到底为什么要用它们呢？在本章中，我将会探讨两栖动物和爬行动物在民间魔法中所扮演的一些角色，包括"黑"和"白"两个方面。

　　哈，魔法有黑魔法和白魔法之分。这些术语会被用到各种各样的说法中，但是有一个很常用的区分方法，即我在这里要用到的区分方法——魔法能够帮助人也能够伤害人。一般来说，白魔法的施用是出于善意的，其效果具有建设性和积极性。实施魔法的方式不会对他人造成伤害，通常是合法且符合伦理道德的。与此相反，黑魔法是以恶意伤害他人的方式来实施，其效果具有破坏性并会产生负面效果。黑魔法所使用的方法通常是非法的、不道德的。用来施魔法的物体和物质本身既不好也不坏，这取决于它们被人使用的方式。因此，一种特定的动物可能被用于白魔法也可能被用于黑魔法。

民间魔法起作用的前提，通常是疾病是由恶魔导致的，通过邪恶的力量强加到病人体内。因此，一个拥有超自然力量的人——巫师、巫医、萨满或魔法师必须用反制法术来治疗疾病。在阿黛尔的案例中，正如塔伦特所讲述的那样，仇家将蛇尸粉末撒进她的眼睛对她施毒手。后来，一个巫师往阿黛尔的两只眼睛里各滴了15滴她特制的药水，这是一种用芥菜和从狗尾巴里弄出来的"汁"共煮而制成的混合物。不到30分钟，那些粉末从阿黛尔的眼睛里涌了出来，她又能看见东西了。

虽然我可能会把我从楼梯上摔下来这种事归因于粗心大意或者动作笨拙，但民间魔法的信徒们会问，为什么偏偏是我会踩空那级以前总能踩中的台阶？合乎逻辑的答案是，某种东西或某个人使我从楼梯上摔了下来。发生的事情可以是好的，也可以是坏的。如果有人做了邪恶的事，那么别人可以做一件好事或一件至少可以消除邪恶的事。通过让精灵或神灵介入，巫师或萨满可以操纵局势，以此拯救不幸的命运。除此以外，人类渴望能控制自己的命运，包括生与死。为此，人类做了各种各样的尝试，从进贡、祈祷、寻医问药，到召唤民间魔法。

你们有没有想过，在施了魔法或者咒语之后，却没有收到预期的结果，这时候人们怎么会相信民间魔法？布鲁斯·杰克逊在《美国民间医学》（*American Folk Medicine*）这本书里提出："如果我们假设这个世界上的事件是因果关系而不是随机联系，会怎样呢？如果我们假设这个世界能够感知到所发生的事件，其可控性大于偶然性，但尚未被神的计划完全限定，会怎样呢？如果是这样的话，唯一真正的问题就是如何去影响其中的各种运作过程。'已有经验'[1]（一系列的假设）认为，这个世界可能会受到好的或坏的影响，事件和人也都可能会受到显著影响。"因此，民间魔法的失败可以归咎于一个施术者的无能，或是有另一个更强大的巫师在做法事。当然，当事人可能会因为不相信或者没有正确遵循指示而被指犯了过失。负面结果本身并不能证明魔法是无效的。

受西非影响的新大陆魔法

每当人们想到民间魔法，"伏都"就会浮现在脑海中，随之会出现扎满了针的蜡像娃娃，还有动物献祭的景象。然而，"伏都"这个词本身并没有太多意义。不信教的人经常不加区别地用"伏都"来代指西非伏都教、海地伏都教和路易斯安那（美国）伏

---

1 原文为"*donnée*"，法语，已知数据，已知条件。

都教。西非伏都教是另外两种宗教的主要起源。海地伏都教和路易斯安那伏都教都融合了非洲文化的习俗、民间魔法和信仰，但两者之间存在差异。海地伏都教是一种国教，有至高无上的主神，其他神灵比较少。路易斯安那伏都教融合了西非的万物有灵论、天主教义和美洲原住民对神圣药草的使用方法，同时还强调了用以召唤和施法、保护和治疗的民间魔法和神秘用具。

12.2 伏都教使人联想到这样一些景象：和着野蛮粗犷的节奏，伴着群蛇，在熊熊燃烧的篝火旁跳舞；通灵；咒语、巫术和谋杀；熬煮着蛇和蛙的大锅在沸腾冒泡；性狂欢；被杀死献祭的公鸡、山羊、黑猫和狗；还有饮血行为

在路易斯安那伏都教中，巫师声称拥有魔法力量，可以施行法术招来疾病和厄运，使人精神错乱，或者杀人。为了对抗巫师带来的威胁与邪恶，人们可以求助于三种类型的施术者，他们有时在操作方式上会有共通之处。有些施术者使用草药和其他非处方药物。还有施术者是精神或信仰治疗者，他们相信他们拥有神赋予的力量，可以通过祈祷来治病，不需要使用药物。第三类施术者会提供可以藏在身上的魔粉、药剂、护身符、辟邪物和"格里斯−格里斯"[1]（咒术包）。

1　伏都教的一种护身符，通常是装有咒语纸条或魔法成分的小布包。

被用来施行白魔法的、好的"格里斯－格里斯"闻起来很香。例如，一个爱情"格里斯－格里斯"可能有爽身粉的香味。正如所料，用于黑魔法的、邪恶的"格里斯－格里斯"味道会很难闻，这正是两栖动物和爬行动物在其中发挥了作用。黑魔法"格里斯－格里斯"含有散发着邪恶的物质，例如，墓地的尘土、腐坏的指甲、狗粪、蛇的毒牙、鳄鱼牙、指甲屑、秃鹫骨头、死苍蝇、老鼠尾巴、蟾蜍干、蜥蜴、蛇皮和蛇骨。不用问都能明白，路易斯安那伏都教是如何看待两栖动物和爬行动物的！

12.3 邪恶的"格里斯－格里斯"通常包含两栖动物和爬行动物的碎块：蛇皮和尖牙、蟾蜍骨和鳄鱼牙

　　短吻鳄和蛇被认为是邪恶的，但除此之外它们又是可怕而又强大的。想象一下，在160年前，在路易斯安那州南部的一个甘蔗种植园里，工人被迫长时间在高温和潮湿的环境下劳作，累得筋疲力尽，然后第二天还要过同样的日子。而种植园邻近的沼泽和河口——一个生长着高耸的橡树和扭曲结节的柏树、上面覆满了寄生藤蔓的神秘世界——让人总想去争取可能的逃脱与自由。但那里却是令人望而生畏的禁地，到处爬

着有毒的棉口蛇和短吻鳄。然而，这些动物并非仅仅逗留在被不祥的氛围笼罩着的领地内。它们会溜进甘蔗地，在地里你必须时刻保持警惕，以免被它们杀死。如果对这些爬行动物的恐惧渗透到了你的生活之中，想象一下它们在"格里斯–格里斯"里产生的力量。

蛇参与路易斯安那伏都教的方式不只是作为幽灵和骨头被藏在"格里斯–格里斯"里面，它们还被尊崇为良知的守护者，这种信仰很可能植根于非洲的蟒蛇崇拜。玛丽·拉沃（Marie Laveau），19世纪中叶路易斯安那州著名的伏都教女祭司，十分信奉蛇的力量。天主教徒玛丽的父亲是一位白人种植园主，母亲是克里奥尔人，她养了一条名叫"僵尸"的蛇——很可能是一条大蟒蛇。她的追随者相信"僵尸"能给他们带来疾病或者健康、好运或者厄运、生或者死。玛丽每周举办一次聚会，以证明她拥有神秘力量。在这些周五晚上举行的聚会上，参与者们裸着身子跳舞，用朗姆酒把自己灌醉。玛丽的蛇爬到舞者们的腿上，玛丽也会把"僵尸"缠在肩膀上跳舞。狂野的舞蹈在性狂欢中达到高潮。

路易斯安那伏都教使用两栖动物和爬行动物的另一种主要方式是，施法者将蛇、蜥蜴和蛙导入人的身体里。对此，塔伦特提供了第一手资料。一位名叫科琳的妇女认为，她母亲死去是因为她体内的蛇已经长大，到了离开的时候。科琳觉得这并不是什么超自然的事情，只是一个邪恶的伏都医师把蛇蛋放进了她母亲的食物里面。还有不幸的劳拉阿姨，她的"脚底下有蛇。你可以看到它们在爬。某些伏都教教徒煮了很多蛇，趁劳拉阿姨睡觉时把粉末抹到了她的脚上。有时它们会沿着她的腿向上爬，进到她的肚子里，然后她就会吐出蜗牛。这真是太可怕了。要知道她死的时候——这是真事，你能听到有只蛙在她的肚子里呱呱地叫"。

另一种用蛇来杀人的伏都教巫术是把一条死掉的响尾蛇挂起来在太阳下晒干。把要杀之人的名字写在一张小纸片上，塞进蛇的嘴里。蛇在萎缩的时候，那个人也会萎缩。这种身体上的关联力量与传统疗法（见第11章）中关于转移的迷信是相同的。

另一个神奇的宗教信仰体系，现在仍然在拉丁美洲蓬勃发展，那就是桑特里亚教，其起源是在尼日利亚。四百多年前，奴隶贩子把很多约鲁巴人从尼日利亚带到了新大陆。约鲁巴人带来了他们充满活力的神话和宗教习俗。桑特里亚教结合了约鲁巴宗教的魔法仪式和天主教的传统，包括对圣徒的崇拜。桑特罗（桑特里亚教的祭司）用神奇的力量帮助委托人消除不良困扰、治愈疾病、吸引情人、控制不忠的伴侣、确保就业、增加财富、征服甚至摧毁对手和仇人。桑特罗可以解决每个人的问题。一般来说，他/她认为魔法没有善恶之分，那只不过是完成任务所需的一种能力——用以改善情况或者去解决用其他方法无法解决的问题。

在《桑特里亚教：拉丁美洲的非洲巫术》(*Santería: African Magic in Latin America*) 一书中，米根·冈兹莱兹－威普勒提供了一个典型的例子来说明，传统巫术和据称有效的巫术会使用"能毒害精神"的动物作为施法术、降灾祸和下诅咒的工具。这些动物包括"各种各样的爬行动物和有毒的昆虫，比如蝎子和蜈蚣、某些种类的蛙、所有猛禽、老鼠、鳄鱼、蜥蜴和蜘蛛"。一种桑特里亚法术用蛇来战胜仇人：把仇人的名字写在一张羊皮纸上，在蛇油里浸湿，再把纸片与你预先剪裁好的、恰好能放进鞋子里的蛇皮缝在一起，最后把缝好的蛇皮放在鞋子里，这样就可以将你仇人的名字永远踩在脚下。你从前的仇人将会像在地上爬行的蛇一样，匍匐在你脚下，软弱无力，颜面尽失。

更多侵入身体的案例

活的动物侵入人体的做法除了与伏都教有关之外，还与许多类型的黑魔法有关。据说这种巫术在世界上很多地方仍然存在，在那些地方，蛇、蜥蜴和青蛙起着突出的作用。在美国，对法术的信仰可能是通过非洲奴隶贸易，被带往新大陆的大量民间魔法载体的一种延续。非洲有着多种多样的两栖爬行动物，因此，这些动物在非裔美国人的民间信仰中占据着重要地位也就不足为奇了。从美国南部到智利，人们仍然相信巫师和女巫会将青蛙和蟾蜍导入人体内。这些动物被认为是引起包括癌性肿瘤在内的多种肿块的罪魁祸首。

青蛙、蝾螈、蛇和蜥蜴在人体内扭动的想法并不像看上去那么牵强，这种想法很可能是从人类体内的有害寄生虫联想而来的。例如，牛肉绦虫幼虫是通过食用不熟的汉堡包或牛排而感染的。绦虫在人体肠道内能长到20英尺（约6.1米）长。从表面上看来，它们又长又细的身体与蛇的体形没有太大差别。一条成年的牛肉绦虫每天会排出成百上千个卵节片，这些卵节片随粪便一起被排出人体外。它们看上去很像蛆，大多数人都会觉得很恶心。

我以个人名义保证，看到自己体内的寄生虫是件很恐怖的事情。那是我在哥斯达黎加时发生的一件事情：一条白蛆的头部从我手腕上的一道口子里伸出来上下摆动，我顿时觉得恶心，然后我认出那是一条马蝇幼虫。马蝇的生活周期始于受精的雌性马蝇——长得圆实、乌黑、毛茸茸的，捕捉到一只蚊子，并将它的受精卵附着在蚊子腹部。当蚊子落在人类（或其他动物）裸露的皮肤上时，体表的温度会促使受精卵孵化成细小的幼虫。这些幼虫会钻入宿主体内，以宿主体内的组织和液体为食，并构建出通气孔，通过这些孔，它们可以伸出有如潜水管的呼吸孔。50～60天后，幼虫成熟，离开宿主，掉落到地上并化为蛹。

人们不应该用镊子将马蝇幼虫拔出来，因为它会用小钩子钩住通气孔的侧壁。如果幼虫身体断裂，一部分留在人体内，它所在的地方很可能就会感染。我用胶带缠住手腕，断绝了幼虫的空气供应。几个小时后，胶带掉了，瞧哇！这条1英寸（约2.5厘米）长的幼虫从我手腕上伸了出来，喘着粗气，并立刻发现自己被泡进了一小瓶酒精里。如果无脊椎动物可以进出我们的身体，那么两栖动物和爬行动物有什么不能的呢？

魔法师如何将动物导入人体内？一种方法是用魔法将它们"射入"人体。一些人声称把装了蜥蜴的瓶子留在路上，这样一来，蜥蜴会跳进任何跨过瓶子的人的身体里面。19世纪晚期，在美国东部，一种将蝾螈导入人的肚子里的方法就是把一些"小地狗"（ground puppies，可能是钝口螈科的钝口螈）放进瓶子里，再将瓶子埋在仇人的门阶下。最终，小地狗会突然跳出，进入仇人的肚子。仇人会因此死去。据报道，世界各地的巫师都会将动物干制，研磨成粉末，然后将粉末悄悄弄进某人的食物、饮品或鞋子中，或者将动物粉末直接抛撒到某人身上。动物粉末一旦进入充满水分的人体里面，就会重组再生。

人们也相信两栖动物和爬行动物会自愿侵入人体。许多国家的人，包括日本、爱尔兰、英国、西班牙、匈牙利和美国，都认为这些动物会进到睡在地上的人的嘴里，特别是在水井和泉水附近。如果一个人在有水的地方附近看见蛇、蜥蜴、青蛙或者蝾螈，之后又得了水传播的疾病，那么当然，那动物肯定已经进入他/她的身体里了。饮用泉水是危险之举，因为泉水里面可能含有两栖动物和爬行动物的卵。

广为传播的信仰认为人体内的两栖动物和爬行动物会造成人体不适，这反映出人们对这两类动物的厌恶。人们会说肠道疼痛和饥饿痛苦就像体内有爬行动物啃咬似的。在中世纪的欧洲，人们猛灌牛奶，狂吃大蒜，以减轻由他们体内的蛇引起的疼痛（大蒜被证明是世界上最有效的天然抗生素之一，可以杀死细菌、蠕虫和其他肠道寄生虫）。有民间传说称，美国南部有一个孩子深受体内爬行动物的折磨，必须不停地吃东西，以免被这动物吞食体内的重要器官；而在苏格兰，一个孩子死去是因为他体内的蛇咬破并吸食了他的心脏。

那么，如何驱除体内的两栖动物和爬行动物呢？有些人使用草药催吐。美洲不同的原住民部落以及早期移民到美国东海岸的人们在患有肠道疾病时，会躺在泉水边或小溪边，他们相信自己体内的蜥蜴会爬出来喝水。有些人在此之前会吃很咸的食物，目的是让蜥蜴更口渴。

12世纪，威尔士的一位牧师和编年史家格拉尔德·坎伯尼斯，因其在爱尔兰旅行的经历提供出一种不寻常的解药。他宣称，当有毒的爬行动物被带到爱尔兰的时候，它们会因为当地空气中的"友善气氛"或土壤的一些"神秘属性"而死亡。他写道："事实上，爱尔兰的土壤非常敌视有毒的动物，只要在花园或者外国的任何其他地方撒上这儿的尘土，所有有毒的爬行动物就会立刻被赶得远远的。"坎伯尼斯建议喝下爱尔兰"清洁健康"的水来驱逐体内的蛇：

在我所处的时代中，这种事情也有发生，在英格兰北部边境，一条蛇在一个男孩熟睡的时候悄悄地爬进了他的嘴里，通过食道进入他的肚子。这条蛇却报复起这位在不知不觉中为它提供了住所的宿主，它啃咬和撕扯孩子的肠子，使他陷入痛不欲生的境地。然而，在饥饿感满足了之后，蛇才会让处在痛苦中的男孩享有片刻喘息的机会，但在此之前他一直痛苦不堪。男孩求助于英格兰各地的上帝圣徒神殿，在那些地方待了很长一段时间，但都是徒劳。最后，他得到了更好的建议，渡海去了爱尔兰。在那里，他喝了爱尔兰"清洁健康"的水，吃了一些那里的食物，于是，他那致命的敌人就死了，并通过肠道排了出来。后来，他恢复了健康，欣喜若狂地回到了自己的国家。

更多黑魔法的案例

巫师也通过其他途径用爬行动物施黑魔法。在美国，一些人相信，将干燥后的蜥蜴头研磨成细粉撒在人的头上会使之头痛。而更加邪恶的诅咒是，将同样的蜥蜴细粉撒在人身上会使之变得衰老憔悴。据称，喝下混入了蛇血的蜥蜴血不到两分钟，人就会倒在地上，无法言语。把磨细的蛇粉放在仇人家的台阶附近能使之癫狂。在亚洲南部和西部那些害怕壁虎并将其视为邪祟的地方，黑巫师们仍然使用它们配制魔药。在印度西北部的旁遮普地区、巴基斯坦西北部和阿富汗，魔法师们用壁虎的尾巴、皮肤和血液调制药剂来使仇人变得虚弱。据说将煮过的壁虎混入仇人的食物，会使人变得虚弱并且脱皮。在马拉维，把从蓝头鬣蜥（*Acanthocercus atricollis*）身上取来的毒素，由非洲树蛇（*Dispholidus typus*）、鼓腹咝蝰（*Bitis arietans*）的脑袋或者鳄鱼胆研磨而来的粉末，悄悄弄进要谋害之人的饮品或食物中，据称，对方食用后会立即毙命。

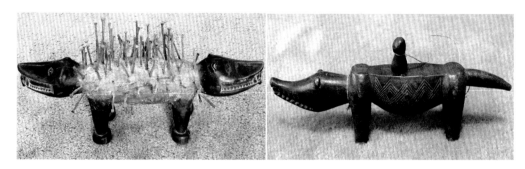

12.4 非洲扎伊尔用来施魔法的鳄鱼。左图：将血和其他"污秽"之物撒在这条双头鳄鱼身上之后，这尊物神可以被用来施咒或者保护自己免受诅咒伤害，这取决于想要施的魔法。此物出自扎伊尔的巴刚果人之手，长20英寸（约51厘米）。右图：扎伊尔巴库巴部落的鳄鱼占卜工具，被用作占卜者和自然精灵之间的媒介，以检测疾病的原因或揭露欺诈行为；长13英寸（约33厘米）。以上均为布奇和朱迪·布罗迪的藏品

　　在与斯里兰卡人交谈时，沃尔特·奥芬博格了解到一种信仰，认为泽巨蜥可以被人用来谋杀仇人。一个秘方是，刺伤一个人的手指，采集一点血液，将血液、人的头发与从泽巨蜥身上取来的油脂和肉混合在一起煮沸；把一滴调和物悄悄加入仇人的食物或饮品中，仇人喝完之后就能立即死亡。第二个秘方更加残忍，秘方指示要将一只死掉的泽巨蜥捆住一条后腿吊起来好几天。在它的尸体下面放一个碗，收集它腐败后滴下来的汁液和落下的腐肉。将一滴腐败的液体混入某人的食物中，他或她将会经历骇人听闻、缓慢而又痛苦的死亡过程。

　　另一种巫术形式，在中国南方沿用了几千年，如今仍有人用，只不过较为少见了，其中包含一种叫作蛊的毒物。传统上，这种毒物是将许多有毒的动物——通常是蜈蚣、蛇和蝎子——收集在一个密封的容器中制成的。这些动物被放在容器里，互为彼此的食物，直到只剩一只存活下来。然后从这仅存的毒物身上提取出毒素，该毒素为超级

剧毒，因为它包含所有被吃掉的毒物的毒素。这种有毒的蛊就被用来施巫术。有的女人被指控用它来激起男人的欲望，引诱他们沉湎于淫欲。据称，蛊术会让人产生幻觉、精神错乱、患上痛苦的疾病，甚至会使人缓慢而痛苦地死亡。据说中了蛊毒的人经常会有虚弱、嗜睡、慢性腹泻和腹胀等症状。

整个中国南方地区一度成为制蛊的交易中心。当然，随着蛊术的盛行，社会上必然需要解蛊之法。与顺势疗法的推理相似，磨成粉的动物蛊本身被认为是一种有效的解药。蛊术和解蛊之法的激烈斗争最终导致了公元598年皇帝出台禁止制蛊的法令，但这并未能阻止那些决意要施用蛊术或者要解除蛊术的人。

究竟是什么引起了所谓的中蛊毒的症状？ 2000多年前，中国已知最古老的辞典将蛊症定义为"腹内寄生虫感染"，著名学者、中医研究者傅海纳[1]生动地描述了蛊的文化脉络："蛊，简而言之，就是中国古代病理上极阴——生命的黑暗面的代表，是人类最可怕的噩梦。它代表着黑暗、腐烂、害虫蛀蚀、毒蛇、背叛、巫术、陷害谋杀，从医学的角度上来说，这是一种渐进的器官腐烂，伴随着难以承受的痛苦和精神错乱。"傅海纳认为，在中国古代，引起蛊症的最常见原因可能是血吸虫病（由寄生的扁虫，即血吸虫引起）和慢性的内阿米巴虫（寄生在人体内的变形虫）感染。在现在的免疫缺陷人群中，最可能的原因是由寄生蠕虫（体内寄生虫）、原生动物、真菌、螺旋体或病毒引起的疾病。

邪恶的蟾蜍

两栖动物和爬行动物与欧洲巫术有着密切的联系，威廉·莎士比亚在戏剧《麦克白》中强调了这种联系。17世纪初，莎士比亚写《麦克白》的时候，许多英国人，包括英国国王詹姆斯一世，都相信女巫。莎士比亚创造了一个令人毛骨悚然的场景，三个女巫凑在沸腾冒泡的大锅周围，大锅里装着两栖动物和爬行动物的眼睛、脚趾、舌头和腿。莎士比亚把这些动物作为巫药配料的事实，反映了同时代的人将它们视作邪恶之物的看法。

欧洲人认为女巫与魔鬼是串通一气的。他们之间订立了契约，女巫们得到魔鬼的直接协助去伤害人身和财物，把食物变得不可食用或者有毒，施以致命的咒语和诅咒，

1　Heiner Fruehauf，德国籍旅美学者，中医学家，致力于传统中药、方剂学和气功的国际合作研究。

使牲畜得病，使其他女人的丈夫性无能，还让邻居的牛不再产奶。许多关于女巫及其法力的信仰被带到了新大陆，这一点可以通过女巫搜捕事件得到证明，包括在马萨诸塞湾殖民地的塞勒姆村举行的那场臭名昭著的女巫审判。女巫被指控为引起疾病、作物歉收、婴儿死亡以及其他任何问题的罪魁祸首。她们甚至会与魔鬼性交。

人们相信女巫有魔宠，这是一种私人魔怪，可以保护施术者并协助其施行魔法和实施肮脏的行径。欧洲的女巫偏爱以蟾蜍作为魔宠，而事实上，"toading"（蟾蜍）源于古老的芬[1]地区的"tudding"一词，是施法术或表演巫术的同义词。蟾蜍魔宠陪伴女巫去参加魔宴，这是女巫的午夜聚会，她们在那里举行邪恶的仪式。据说，女巫身上有某种类似乳房的结构，蟾蜍魔宠可以从中吸血。欧洲女巫也最喜欢变成蟾蜍，这也许是因为蟾蜍不同于许多动物，没有尾巴。许多人相信，女巫在变形过程中将身体变成了另一种动物的形态，物以类聚。

12.5 蝾螈之眼青蛙趾/蝙蝠之毛犬之齿/蝮舌如叉蛇蜥刺/蜥蜴之足鸮之翼/炼为毒物惊神魂/地狱之釜沸成澜。——威廉·莎士比亚《麦克白》

长期以来，人们将蟾蜍与毒蘑菇（它们蹲过的蘑菇被称为毒蕈）、污物、疾病和瘟疫联系在一起。它们是怎么得到如此的坏名声的呢？蟾蜍通常生活在泥泞之中，但人们对它们的负面看法有部分来自它们布满疣体的皮肤和疣体内的毒素。蟾蜍在受到侵扰时，它的腮腺（位于头部，眼睛后面），有时还有布满体表的疣体会渗出乳白色的有毒分泌物——一种防御捕食者的有效方法。根据蟾蜍种类的差别，这些毒味道难闻，

1 Fen，古英语中所指的威尔士西南部的沼泽地带。

237

还可能会使攻击它们的捕食者感到不适或者死亡。

　　人类早就认识到蟾蜍皮肤既有疗愈之效也有毒性。民间信仰认为蟾蜍是飞行软膏的成分，将飞行软膏抹在扫帚上，就可以让女巫飞起来。据说女巫在她们的魔药中使用蟾蜍——活的、刚杀死的、干尸体、粪便和（或）血液。据称，她们还加入被谋杀的儿童和蝙蝠的血液、各种动物（包括儿童）的脂肪、挖出来的尸体骨头、经血，以及有毒的、致幻的植物，如天仙子、曼陀罗、嚏根草和颠茄。蟾蜍毒素和致幻植物一起使用，难怪女巫们会有狂野的骑乘和疯狂舞蹈的体验，或者说至少她们认为曾经有过这种经历。女巫和蟾蜍之间的紧密联系更夸大了人们对蟾蜍的负面看法，因为女巫们经常把各种坏事怪罪到她们的魔宠蟾蜍头上："这不是我的错，是蟾蜍干的。"

12.6 蟾蜍受到侵扰时，它的腮腺会渗出乳白色的分泌物，就如这只甘蔗蟾蜍。这种分泌物为蟾蜍提供了一种对抗捕食者的防御方式。人类已经知道如何将蟾蜍的分泌物用于民间法术和巫术

　　从近代早期的欧洲巫术（约1500—1800）到现代从非洲传到新大陆的巴西黑魔法，蟾蜍一直被认为能够造成极大的罪恶。在《鼓与烛》（*Drum and Candle*）一书中，戴维·圣克莱尔写到，巴西的施术者会将蟾蜍的腮腺分泌物干燥后配制药剂，有时将其

与黑亚混合，用以杀死仇人。如果你只是想诅咒，而不是杀人，那就用黑线把黑蟾蜍的嘴缝上。用长长的黑线系上蟾蜍的每个脚趾，把蟾蜍倒挂起来，就像一个倒转的降落伞，悬在浓烟滚滚的火上面。午夜时分，召唤恶魔，一边旋转蟾蜍一边念咒："污秽之蟾，借以恶魔之力，我向恶魔出卖身体而非灵魂，我恳求莫让（你仇人的名字）在世上再享受哪怕一个小时的幸福。让他的安康困在这只蟾蜍的嘴里。让他干枯而死吧。一旦我把魔鬼的名字念完三遍，立刻让此事发生在（你仇人的名字）的身上。撒旦！撒旦！撒旦！"第二天早上，把蟾蜍放入陶罐并用烛蜡封住盖子。

蟾蜍在巴西法术中还有其他用途。例如，圣克莱尔写到，如果有人怀疑妻子不忠，巴西法术可以揭示真相。把鸽子的心脏和蟾蜍制成干品，碾成细粉后，加入几滴玫瑰露，把得来的糊状物放进天鹅绒小袋子里。躺在你妻子的身旁，等她睡着后，把天鹅绒袋子放在她的枕头下面。十五分钟后，她将开始谈论她的爱情生活并透露她的秘密。当她停止说话时，把袋子拿走。如果袋子在她枕头下面放太久，会使她患上脑膜炎甚至死亡。不过，若她的秘密让你感到极度痛苦，就把袋子留在那里！（也许并非巧合，在美国，在妻子睡觉时将蟾蜍的舌头放在妻子的心口上也会让她泄露婚外情，见第8章。）

作为新大陆蟾蜍魔法的最后一个例子，接下来我们将来到海地。1962年春天，一名叫克莱尔维乌斯·纳西塞的男子走进了位于太子港的阿尔伯特·施韦策医院。他感到疼痛、发烧并且失去了方向感。他陷入昏迷两天之后，主治医师宣布他死亡。第二天，克莱尔维乌斯的家人将其下葬。十八年后，一个眼神迷茫的男子在一个繁忙的市场里蹒跚地走到克莱尔维乌斯的姐姐跟前，自称是克莱尔维乌斯。姐姐和很多村民立刻认出了他。他告诉他们自己被人从坟墓里挖了出来，毒打一顿，然后被拖到一个遥远的甘蔗种植园去当奴隶。克莱尔维乌斯是伏都魔法的受害者，变成了僵尸。两年后，种植园的僵尸主人被杀，克莱尔维乌斯和其他僵尸奴隶被疏散。接下来的十六年里，克莱尔维乌斯一直在四处流浪。

韦德·戴维斯着手相关调研时还是哈佛大学人类植物学的研究生。戴维斯于1982年前往海地，想采集一份僵尸粉样品做分析。经过长时间的交涉，一位名叫马塞尔·皮埃尔的巫师同意为戴维斯准备僵尸粉，作为交换，戴维斯要给他一大笔钱。戴维斯在《蛇与彩虹》（*The Serpent and the Rainbow*）中精彩地讲述了这个令人着迷的故事的经过。

准备工作从一处墓地开始，皮埃尔和其他几个人在那里挖出了一个木质棺材，里面装着一具刚死去的女婴的尸体，这是所需的第一种原料。三天后，海地人在烤架上烤焦了女婴的头盖骨碎片，还有两只闪着荧光的蓝蜥蜴的残骸和一只大蟾蜍（可能是一只甘蔗蟾蜍）干瘪的尸体。在被杀死前，这只蟾蜍与一条多毛蠕虫被放进一个密闭容器过了一夜。皮埃尔的助手向戴维斯解释，与蠕虫关在一起会惹怒蟾蜍，使其皮肤分泌大量的毒素。接下来是两种植物的叶子，最后是一条河豚。当烧焦的原料准备好要在研钵中碾碎时，腐蚀性的黄色烟雾从容器中冒了出来。

回到哈佛，技术人员剃掉小白鼠背上的毛，把粉末撒在它裸露的皮肤上。小白鼠陷入了昏迷状态。六小时后，从表面上来看，小白鼠已经死亡，不过心电图和脑电图依然显示有微弱的心跳和脑电波。与预期的一样，粉末中的主要活性成分是河豚毒素——河豚威力强大的神经毒素，但干制的蟾蜍皮可能增强了河豚毒素的毒性。蟾蜍皮中的两种活性成分——蟾毒色胺和蟾毒素，可以加强心肌的收缩力。

在海地，制造僵尸曾经是传统审判体系的一部分，用来惩罚违反社区规则的人。在克莱尔维乌斯骗去了家人的土地之后，他的兄弟签下了让他成为僵尸的契约。一位巫师给克莱尔维乌斯施用了僵尸粉，让他回家。克莱尔维乌斯很快就病倒入院，接着就"死掉了"，最后还被下了葬。巫师挖出克莱尔维乌斯的身体，给了他一种由曼陀罗花（*Datura stramonium*）制成的糊状物——一种强力的迷幻剂，也会致人失忆。克莱尔维乌斯知道发生了什么事情，但无法做出反应。巫师把克莱尔维乌斯带到甘蔗种植园，在那里，他和其他"僵尸"一起被强迫劳动。在种植园的两年时间里，克莱尔维乌斯被定期给予一定剂量的曼陀罗糊剂，使他保持一种僵尸般顺从的状态。种植园主死后，克莱尔维乌斯不再定期服用曼陀罗，他恢复了理智，由此成了第一位有据可查的"僵尸"。如今，把人变成僵尸在海地是非法的，会被当作蓄意谋杀。

白魔法和双重魔法中的两栖动物和爬行动物

这里大部分的讨论都集中在两栖动物和爬行动物被用于施展黑魔法方面，但这些动物也会被用以带来积极的变化。为了研究一下白魔法，让我们回到巴西，在那里，至少有20种爬行动物被用于法术（宗教）目的，并且人们还相信这些爬行动物的某些品质会被转移到人类使用者身上。温驯的棕色爬树蜥（*Uranoscodon superciliosus*）、黄腿象龟（*Chelonoidis denticulatus*）和红腿象龟（*Chelonoidis carbonarius*）制品可以使好斗者的情绪平静下来，或者平息被配偶背叛之人心中的愤怒。强大有力的巨蚺（*Boa constrictor*）的皮、脑袋、眼睛、牙齿、尾巴、泄殖腔、粪便和脂肪被人佩戴在脖子上，用以施行白魔法的咒语，吸引性伴侣，并防范恶魔之眼。南美响尾蛇（*Crotalus durissus*）的皮、尾巴、泄殖腔、响环和脂肪也被用于同样的目的。人们会把含有少量爬行动物身体部位的护身符装在小胡萝卜那么大的玻璃瓶里，或者粘到一片布或者皮革上，以招来桃花、好运和经济上的成功。这些爬行动物制品和制剂通常在户外市场出售，例如，贝伦的维罗佩索市场以及售卖宗教用品的商店。

考虑到许多人认为蟾蜍很丑陋，而且被广泛用在黑魔法中，因而在白魔法中用蟾蜍来获得爱情似乎令人惊讶。墨西哥维拉克鲁斯的治疗师用蟾蜍的腮腺分泌物制成爱情魔法药丸。将蟾蜍受到骚扰后分泌出的分泌物收集到一个小碗里，然后在火上加热，以消除或减少有害的影响。干燥后的分泌物会被固化并制成药丸。

在许多亚洲文化中，青蛙和蟾蜍与自然界的"阴"面相关联。因此，它们会带来幸福、健康、好运和繁荣，许多非亚洲人也有这样的信仰。世界各地的人们佩戴或携带着青蛙或蟾蜍护身符，在花园里放上青蛙或蟾蜍的雕像，并在家里摆设青蛙和蟾蜍的摆件，期望能引来好事降临。那么当然，我的幸福和舒适来自

12.7 在非洲，蟒蛇的头被用来抵御女巫的法术。在巴西，巨蚺的头也有相同的用途，这无疑反映了通过奴隶贸易被从非洲带往新大陆的民间魔法。两者都具有强大的力量。上图：安哥拉蟒（*Python anchietae*）在孵卵。下图：巨蚺

家里积了灰尘的二百多只青蛙和蟾蜍小雕像。

一些两栖动物和爬行动物既可以被同一位施术者用来施黑魔法，也可以用来施白魔法，这反映了这些动物力量的多样性。例如，巴西的桑特罗们依靠与青蛙关联的正邪法术施行转移之术。如果要用青蛙杀死仇人，就把写着仇人名字的纸片放进青蛙的嘴里，然后在蛙嘴里撒上盐。接下来，把仇人的一块手帕缝在青蛙的嘴上，把青蛙放在一个大颈瓶中让它等死。青蛙在瓶中死去时，仇人也会死去。桑特罗们还利用青蛙帮助委托人得到丈夫或妻子。在这种形式的桑特里亚法术中，用红丝带和黑丝带把意中人的一件私人物品系在青蛙的肚子上，再把青蛙放进扎了孔的纸板箱里。这样一来，那个人的守护天使就会受到召唤，来要求那个人立即结婚。施法对象就会满脑子想着要与对他（她）施法的人结婚。

另一个例子来自西非的达荷美人，他们很久以前就用青蛙来治疗天花或者让仇人感染天花。为了治疗天花，需要在一只干制的小青蛙嘴里放上一根针和一根小棍，然后把青蛙装进一只短袜里，需要时就取出小棍放入冷水中。如果天花患者随后用这冷水清洗身体，就会得到治愈。如果目的是要施黑魔法，那么还是将针和小棍放进干青蛙口中，用天花患者的水痘渗出的液体来浸泡干青蛙。如果用青蛙嘴里的那根针去戳它并把某个人的名字说上四次，那个人就会染上天花。

我们对两栖动物和爬行动物的观念非黑也非白，而是黑、白、灰各种程度皆而有之。任何给定的动物都可能让人产生积极、消极和中性的感觉。回想一下那些两栖动物和爬行动物在其中充当建设者和破坏者的创世故事。蛙和蛇代表重生，代表第二次机会，然而我们的很多变形故事都把它们描绘成肮脏和邪恶的存在。因此，同样地，我们会因为两栖动物和爬行动物具有通过白魔法带来爱、幸福或好运的能力而尊重它们，也会因其可被用于施行邪恶法术和其他形式的黑魔法而重视它们。

在一篇题为《迷人的青蛙》（*The Compelling Frog*）的文章中，威廉·恩姆博登指出，民间传说将各种蟾蜍的故事联系起来的一个因素就是它们的力量。它们能够"占卜、作恶，还能预示着好兆头"。恩姆博登认为，这种正面和负面的结合在萨满教的意义上并不矛盾。蟾蜍只是反映出所有事物的基本状态：好与坏的结合。以萨满教的方

12.8 与蝙蝠和蜘蛛一样，两栖动物和爬行动物也被视为"不怀好意"的动物，因其可被用于施行邪恶法术和其他形式的黑魔法而备受重视。左上：牙买加果蝠（*Artibeus jamaicensis*）。右上：狼蛛（*Lycosidae*）及其幼体。左中：甘蔗蟾蜍。右中：棕色水蛇（*Nerodia taxispilota*）。左下：沼泽鳄（*Crocodylus palustris*）。右下：蓝头鬣蜥

243

式来看待世界的话，每种存在都有对立的方面：正与负的能量，给予与接受，创造与毁灭。萨满就是要努力去平衡这些对立面。恩姆博登的评论是专门针对蟾蜍的，但是如果我们扩大范围，以萨满教的方式去解释人类对两栖动物和爬行动物的看法，那么明显存在的矛盾就消失了。我们认为这些动物既是好的又是坏的，这是因为在萨满教的理解中（以及在许多其他精神和哲学信仰体系中），我们认为所有的动物，包括我们自己，都有可取的和不可取的方面。

回想一下我在维罗佩索市场闲逛的那些日子所考虑的问题：为什么两栖动物和爬行动物会如此突出，既可作为施展邪恶法术的神秘工具，又能成为丰富我们生活的强化剂？我仍然相信对立的角色体现了人类对这些动物善与恶的双重认知。但除此之外，我认为它们被广泛使用并不是因为它们本身的善或恶，而是因为它们那种人尽皆知的力量。通过民间魔法，我们试图获得这种力量，并利用它来扩展我们的正常能力，去控制他人、惩罚他人、寻求报复、治愈疾病、确保幸福与财富，并为了自身的利益去操纵环境和命运。

13

那些吸吮癞蛤蟆的人怎么了
我们利用两栖和爬行动物的其他方式

那些吸吮癞蛤蟆的人怎么了？难道他们是傻瓜，坐在那儿吸食绿绿的蟾蜍蛙？

——梅森·威廉姆斯《他们是吸吮癞蛤蟆的人》

20世纪70年代初，我在厄瓜多尔亚马孙地区的泥泞小路上寻找青蛙，梅森·威廉姆斯的歌《他们是吸吮癞蛤蟆的人》在我的脑海中跳动："吸吮它们一坨坨，吸吮它们蹦蹦跳，吸吮它们似吸泵。"吸食癞蛤蟆的那种景象，十分怪异滑稽，让我笑了起来。我天真地以为这就是歌曲的重点。当时我不知道这些歌词指的是舔舐蟾蜍自嗨的反主流文化吸毒者。现在我很怀疑，公主亲吻癞蛤蟆是不是有另外的原因了……

前面三章通过讲述两栖动物和爬行动物在增强性功能、民间医学和巫术方面的应用，探讨了我们在效用维度方面对它们的看法。我们还以很多其他的方式应用它们，比我在本书有限的篇幅中能描述的要多得多。在本章中，我将重点介绍它们在文学、美术、音乐、舞蹈、哲学、灵修、宗教、现代医学中所发挥的作用，以及作为食品和宠物所扮演的角色。不过，首先我将讲述一些我们利用这些动物的神秘方法。

请把本章想象成一张百纳被，一块用不同织物拼成的布料，代表着人类将两栖动物和爬行动物融入生活的方式。布料的颜色、形状和纹理提供了一场视觉盛宴，反映着人类的各种观念。红色灯芯绒八角形那块代表响尾蛇的毒液被用来给箭头上毒，并

13.1 那些吸吮癞蛤蟆的人怎么了

13.2 在冲绳岛那霸市出售的用爬行动物的皮、壳，还有整个蟾蜍制成的物品。左上：用玳瑁壳（玳瑁海龟的盾片）制成的梳子。右上：上了漆的海龟壳。左下：带有蛇皮音箱的三味线（三弦乐器）。右下：用干蟾蜍制成的钱包

显示出人类对蛇之能量的钦佩。淡蓝色椭圆形那块天鹅绒代表了模拟青蛙叫声的管弦乐器，呈现出人类与这些夜间游吟的动物之间的联系。来，发挥一下你的想象力，把这百纳被的其余部分拼接起来。

秘方

被用作致幻剂的蟾蜍

"那些吸吮癞蛤蟆的人怎么了？"科罗拉多河蟾蜍（*Incilius alvarius*）见于美国西南部和墨西哥北部，体长7.5英寸（约19厘米），其腮腺分泌物含有许多药理活性化合物。其中之一是精神活性药物5－甲氧基二甲基色胺，是强效的天然致幻剂中的一种。吸毒成瘾的人们发现舔舐这些蟾蜍会产生强烈逼真的幻觉。然而，这种做法很危险，因为蟾蜍分泌物中还含有一种剧毒——蟾毒色胺。舔食太多会导致心悸、脑损伤甚至死亡。目前在美国和澳大利亚，舔舐蟾蜍都是违法的。现在的说法是，别去舔蟾蜍，把它们当烟抽好了。经过改进的新方法需要将这种分泌物加热、干燥，因为加热似乎可以分解毒素，同时保留致幻的化合物。科罗拉多河蟾蜍是已知的唯一一种含有精神活性化合物的蟾蜍，也有人舔过另一种大型蟾蜍，也就是不含5－甲氧基二甲基色胺的甘蔗蟾蜍，但舔过之后人却死了。

反主流文化的吸毒者可能不是唯一喜欢蟾蜍分泌物的人。据人类学家和民族药理学家推测，古代中美洲文化在宗教仪式中把蟾蜍分泌物用作麻醉剂和致幻剂。人们在墨西哥和中美洲那些可以追溯到1000多年前的仪式现场，发现了蟾蜍皮、蟾蜍形状的碗和其他画着腮腺非常突出的蟾蜍图案的器物。前哥伦布时期的人们使用的蟾蜍可能就是科罗拉多河蟾蜍。尽管该物种仅出现在墨西哥锡那罗亚州西北部的最南端，但四处延伸的贸易线路将墨西哥与中美洲的大部分地区连接了起来，商人可能贩运过干制的蟾蜍分泌物或蟾蜍。

13.3 科罗拉多河蟾蜍的分泌物含有精神活性药物5－甲氧基二甲基色胺。瘾君子过去常常舔舐这些蟾蜍以获得快感，但现在的说法是，最好先将分泌物加热，使其变干，然后吸食。这种吸食方法降低了大脑受损的风险

武器增效物：蛙与蛇

美国自然历史博物馆的查尔斯·W.（查克）迈尔斯博士长期研究毒蛙（箭毒蛙科）及其皮肤腺体中的毒素。几十年前，查克告诉我，他用一种快速却不完善的野外调查方法来推测不同品种的蛙皮肤毒素性质的差异，方法就是让蛙在他的舌头上爬上几秒钟。舌头上随之而来的刺痛感的强度大致相当于蛙毒的强度。有一回，在这样折腾完了之后，查克的嘴完全麻木了。麻木持续了几个小时，其间查克很怀疑自己的嘴是否还能恢复过来。幸好，在查克和同事们在哥伦比亚西部发现毒性最强的蛙——金毒蛙之前，他终止了这项野外试验。1978年，他们将这种蛙命名为金色箭毒蛙（*Phyllobates terribilis*）：全身呈明亮的金黄色、橙色或浅金绿色，毒性非常强，一只蛙身上少量的毒素通过伤口进入血液，就能杀死一个人。一只金色箭毒蛙含有的毒素，足以杀死大约2万只老鼠或者至少10个人。

哥伦比亚西部的乔科族印第安人使用三种箭毒蛙来给狩猎用的吹箭上毒，狩猎对象包括鹿、熊和美洲豹。两种体形较小的蛙——黑腿箭毒蛙（*Phyllobates bicolor*）和绿

画眉箭毒蛙（*Phyllobates aurotaenia*），体长不到 1.6 英寸（约 41 毫米）；金色箭毒蛙体长可达 1.9 英寸（约 48 毫米），比其他两种蛙长了约 19%。这些蛙含有烈性的甾体生物碱，可以阻断神经脉冲的传递，并可能导致吃掉它们的捕食者或者不幸被毒箭射中的受害者心力衰竭。

使用任何一种小体形箭毒蛙时，制吹箭的人会将一只蛙穿在棍子上，将箭头沿着蛙的皮肤滚动。有时他会把黏糊糊的箭毒蛙放在火旁边，以加快其皮肤腺体释放毒素的速度。而与此不同的是，制箭人用金色箭毒蛙毒液准备吹箭时，会用两片芭蕉叶夹住蛙（为了保护自己的手），再用一根棍子把蛙压住，然后简单地沿着蛙背摩擦箭尖。金色箭毒蛙不需要折腾就能分泌毒素。它的毒性至少是其他两种箭毒蛙的 20 倍。给几支吹箭上过毒之后，制箭人就会放走蛙。

13.4 一只金色箭毒蛙含有的毒素，足以杀死至少 10 个人。哥伦比亚西部的乔科族印第安人用金色箭毒蛙的分泌物来给狩猎时使用的吹箭上毒

16 世纪，生活在哥伦比亚西部，现已灭绝的帕塔戈罗印第安人，为他们的箭制造出一种不同类型的毒素。根据保罗·基尔霍夫的观点和《南美洲印第安人手册》（*Handbook of South American Indians*）中的描述，那些厌倦了生活的老妇人会备下毒药，

据说她们经常死于有毒烟雾。她们把蛇、红蚂蚁、蝎子和蜘蛛扔进一个大罐子里，如果能找来的话，还会加上经血和男人的睾丸。老妇人们用棍子击打捕获的蛙，使它们分泌出有毒的分泌物，再把分泌物加到罐子里。

在希腊神话中，赫拉克勒斯杀死了有如巨蛇的海德拉之后，他把箭浸入海德拉的毒血中并用它们杀死了半人马。在现实生活中，浸泡过蛇毒的长矛和箭成了令人恐惧的生物武器。公元前326年，亚历山大大帝在征服印度的过程中损失了很多战士，他们是被敌方沾了山蝰（*Daboia russelii*）毒液的箭杀死的。据说，印度的山地部落成员会用眼镜蛇毒液给长矛和箭上毒，而鞑靼人也会用蝰蛇毒液给长矛和箭上毒。公元5世纪，西亚的斯基泰弓箭手用人血、蝰蛇毒液和动物粪便的腐败混合物给箭上毒。

很多北美洲原住民用响尾蛇毒液给作战用的箭头上毒。有些民族，例如，肖肖尼人和内兹佩尔塞人，会直接将毒液涂在箭头上。其他民族，例如，阿楚格维人和克拉马斯人，调制了一种更复杂的毒药。他们将一头鹿杀死，取出它的肝脏，然后引诱一条或多条响尾蛇去咬鹿肝，再将注入了蛇毒的鹿肝掩埋，并任其腐烂。用一头鹿的肝脏就可以制造出数百支毒箭。病原菌无疑能够通过使人患上败血症而增强毒液的毒力。

蛇作为武器

我第一次看见蛇是在四岁的时候，当时，我在跟大我两岁的邻家小坏蛋布奇一起在阿迪朗达克森林玩。他抓住我的胳膊，将我转过身面对着他。"啊哈哈哈。"他一边叫喊一边把一条带有条纹的小蛇往我脸上戳。他本来打算把那条蛇当作让我难受的武器——小男孩想要把小女孩吓个半死，给她留下一个深刻的印象。他这样做没有起到一点作用。我被这条没有腿的动物迷住了，它的叉形舌头朝我弹来弹去。我和布奇成了好朋友，从此我就喜欢上了蛇。

布奇把蛇当作武器的做法并非原创。从古至今，蛇一直是折磨、谋杀、自杀和处决的工具。在古埃及，政治犯被处以蛇咬极刑，以此代替其他形式的酷刑。弑父弑母一直被认为是一种令人发指的罪行。古罗马人误以为毒蛇的幼体在出生时杀死了它们的母亲。因此，古罗马人以牙还牙，惩罚弑父弑母的人时，就把凶手和活生生的蝰蛇装进一个袋子里绑紧，然后沉入水中。据说印加人用响尾蛇折磨俘虏。1964年和1965年的夏天，美国密西西比州的民权运动工作者在车里发现了棉口蛇，这是在警告这些工作者，他们并不受欢迎。

也许最著名的以蛇为武器的故事是克利奥帕特拉七世[1]的自杀。在与屋大维军队的战斗中失败后，马克·安东尼以为爱人克利奥帕特拉已经死去，于是便自杀了。被囚禁的克利奥帕特拉心乱如麻，随后也自杀了。有关她自杀的一个通俗说法是在公元前30年8月12日，克利奥帕特拉诱使一条北非毒蛇——可能是埃及眼镜蛇（*Naja haje*）或者角蝰（角蝰属），但不会是任何欧洲毒蛇或蝰蛇（蝰属）——咬她。有人说蛇咬的是她的胳膊，也有人说是她的乳房。据说，她是在昏迷中安详地离去的。（另一种推测是，克利奥帕特拉死于喝下混合了毒芹、鸦片和狼毒的毒药。）

毒蛇被用作军事武器时，可以通过弹弓射向敌人，或者释放到敌人的营地。汉尼拔[2]是历史上最伟大的军事指挥官之一，他用毒蛇赢得了一场用普通军事战术无法赢得的战役。公元前190年，汉尼拔向帕加马国王欧迈尼斯进攻。汉尼拔知道对方船上的人数远远超过己方，就下令收集毒蛇并装进陶罐里。他和他的部下把装满蛇的罐子弹射到国王的船上。起初，敌方还嘲笑这种粗糙的陶制"武器"，当意识到船上已爬满毒蛇时，就惊慌失措地撤退了。更近的例子发生在20世纪60年代越南战争期间，毒蛇被用作活饵陷阱，放在地下掩体中或小路边。在新德里、印度和新泽西州卡姆登等地，有人遭到抢劫时曾被人用蛇指着。看来，戳向受害者脸上的蛇是件非常有威慑力的武器！布奇只是没有明智地选择武器。束带蛇并不可怕，至少对于一个四岁的孩子来说是这样。

蛇作为安保系统

就像在民间传说中蛇会守护宝藏一样，它们在现实生活中也能够保护财产。我在佛罗里达大学的一名研究生在他的前门挂了一个大牌子：小心蟒蛇。从未有人闯入过他在学生居住区的家，尽管他邻居家曾被人闯入过。狡猾的毒品走私者将经过防水包装的毒品放入响尾蛇、亚洲毒蛇和其他蛇的笼子里，希望能吓走缉毒人员。但这并不总能奏效。1993年6月，迈阿密国际机场一位对蛇十分精通的海关官员注意到一条活蟒蛇的身体有一块不自然的凸起，于是对这条蛇进行了X光检查。在凸起物被证实是

---

1 古埃及最后的女王。

2 北非古国迦太基统帅、行政官。历史上在军事及外交活动上有突出表现，直至当代仍是许多军事学家研究的重要军事战略家之一，被誉为"战略之父"。

装满了可卡因的安全套之后，缉毒人员检查了其余的蛇类货物，发现有36千克可卡因被装在安全套内，塞进了312条活蟒蛇体内。

塔皮拉奇

几个世纪以来，南美洲不同民族的原住居民通过一种叫"塔皮拉奇"（tapirage）的处理工序改变了鹦鹉羽毛的颜色。黄色、橙色和红色羽毛在羽毛艺术品中尤其珍贵。人们拔掉驯养的鹦鹉翅膀上绿色的大羽和尾羽，把植物染料、乌龟脂肪或者蛙类（特别是箭毒蛙）的血液或皮肤分泌物填入鹦鹉细小的毛孔中，再涂上蜡。羽毛会重新长出来，并呈现出艳丽的黄色、橙色或红色。

1848年至1850年间，阿尔弗雷德·拉塞尔·华莱士与博物学家朋友亨利·沃尔特·贝茨一道探索了亚马孙河流域。在一次探险中，两位博物学家和两名印度随从划船沿着沃佩斯河而行。他们在贾瓦里特度过了一个星期，观看了一场传统的舞蹈，表演舞蹈的男子戴着由金刚鹦鹉羽毛制成的贵重头饰。华莱士在《亚马孙和内格罗河考察记事》（*A Narrative of Travels on the Amazon and Rio Negro*）中描述了这种头饰和印第安人的羽毛变色术：

（头饰）由红色和黄色的羽毛组成一顶羽冠，羽毛被规则地排列起来，并牢牢地固定在一条结实的编织或编结而成的带子上。羽毛全部来自大红金刚鹦鹉的肩部，但并不是这种鸟天生的羽毛，因为印第安人有一种奇特的技艺，通过这种技艺他们可以改变许多鸟羽毛的颜色。

他们把想要变色的那些羽毛都拔出来，在新伤口上敷上一种小青蛙或蟾蜍皮肤上的乳状分泌物。当羽毛再次长出来的时候，它们就会呈现出鲜艳夺目的黄色或橙色，不掺杂一丝蓝色或者绿色，就好像是这只鸟天生的一样。当新羽毛又一次被拔掉时，据说，总能再次长出相同颜色的羽毛，不需要任何新的处理。羽毛可以重新长成但过程十分缓慢，制作一顶羽冠要用大量的羽毛，所以我们应该明白羽冠的主人为什么那么珍视它，只有在不得已的情况下才会放弃它。

蛙汁

最近发生的一件丑闻，威胁到美国价值数十亿美元的赛马业，它涉及了蛙类的分泌物。当原本速度不佳的赛马开始赢得比赛时，人们便开始怀疑了。2012年春天，一家实验室破解了一种被认为可以提高比赛成绩的新型药物。在30多匹马身上检测到了皮啡肽，它是由蜡白猴树蛙的皮肤分泌物制成的。少数几个驯马师给赛马静脉注射了皮啡肽，通俗地说就是"蛙汁"。蛙汁的效果是吗啡的100倍，这可使赛马在受了重伤的情况下仍能以最快的速度奔跑。皮啡肽也像眼镜蛇毒、伟哥以及赛马中发现的其他违禁物质一样成了违禁药。

13.5 蜡白猴树蛙的分泌物被用于制作皮啡肽，这是一种非法注射到赛马体内的药物

2013年春天，人们开始担心从美国运往欧洲的马肉中会不会含有皮啡肽。每年，美国有超过10万匹马被屠宰并销往欧洲市场。美国在屠宰马匹时不需要提供兽药残留记录，但欧盟禁止将药物用于人类食用的动物身上。这里面存在着一个监管问题，还有消费者本身的问题。尽管许多意大利人、瑞士人、法国人和其他欧洲人爱吃马肉，但是他们更愿意吃不含蛙汁的马肉，现在他们害怕吃到这种"美味"。其他欧洲人根本不喜欢吃马肉，更不会吃含有蛙汁的马肉。当从标着含有牛肉成分的汉堡、肉丸和冷

冻千层面的样本中发现马的DNA时，警铃拉响了，杂货店里的这些产品都被下架了。

弄蛇术

赛利是北非的一个蛇部落，他们是世界上最著名的弄蛇人，早在公元前1500年就开始买卖毒液和解毒剂。他们因对蛇具有天然免疫力而闻名，这可能是由于他们经常被毒蛇咬导致的。公元12世纪，赛利人将蛇挂满全身翩翩起舞。据说，他们会口泛白沫，用牙齿将蛇撕扯开。观众会去触摸舞者，希望能获取一些魔力。这种传统一直延续到18世纪。

在传统的弄蛇艺术中——尤其是印度、埃及和巴基斯坦的弄蛇术中，弄蛇人掀开装着蛇的芦苇篮或陶罐的盖子，用由木笛或葫芦制成的长笛形乐器吹奏音乐。蛇慢慢从篮子或罐子里伸出来，与人一起左摇右摆，好像被催眠了一样。蛇听不见音乐，它只不过是跟随着人的动作，它认为这是一种威胁。

弄蛇人普遍使用眼镜蛇，因为它们体形庞大、危险，并且撑起身体展开颈部皮褶的样子令人敬畏。带有醒目眼斑的印度眼镜蛇往往是首选。眼镜蛇对视觉信号的反应比其他大多数毒蛇都要强烈，它们会摆动上半身来回应弄蛇人。因为眼镜蛇发起攻击相对缓慢，弄蛇人通常都能够避开。

在缅甸的部分地区，年轻的女性会耍弄刚刚捕获的眼镜王蛇，这是世界上体形最大的毒蛇；一些被耍的蛇长达10英尺（约3米）。弄蛇庆典结合了娱乐表演和宗教仪式。为了把表演推向高潮，第二个女人可能会从眼镜蛇后面接近它，在蛇竖起身体准备攻击对面的弄蛇人的时候，在它的头顶上吻三次。尽管这种效果很刺激，但参与表演的女人应该是安全的，因为接吻模仿了眼镜蛇的行为。雄性眼镜王蛇会试图通过互相触碰头部建立支配地位。当一条蛇接触成功之后，另一条就会伏下退缩。当被人吻到头部时，这条眼镜蛇应该会将这种触碰视为一种支配行为。

文学、美术、音乐和舞蹈

两栖动物和爬行动物在人类的创作活动中起着突出的作用。下面分几个方面来举例说明。18世纪的博物学家对两栖动物和爬行动物进行了生动的描写，寥寥数语就传达出这些动物的本质。1789年，吉尔伯特·怀特[1]描述了他的宠物乌龟："当人们看到这种奇特生物的生存状态时，会惊异于上天竟赋予爬行动物如此丰足的日子，简直是在糟蹋长寿的生命，这种爬行动物看起来并未尽情享受这份恩赐，却把它一生超过三分之二的时间浪费在毫无乐趣的愚蠢生活中，在深度睡眠里毫无知觉地度过好几个月。"1791年，威廉·巴特拉姆[2]在谈到美国短吻鳄时说："它巨大的身体膨胀起来。它起褶的尾巴高高挥起，漂浮在湖面上。水像瀑布般从它张开的下颚倾泻而下。一团团水雾从它扩张的鼻孔冒出。大地因它的怒吼而颤抖。"

文字可以为实现目标提供一种理想的手段，阿尔奇·卡尔充分利用文字来鼓励人们关心海龟。我怀疑这一切始于那一天——小阿尔奇躺在一个温暖的船坞上昏昏欲睡，等待着鱼儿上钩。一只巨大的蠵龟游到小阿尔奇的脸旁边，它的头从水里伸了出来，张开嘴，大声地叹息。小阿尔奇清醒过来，在那个神奇的时刻，他躺在那里，深深地凝视着这只龟的眼睛。这个时刻也许唤醒了阿尔奇的内心与灵魂，引发了他对龟类未来命运长达一生的关注，燃起了他与其他人分享对龟类欣赏之情的渴望。

在阿尔奇那本《龟类手册》（*Handbook of Turtles*）的导言中可见其优美动人的文字，在这段文字里他描述了龟类的进化：

二叠纪结束了，龟类见证了爬行动物主要种群的进化历程，在一亿年的时间里，世上最戏剧化的演出在轮番上演——神奇的祖龙经历了兴起、繁盛再到令人费解的衰落。在这个过程中，龟类一直稳稳地处于保守状态，尽管有些种类进入了海洋，因为想要获得更好的浮力而牺牲了部分心爱的龟壳……它们总是坚守它们的基本结构，而其他种系则尝试与拓展了上千种似是而非的进化蓝图，到最后还是以放弃收场。

到了新生代，伴随着持续的干旱，龟类加入了沼泽和森林动物的大逃亡，来到了干草原和大草原，它们再次见证，哺乳动物的进化到了疯狂的程度，像极了辉煌时代的恐龙，这些温血动物成群结队，浩浩荡荡地穿过草原地带。龟类跟随着它们，成了现在的陆龟，有着高高隆起的壳以及形如象腿的脚，却总是尽可能少地因为新的环境而让步。时至今日，它们的形态结构和生活哲学，早已历经多次纪元的更迭而得到证

1　吉尔伯特·怀特（Gilbert White，1720—1793），是一位开拓性的英国博物学家和鸟类学家。

2　威廉·巴特拉姆（William Bartram，1739—1823），美国游记作家、自然学家、植物学家、画家。

明，难怪它们只是一直在旁观，旁观始祖马生息繁衍直到生下了"战神"[1]，还有一群不负责任的、目光狡诈的小鼩鼱，从树上蜂拥而下，去打制石器，围着火堆闹腾，后来还造出了原子弹。

两栖动物和爬行动物经常出现在小说中。它们在一些备受人喜爱的儿童读物中扮演了重要角色。例如，《杰里米·费希尔先生的故事》（*The Tale of Mr. Jeremy Fisher*）、《青蛙和蟾蜍是好朋友》（*Frog and Toad Are Friends*）、《柳林风声》、《蝌蚪雷克斯》（*Tadpole Rex*）、《乌龟耶尔特》（*Yertle the Turtle*）、《密西西比河旁的明尼苏达州》（*Minn of the Mississippi*）、《巨大的鳄鱼》（*The Enormous Crocodile*）、《糊涂的变色龙》（*The Mixed-Up Chameleon*）、《希罗尼穆斯》（*Hieronymus*）、《聪明的变色龙》、《那天吉米的蟒蛇吞了衣服》（*The Day Jimmy's Boa Ate the Wash*）、《绿笛》。这真是让孩子们从正面看待两栖动物和爬行动物的好办法！而另一方面，这些动物也经常在短篇故事和小说中扮演反派角色，比如《斑点带子案》（*The Adventure of the Speckled Band*）、《翠谷香魂》（*Green Mansions*）、《毒木圣经》，等等。

艺术家们很早就用素描、木刻、石版画和绘画来描绘两栖动物和爬行动物。想想欧洲的一些爬虫类艺术。12世纪，英国编撰出被称为"动物寓言集"的插图手稿。收录内容包括真实的动物和神话中的动物，例如，龙。每种动物都配有简短的描述或者故事。故事往往是以寓言的形式传达某种道理，如凤凰浴火重生。动物寓言集并不是科学文本，真实的动物也没有被准确地描绘出来。例如，在《阿伯丁动物寓言集》中，蝾螈被描绘成一种蛇形动物。对它的描述囊括了普遍的信仰，说它烧不死，可以熄灭火焰，还可以让果实和水染毒。动物寓言集反映了普遍存在的神话，无疑也加强了人们对一些动物的负面看法。

欧洲对两栖动物和爬行动物描绘方式的一个主要转折点是，瑞士博物学家康拉德·格斯纳（1516—1565）出版了第一本动物百科全书，其中有源自生活的插图（木刻），这是一部共有4500多页的五卷本巨著，名为《动物志》（*Historia animalium*）。总体说来，这些插图描绘精准，因为这部巨著意在进行自然分类。事实上，这本书旨在描述当时所有已知的动物，无论是真实存在的还是出现在神话中的。书中许多绘画包含复杂的细节，以至于里面的动物可以被鉴定到具体种类。在描绘蜥蜴的同时，格斯

1　美国纯种马，被誉为美国历史上最伟大的赛马。

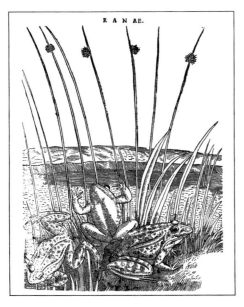

13.6 早期博物书籍中的插图艺术：上图为植物学家彼得·安德烈亚·马蒂奥利的《迪奥斯科里德斯药物论评注》（1565）；中图为爱德华·托普塞的木刻版《四足兽与蛇类志》（1658）；下图为铜版画，选自克里斯托弗罗斯·哥特瓦尔德的《哥特瓦尔德博物馆》（1714）

纳给出了他自己的实验证据，证明蜥蜴并非烧不死。

　　到了17世纪和18世纪，欧洲博物学家进行新的世界探索，并向人们展示了许多他们在国内从未知晓的动物。出生于德国的艺术家和博物学家玛丽亚·西比拉·梅里安（1647—1717）在荷兰苏里南花了两年时间撰写了《变态发育》（*Metamorphosis*）。在这部1705年出版的作品中，有她用水彩绘制的青蛙生命周期图，还有一只背部嵌着卵子的雌性负子蟾（*Pipa pipa*）。她是早期的画家兼博物学家之一，她的绘画对象不是空白页上的标本，而是身处大自然之中的活物，有植物和其他动物作为背景。梅里安描绘了动物所展现的自然行为，包括繁殖、捕猎和被捕猎。

　　英国博物学家马克·卡特斯比（1683—1749）探索了当时被称为卡罗来纳、佛罗里达和巴哈马群岛的地区（美国东部和西印度群岛的部分地区）。他的两卷著作《博物志》（*Natural History*），历时18年，是世界上第一部关于该地区动植物的出版著作。在书中，他展示了4种蛙和23种爬行动物。

13.7 左图：美国绿树蛙和臭菘，插图出自《卡罗来纳、佛罗里达和巴哈马群岛博物志》（1731—1743），马克·卡特斯比绘。右图：一条响尾蛇正在袭击嘲鸫，插图出自《美洲鸟类》（1827—1838），约翰·詹姆斯·奥杜邦绘

其他许多欧洲人为了对自然进行分类而将动物绘成插图，不过让我们继续欣赏另一种相当深奥的艺术形式，那就是荷兰图形艺术家和版画家莫里茨·C.埃舍尔（1898—1972）的作品。埃舍尔在他的一些带有数学概念的木刻和石版画中将爬行动物主题和视觉悖论结合到了一起。他的作品《星星》（*Stars*）描绘了两条变色龙被困在一个多面体笼里，飘浮在星空之中。《蛇》（*Snakes*）里面的几条蛇蜿蜒缠绕在环环相扣的圆圈上。在《爬行动物》（*Reptiles*）这幅画里，一只貌似短吻鳄的动物爬过了一张桌子，而在《地心引力》（*Gravitation*）这幅画中，乌龟们五颜六色的头和四肢从星状十二面体里面伸出来。埃舍尔的画作在围裙、T恤衫等日常用品上面都可以找得到。20世纪70年代初，我在厄瓜多尔工作的时候购买了一些奥塔瓦洛印第安人编的织物，上面鸟儿紧密相连的图形就是埃舍尔的设计。奥塔瓦洛印第安人在20世纪60年代经由一名和平队志愿者介绍得知了这一图形设计。

两栖动物和爬行动物还出现在许多其他的艺术形式中。它们的形象经常出现在雕刻的物件和雕像上，出现在陶器、衣服、珠宝、磁性装饰品等物品上。查尔斯·狄更斯将一组排列整齐的青铜蟾蜍收藏品摆在桌面上。加里·拉森在《远征》（*The Far Side*）的许多单幅漫画中描绘了两栖动物和爬行动物：抽烟的恐龙、为了狮子狗上蹿下跳的短吻鳄、青蛙身上长人疣、青蛙的舌头粘上了捕蝇纸，以及一条身上有轮胎痕迹的蛇。我最喜欢的一幅漫画上面有个女人坐在沙发上，被装着小蝌蚪的瓶瓶罐罐包围着，对着电话絮叨个不停："好吧，事情就是这样，西尔维亚……我吻了这只青蛙，它变成了王子，我们结婚了，然后就那么一下子！我在家里被一群蝌蚪缠住啦。"

无论在哪里，生活环境中有蛙为伴的人们都听过它们的歌声。蛙求偶时的叫声有时是悦耳的，有时是喧闹的；对于我们来说，这要么是动听的音乐，要么是对睡眠的干扰。在马来西亚的沙捞越，某些树蛙（树蛙科）被视为恶魔的使者，能够带来死亡，因为它们的叫声很像钉棺材的声音。而在日本，河鹿蛙长笛般的啁啾声、鸟鸣般的颤音早已在日本诗歌中享有盛名。阿兹特克人把一位大地女神发出的声音比作甘蔗蟾蜍发出的颤音。巴西西北部伊萨纳河的印第安人说，幽灵般的蛙人在夜里会坐上独木舟，划着桨沿河而行。当地的一种蛙被叫作"划桨蛙"，正如其名，它的叫声就像划桨的声音。伊斯帕尼奥拉岛的原住民把一种蛙"图啊，图啊"的叫声比作婴儿要奶喝时发出的声响。美国亚利桑那州的皮玛人在求雨的舞蹈中，会摇动蛇的响环来模仿青蛙的叫声。

人们在古典音乐中融入了青蛙的叫声。约瑟夫·海顿的D大调第41号四重奏常被

13.8 左上：几十年来，药剂师阿尔伯特·塞巴通过交易搜集了能搜集到的所有植物和动物。他委托制作了他全部藏品的插图，并将这些艺术作品发表在《自然珍奇集》（Cabinet of Natural Curiosities，1734—1765）中；图中所示为鳄鱼嘴、蜥蜴和蝌蚪的内部解剖结构的剖面图。右上：奥古斯特·约翰·罗塞尔·冯·罗森霍夫手绘上色的铜版画，画中是池塘边的青蛙、火蜥蜴以及一条沙蜥，为《蛙类自然史》（Historia Naturalis Ranarum，1758）一书的卷首插图；刻有拉丁文字的石头上写着："我国蛙类的自然历史。"左下：艺术家爱德华·李尔（1812—1888）根据托马斯·贝尔的专著《龟鳖类图集》（Monograph of the Testudinata，1836—1842）中詹姆斯·德·卡尔·索尔比的原画，创作了一幅卡罗莱纳箱龟的手绘上色石版画。右下：这幅巨人疣冠变色龙（Furcifer verrucosus）的手绘彩版画为《爬虫学通论》（Erpétologie générale）中的插图，由法国动物学家安德烈-玛丽·考斯坦特·杜莫雷尔和加布里埃尔·比伯伦绘制（1834—1854）；这套九卷合集旨在提供世界上第一部全面的关于两栖动物和爬行动物的科学记述

13.9 从装饰物到时尚用品，再到实用物品，两栖动物和爬行动物在我们的日常生活中发挥着重要作用

13.10 左图：危地马拉科万镇的魔鬼面具，上面装饰的蛇大概是用来吓唬人的；长11英寸（约28厘米）。右图：这张20世纪70年代墨西哥高地的竞赛面具上有各种爬行动物，长28英寸（约71厘米）。二者均为布奇和朱迪·布罗迪的藏品

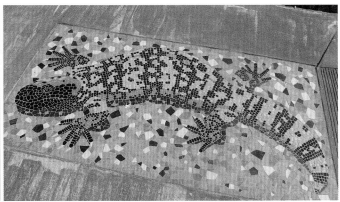

13.11 两栖动物和爬行动物通常出现在雕塑及其他艺术形式中。左上：菲奥娜坐在凤凰城动物园（美国亚利桑那州）的科莫多龙上。右上：位于美国新墨西哥州罗狄奥市奇里卡瓦沙漠博物馆入口处的吉拉毒蜥镶嵌图案。左中：厄瓜多尔基多市国家誓言圣殿上的蜥蜴滴水兽。右中：越南山罗省符安县的眼镜蛇雕像。左下：日本冲绳岛那霸市建筑物上的蜥蜴。右下：莫林·唐纳利和美国马萨诸塞州波士顿的青铜蛙

13.12 世界各国会把两栖动物和爬行动物的图像印在色彩斑斓的邮票上面，以此来颂扬它们

称为《蛙鸣》(The Frog) 四重奏，因为第一小提琴手在相邻的两根弦上交替演奏同一个音符，发出了蛙鸣般的乐声。与此类似，格奥尔格·菲利普·泰勒曼的小提琴协奏曲中一首大调也有蛙鸣声，这首大调被亲切地称为《蛙鸣》(The Frogs)。在萨利·比米什的作品《沉默之声》(Voices in Silence) 中，每一个乐章都配合战后世界的单独主题送出一段独白。在其中一个乐章里，废墟般的场景中，弹坑里不时传来蛙鸣声。

人们会唱与两栖动物和爬行动物有关的歌：《我爱上了一只大蓝蛙》(I'm in Love with a Big Blue Frog)、《小青蛙来婚》(Froggie Went A-Courtin)、《雀斑和蝌蚪的日子》(Freckles and Pollywog Days)、《蟾蜍之歌》(Ode to a Toad)、《变色龙的眼睛》(Chameleon Eyes)、《如果你想做一只鬣蜥》(If You Wanna Be an Iguana)、《谁把乌龟塞进了莫特尔的腰带》(Who Put the Turtle in Myrtle's Girdle)、《鳄鱼摇滚》(Crocodile Rock)、《淑女与鳄鱼》(The Lady and the Crocodile)、《响尾蛇咬了宝贝》(Rattlesnake Bit the Baby)、《蛇之错》(Snake Mistakes)，还有《我就要被蟒蛇吞掉了》(I'm Being

Swallowed by a Boa Constrictor）。

　　长期以来，北美的先民一直把爬行动物身体的某些部分用作打击乐器。响尾蛇发出的振动声产生了类似于响板发出的声音，事实上，响尾蛇的属名为 "*Crotalus*"（响尾蛇属），这个词来自希腊单词 "*krotalon*"（响环、响板）。切罗基人一边跳舞一边摇着葫芦，葫芦里装满了响尾蛇的响环。德拉瓦人用装满玉米的乌龟壳发出咔咔声，而塞米诺尔人和克里克妇女站在男舞者身后，用腿上装满碎石的乌龟壳响板发出的咔咔声来伴奏。

　　各种文化把两栖动物和爬行动物融入舞蹈之中。在古希腊和古罗马，人们在丰收庆典活动期间将蛇缠绕在身上一起跳舞，非洲人在身体上悬挂活蛇来表演丰收舞蹈。美国驯蛇的五旬节派信徒会与蛇共舞，肚皮舞舞者和伏都女王也是如此。北美最著名的与蛇共舞的舞蹈之一是霍皮族蛇舞，跳舞时，蛇祭司们嘴里叼着活蛇翩翩起舞（见第4章）。切罗基战士在出征前会戴着额上刻有盘绕起来的响尾蛇的木质面具，表演战斗舞蹈，以表达对敌人的无畏和蔑视。切罗基人还跳屈膝舞或者说是春蛙舞，与春雨蛙（*Pseudacris crucifer*）相关。这种短舞通常是为了休闲和交往，在三四月份万物复苏的时节，颇受人们喜爱。

哲学、灵修和宗教

　　正如本书第3章所述，蛇在人类的灵修中扮演着重要的角色，但其他爬行动物和青蛙也是一些文化哲学和精神信仰的核心。例如，古埃及的分娩、生育和复活女神海奎特，被描绘成青蛙或蛙头人身的形象。想要怀上孩子的埃及妇女会戴上金质的蛙形护身符。海奎特会在所有生灵进入母体子宫之前将生命之息给予它们。埃及妇女通常在分娩时戴上海奎特护身符，以求得女神护佑。

　　在道教哲学中，龟象征着宇宙。作

13.13 古埃及的分娩、生育和复活女神海奎特被描绘成青蛙或蛙头人身的形象

为四灵[1]之一，龟代表着长生不死。它的圆拱形外壳代表天（精神或本质），扁平的胸甲代表地（物质），壳之间的身体代表"人"（天地的合成）。"人"是道家圣人或"儒家完人"，是达到人性潜力至高境界的理想化的人。

1893年，W. 克鲁克写到，龟是北印度民众的圣物，这种观念在很多方面都有所体现。回想一下，主神毗湿奴以巨龟俱利摩的身体形态作为一个根基和支点，搅动乳海以寻回不死甘露（见第3章）。孟加拉湾甘拉尔村的渔民杀死神圣的河龟，并将它们供奉给女神科洛库玛里以免除疾病之灾。其他一些印第安人敬拜龟的黏土塑像，因为在一场洪水中龟把他们的第一位祖先送过了河。贡德人崇拜龟，因为它救下了他们的一位祖先，使其免受鳄鱼的攻击。

除了圣甲虫、蛇、鹮和鹰，古埃及人还崇拜鳄鱼。他们相信他们的保护神——鳄鱼神索贝克创造了尼罗河。埃及人敬拜索贝克以取悦之，从而确保农作物获得丰收。鳄鱼是索贝克在大地上的化身，杀死这些受人尊敬的动物就要被处以死刑。被鳄鱼吃掉的人被认为是幸运的。为了纪念鳄鱼，埃及人在尼罗河西岸建造了一座城市，将其命名为"索贝克"。希腊人后来改称其为"鳄鱼之城"（Crocodilopolis）。

鳄鱼之城的居民崇拜一条名叫佩苏卓斯的活鳄鱼，它的耳朵里装饰着金环，前腿上戴着臂镯。他们相信索贝克化身的灵魂在这条神圣的鳄鱼的体内。佩苏卓斯生活在城市大庙附近的一个湖里，在那里它被人亲手用葡萄酒、糕点、蜂蜜和牛奶喂养。当一条佩苏卓斯死后，另一条佩苏卓斯会被捕来并安置在这个庙的湖中以代替先前死去的那一条。死去的佩苏卓斯都会被制成木乃伊，并且很考究地埋葬在坟墓里（这与我们对待一些运动队吉祥物的方式类似，比如佐治亚大学曾经的吉祥物——死去的九只斗牛犬，都叫乌盖，被安葬在桑福德体育场正门附近的一座陵墓里）。

古埃及人非常珍视他们认为神圣的动物，甚至会为它们举行葬礼并下葬。在爬行动物墓园里，鳄鱼被制成木乃伊，与它们的卵和刚孵出的幼鳄一起下葬。在人类墓穴中也发现了很多鳄鱼。几年前，我在史密森尼国家博物馆的古埃及展览上参观了题为"献给神的礼物"的一系列展品。相关资料显示，古埃及人使用动物木乃伊，就像我们今天使用许愿蜡烛一样。朝圣者在寺庙里购买动物木乃伊，并用它们向神祈福和求助，随后留下木乃伊，以便让祭司将其埋葬在附近的墓穴中。动物木乃伊的存在将永久地

---

1 四种具有灵性的动物，中国古代所说的四灵是神话传说中的四大神兽，又称天之四灵，分别为青龙、白虎、朱雀、玄武。另一种说法则将麟、凤、龟、龙称为四灵。

提醒诸神朝圣者们的请求。大多数的动物供品都会被制成木乃伊，就像为了来世而被做成木乃伊的人一样。它们的身体会被掏空内脏，然后干燥，最后裹进亚麻布条。展览中的各种小木乃伊，其中包括刚孵化的鳄鱼，来自公元前332年至前330年。

在马达加斯加的部分地区，人们崇拜鳄鱼，认为它们具有超自然的能力。据说，酋长们死后，他们的灵魂会进入鳄鱼体内。视鳄鱼为圣物的文化有一个禁忌（法地）：禁止触碰鳄鱼，连它们的卵也不可以。在某些地方则禁止往水里扔杂草或者泥块，因为这样做相当于在侮辱鳄鱼。在过去的岁月里，马达加斯加西部的萨卡拉瓦人从活着的尼罗鳄嘴里拔出牙齿，把这些贵重的珍宝呈给一代又一代国王。臣民们会用已故的萨卡拉瓦国王的内脏来喂科马科马湖（Lake Komakoma）中的鳄鱼，以此表示对鳄鱼的尊敬。

几个世纪以来，不同宗教的人们都崇拜沼泽鳄。印度教徒把沼泽鳄尊崇为专门献给水之统治者毗湿奴的动物。苏菲派伊斯兰教信徒以及其他信仰的信众依然参拜巴基斯坦卡拉奇的曼霍皮尔神殿（Manghopir Shrine），在硫黄温泉中进行自我治疗，参拜13世纪的苏菲派圣人巴巴·法里德·沙卡尔·甘吉（据说他葬在那里）。传说一个名叫曼霍皮尔的印度教盗贼，企图抢劫神殿。在意识到自己的罪行之后，他皈依了伊斯兰教，甘吉回报了他，除掉了他头上的虱子。曼霍皮尔在温泉里面沐浴的时候，他甩了甩头。虱子一掉进硫黄水中，就变成了鳄鱼。据说，鳄鱼在神殿附近的潟湖里生活了至少七个世纪。信徒和游客们相信鳄鱼在守护着神殿，是神圣的，都会用红肉或鸡肉来投喂它们，期望他们能够得偿所愿。目前大约有150条鳄鱼生活在这个潟湖里。考古证据表明，相近时期的青铜时代（公元前2200—前1200）定居在这里的移民也将鳄鱼视为圣物。

新大陆的居民也崇拜鳄鱼。目前尚存的一个600英尺（约182.9米）长的鳄鱼形贝丘遗址表明，在公元1000年左右，生活在今天路易斯安那州卡梅伦教区的阿塔卡帕人，就有崇拜鳄鱼的习俗。几个世纪以来，很多中美洲和南美洲人都崇拜鳄鱼神。在许多情况下，这些神与死亡或生育有关。阿兹特克人崇拜一位鳄鱼形象的丰饶之神希帕克特里，他会保护他们的作物。玛雅人的凯门鳄神依札姆·喀布，关系着创世、丰产、大地、水以及生命之循环——诞生、成长与死亡。

"现代"医学

许多从两栖动物和爬行动物身上提取的物质，会被直接使用或通过合成来制取治疗人类疾病的药物。下面举几个例子来说明。

河豚毒素，一种令河豚变得极其致命的毒素，也存在于渍螈属（*Taricha*）蝾螈的皮肤和一些斑蟾属（*Atelopus*）蛙类的体内。河豚毒素能阻断神经冲动信号，并且会导致吃了生来就带有毒素的蝾螈或蛙的捕食者呼吸麻痹、死亡。按重量计算，河豚毒素比纯可卡因的作用强16万倍，比吗啡强3000倍。由于它有极强的药效，所以医学研究人员把河豚毒素作为模型来研究神经系统的传输和兴奋过程。自20世纪30年代以来，日本的医生一直把河豚毒素用作局部麻醉剂、止痛药和肌肉松弛剂，供癌症病人、海洛因戒断者和偏头痛患者使用。河豚毒素作为一种潜在的镇痛药物，目前在加拿大和美国进行临床试验。总有一天，会有更多的医生使用河豚毒素——一种非成瘾性阿片类药物的替代品，来缓解疼痛。

由于蛙类生活在潮湿的环境中，因此经常与病原真菌和细菌接触。20多年来，迈克尔·扎斯洛夫博士一直在想，为什么受伤的非洲爪蟾（*Xenopus laevis*，最早被用于妊娠试验的蛙类）在细菌滋生的水中游动却不会被感染。他发现这种蛙皮肤中的腺体能产生杀死微生物的多肽，他将这种多肽命名为马盖宁。非洲爪蟾受伤后，其皮肤腺体会释放出黏液。含有马盖宁的黏液覆盖住伤口，能杀死细菌和真菌，并让皮肤愈合。

扎斯洛夫和其他人已经人工合成出了类似马盖宁的药物，与天然马盖宁基本上没有什么差别。人工合成的马盖宁对多种细菌、真菌和原生动物都具有活性，表明它们可以被用作人类的药物。相当多的人力和资金都被投入以马盖宁为基础的抗感染药物的研发中，用于治疗脓疱疮、牙周病、胃肠道感染和结膜炎等疾病。

其中一种药物是抗菌乳膏——培西加南，由合成马盖宁制成，用于治疗糖尿病患者的足部溃疡。在感染有足部溃疡的糖尿病患者的随机双盲试验中，培西加南可使约90%的患者获得临床治愈或改善，且耐受性良好。美国食品药品监督管理局（FDA）没有批准培西加南的销售，不是因为它不安全或者无效，而是因为它的效果并不比用于治疗溃疡的其他抗生素更好。培西加南未能通过这一关，在此之后，许多制药研究人员便对蛙类抗菌肽失去了兴趣。也许有一天，当细菌对当前抗生素的耐药性，变成更加严重的公共健康威胁时，非洲爪蟾的名字或许会重新出现在由合成马盖宁制成的药物中。

　　如果你被毒蛇咬了，你最有可能活下来的做法是去注射一剂抗蛇毒素（抗蛇毒血清），它会抵消特定种类的蛇毒的效果。抗蛇毒素的制备分为几个阶段。把毒液从毒蛇中提取出来，并取少量注射到马（羊）体内。马（羊）的免疫系统会产生能破坏毒液的抗体。然后从马（羊）身上抽取血液，经提纯得到含有抗体的血清。当被蛇咬伤的患者注射了这种提纯得来的血清后，多亏了马（羊）产生的抗体，他（她）活下来的概率就会更大一些。

　　同一种毒液既能杀人又可以拯救人的生命。医学研究人员正在研究如何将蛇毒的成分用于开发新的药物，以对抗人类疾病。有些仍处于试验阶段。例如，研究人员正在试验眼镜蛇毒液中的酶，看看是否可用于治疗某些脑损伤、中风和神经疾病（例如，阿尔茨海默病和帕金森综合征）。眼镜蛇科（*Elapidae*）和蝰蛇科（*Viperidae*）的蛇毒含有镇痛成分。早在20世纪30年代，微量的眼镜蛇毒——比吗啡作用强，就被用作癌症患者的止痛药。由蛇毒制成的止痛药日后也许在减轻关节炎的疼痛上有奇效。一种

13.14 一条眼镜王蛇正被"挤出"毒液，用于制备抗蛇毒血清

在澳大利亚海岸太攀蛇（*Oxyuranus scutellatus*）毒液中发现的凝血蛋白可能有助于防止术中大出血。

一些药物已经通过了测试环节。卡托普利是第一种ACE（血管紧张素转化酶）抑制剂，是从美洲矛头蝮（*Bothrops jararaca*）——一种巴西蝮蛇的毒液中分离出来的一种酶的人工合成制品。1979年，卡托普利被批准用于治疗高血压和心脏病。它被研发出来的原因是，人们注意到一些被美洲矛头蝮咬伤的人会因为血压急剧下降而突然晕倒。科学家们分离出毒液中导致血压下降的成分，并开发出了一种合成制剂，最终卡托普利被用于治疗高血压患者。赖诺普利是人们研发出来的第三种ACE抑制剂，也是由美洲矛头蝮毒液中一种多肽的人工合成物制成。赖诺普利被用于治疗高血压和心脏病，是世界上最畅销的20种药物之一！

人们早就知道，一些被非洲锯鳞蝰（*Echis carinatus*）咬伤的人会流血不止而死。原来这种蛇的毒液中含有抗凝血蛋白。科学家分离出这种蛋白质，并研发出一种合成的抗凝血分子。其成果就是1998年推出的药物——替罗非班，可以防止血栓增大而导致的人类心脏病发作。

我在现代医学这部分要提到的最后一个爬行动物的例子就是，20世纪90年代，吉拉毒蜥在研发治疗2型糖尿病的药物时所起的作用。吉拉毒蜥主要以鸟类和爬行动物的卵以及幼小的哺乳动物和雏鸟为食。由于吉拉毒晰一年中有95%的时间都待在地下或者巢穴里，所以它们通常能好几个月不进食。它们之所以能够这样，是因为它们的代谢率很低，还不到同等大小的蜥蜴预期代谢率的50%。它们还将脂肪储存在香肠状的尾巴以及腹部。当吉拉毒蜥进食的时候，它们可以吃掉超过体重三分之一的食物——摄入的能量足够它们维持四个月的时间。这相当于一个140磅（约63.5千克）重的人一次吃掉30个大比萨！暴饮暴食的吉拉毒蜥是如何一次性吃下去这么多食物的呢？

科学家们发现，当吉拉毒蜥吃到它们期待已久的食物时，它们唾液中含有的一种激素——毒蜥外泌肽－4就会被释放出来。此时，血液中激素的浓度激增了30倍。显然，毒蜥外泌肽－4激活了吉拉毒晰的肠胃，让它们能够在节约体能的禁食状态结束之后大快朵颐。

为了从毒蜥的唾液中获取人类药物，我们需要简单地了解一下糖尿病。胰岛素是一种调节人体内碳水化合物和脂肪代谢的激素，产生于胰腺。胰岛素极为重要，因为它可以调节人体对糖和其他食物的利用率。在胰岛素水平不正常（1型糖尿病）或者在胰岛素缺乏（2型糖尿病）的情况下不能适当地利用胰岛素时，血糖含量就会上升。根据20世纪60年代的实验结果，生理学家假设某些信号必定触发了胰岛素的释放。这些假设的信号分子被称为肠促胰岛素。后来，研究人员发现了几种小分子物质，被证明就是原先假设的肠促胰岛素。

一旦这种联系建立起来，研究的重点就集中在肠促胰岛素的功能上面。一种被称为胰高血糖素样肽－1（GLP－1）的肠促胰岛素，在人们进食的时候从肠细胞中分泌出来。它刺激胰腺释放胰岛素，减缓肠道运动，刺激大脑中降低食欲的受体。显而易见，下一个问题就是："糖尿病患者是否缺乏肠促胰岛素，或者他们是否对肠促胰岛素作用有抵抗力？"任何一种情况都会导致胰岛素水平降低和血糖水平升高。研究人员的疑问是："给糖尿病患者使用GLP－1会降低他们的血糖水平吗？"答案是肯定的，但是有一个问题：GLP－1在体内只能维持几分钟时间，因为体内有一种酶会分解掉它。GLP－1不能口服，因此糖尿病患者需要持续地静脉输液——这既不实用也不可取。

紧接着就迎来了发现的时刻。医学研究人员得知了毒蜥外泌肽－4激素，也就是吉拉毒蜥吃到它们期待已久的食物时，其唾液腺释放出来的激素。事实证明，毒蜥外泌肽－4是GLP－1的一个类似物！毒蜥外泌肽－4的性质与人体肠道中的GLP－1激素相似，能刺激胰腺分泌胰岛素，不过仅在人体血糖水平偏高时起作用。值得庆幸的是，毒蜥外泌肽－4对人体内分解GLP－1的那种酶具有极强的抵抗力。

那么，我们能让糖尿病患者服用吉拉毒蜥的唾液吗？那是不切实际的，但人工合成的毒蜥外泌肽－4呢？这两种思路的研究最终结合到一起，并合成出了一种名为"艾塞那肽"（品名为百泌达）的药物。2005年，艾塞那肽通过FDA批准，现在被用于治疗2型糖尿病。它是一种合成的蛋白质，据目前所知，这种蛋白质只存在于吉拉毒蜥的唾液中。

食品

关于两栖动物和爬行动物用途的讨论，如果对烹饪方面只字不提的话，那肯定是不完整的。对于一些人来说，两栖动物和爬行动物的肉是大量蛋白质的来源。对于其他人来说，这些肉类只是美食中一种神秘的主料：啤酒风味油炸娃娃鱼、玉米粉蒸蝾蝾肉、巨型牛蛙杂烩、爆炒蛙腿、蚝汁炒蛙腿、香辣响尾蛇意面、鳄鱼肉排、清蒸鳄鱼尾、焖乌龟、咖喱乌龟肉、原汁焖鬣蜥，还有鬣蜥阿西亚科汤。

很多人觉得青蛙腿是一种美味。青蛙腿的另外一个好处是，蛙腿肉中蛋白质含量高而且富含ω－3脂肪酸。据保守估计，人类每年食用的青蛙数量多达32亿只，其中三分之一可能是野外捕捉的。法国每年消费3000～4000吨青蛙，美国人每年吃掉2000吨青蛙。印度尼西亚是目前世界上最大的青蛙腿出口国。每年从印度尼西亚出口的青蛙多达1.4亿只（14种本地物种），但据估计，该国每年消耗的青蛙数量是出口量的7倍。印度尼西亚本土青蛙的种群数量正在下降。如果青蛙消失，农业地区的害虫可能会急剧增加，就像印度大量出口青蛙腿时发生的情形那样。印度为此做出了反应。自1987年以来，印度禁止出口青蛙腿。不过，印度人仍然会为了吃去抓青蛙。

蝌蚪也被人捕来食用。你想怎么做小蝌蚪？是裹上辣椒末面包屑油炸吗？是裹在香蕉叶里蒸，还是拌上蔬菜爆炒？在印度和尼泊尔，蝌蚪被放在火上熏烤，被生吃，或者被晒干，被腌制。婆罗洲沙捞越北部的加拉必族人用蝌蚪粥作为哺乳期母亲的膳食补充。在巴布亚新几内亚，蝌蚪会被用来炖菜，而在泰国，则会被用来煮汤。所有体形的蝌蚪都会被人食用，小到树蛙的蝌蚪，大到水蛙（*Telmatobius mayoloi*，发现于秘鲁安第斯山脉）这种4英寸（约102毫米）长的大蝌蚪。据称，蝌蚪对于那些节食者来说是极好的——富含营养，但基本上不含脂肪。不过要注意你吃的是哪一种蝌蚪，因为有些蝌蚪是有毒的。

13.15 越南不仅是世界上最大的青蛙食品出口国之一，还为国内公民提供了大量的蛙食品。越南人不只吃蛙腿

龟类是世界各地人们的食物，因为它们既美味又相当容易捕捉，并且是优质蛋白质的来源。海龟、淡水龟和陆龟全都可以吃。有些人吃龟是因为认为它们具有药

用、保健或宗教信仰方面的益处，或者可以作为庆典活动中的主菜。在亚达伯拉象龟（*Aldabrachelys gigantea*）被列为保护动物之前，塞舌尔群岛上的人们在每个小女孩出生时都会给她们一只幼小的亚达伯拉象龟。这只龟会被饲养起来，直到女孩出嫁当天被宰杀，供婚宴上的宾客享用。

在过去的几个世纪里，加拉帕戈斯象龟的数量锐减，部分原因是捕鲸者、海盗和探险者在16世纪来到加拉帕戈斯群岛后开始的过度滥捕。水手们通常一次就能用船载走400只象龟。活象龟可以在船上养几个月，为水手们提供新鲜的肉食。查尔斯·达尔文在岛上逗留期间吃了许多象龟，但他似乎并不特别喜欢它们。在《"小猎犬"号科学考察记》中，他写道："胸甲被烤熟（就像高乔人带皮烤的牛肉一样），肉连在胸甲上，吃起来很不错；用小乌龟煮的汤非常好喝；但除此之外，龟肉的味道我觉得很一般。"

东南亚是世界上最大的淡水龟和陆龟消费地区，该地区一半以上的淡水龟被严重捕杀并且濒临灭绝。亚洲市场越来越多地从北美进口龟类。从2004年至2006年，持有许可证的捕猎者仅在阿肯色州就捕走了超过50万只野生淡水龟。专家估计，美国龟类的总贸易量每年大概多达数千吨。由于龟类生长和繁殖速度缓慢，这种捕猎不太可能持续下去。

13.16 食用海蛇在日本冲绳岛上很普遍。左图：伊良部汤，即海蛇汤。右图：干海蛇碎末

东南亚大部分地区，尤其是日本和菲律宾，都有吃海蛇的习惯。最近一次去日本冲绳岛时，我觉得必须品尝一下海蛇，因为当地食用的这种海环蛇——半环扁尾海蛇（*Laticauda semifasciata*），在冲绳岛附近数量众多，并未受到威胁。冲绳人吃这种蛇不仅是因为它们味道好，据说还因为它们有益于健康并能增强体能。我首先品尝的是伊良部汤（海蛇汤），我丈夫和日本同事一起在久高岛上喝过这种汤。这条粗大的海蛇

（表皮还完好无损），跟猪肉和海带一起炖煮，非常耐嚼，但味道并不令人反感。第二天，我们参观了海蛇肉加工厂。海蛇经过烟熏之后被切碎煮熟。我们品尝了两批肉，每批都用不同的香草调配烹制而成。两批都很好吃——不像海蛇汤里的肉那么难嚼，而且更美味。工厂老板告诉我们，去年他熏制了1300条海蛇。他希望最大的那条烟熏海蛇能卖到1.2万日元（120美元）。他熏制的海蛇肉供久高岛上的人们食用，并作为珍奇特产售卖给游客。

宠物

让我们看看我们这张百纳被的最后一块补丁——将两栖动物和爬行动物作为宠物饲养这个引发争议的用途。一种极端的态度以史密森学会为代表，自20世纪70年代初以来，该学会一直主张"不要将两栖爬行类养作宠物"的立场。从对野生种群的保护与健康的关注，到宠物商店对两栖动物和爬行动物维护不善的角度出发，史密森学会建议既不要把本地物种养作宠物，也不要把外来物种养作宠物。

而另一种极端则是，有些人认为把两栖动物和爬行动物养作宠物会令人们更加喜爱它们。一个观察变色龙眼睛转动的孩子对它的态度，会比一个从未近距离观察过变色龙的孩子更积极正面。许多两栖爬行动物学家把他们对科学的热情归功于童年的宠物。然而，与我们所饲养的其他任何宠物一样，两栖动物和爬行动物需要负责任的主人。可悲的是，这种情况并不常见。

2014年，美国家庭中饲养的宠物数目超过了儿童，比例是四比一。虽然人们最喜欢的宠物是猫和狗，但还是养了数百万只两栖动物和爬行动物。爬行动物特别受欢迎。从2013年至2014年的一项宠物主人调查报告显示，有560万美国家庭至少会养一只宠物爬行动物，这些家庭总共饲养了1150万只宠物爬行动物。我们欣赏奇异的宠物，但使它们成为私人物品的代价却很高。在野外捕获的数百万只两栖动物和爬行动物，有很多在到达宠物店之前就已经死亡，有很多到家没几个月就死于照顾不当。通常的情况是，存活的动物长大了，要么是没办法继续笼养了，要么养育它们的费用超出预计，或者人们对它们失去了兴趣，结果就被丢了出去——放生到附近的湖泊、溪流、树林或田野之中。

这就导致了后面的问题：引入的外来物种往往会在非本土的生态系统中酿成灾害。

它们以本地物种为食，与本地野生动物争夺食物和空间，传播寄生虫以及本地物种缺乏抵抗力的疾病，并经常因为没有天敌而迅速繁殖起来。

13.17 受人欢迎、被养作宠物的两栖动物和爬行动物。左上：蓝尾蝾螈楚雄亚种（*Cynops cyanurus*）。右上：迷彩箭毒蛙（*Dendrobates auratus*）。左中：红耳龟（*Trachemys scripta*）。右中：高冠变色龙（*Chamaeleo calyptratus*）。左下：番茄蛙。右下：西部翡翠树蚺（*Corallus batesii*）

13.18 外来引进的缅甸蟒已成了佛罗里达州南部大沼泽地和周围地区的一个问题。左图：一条缅甸幼蟒，既漂亮又温驯。右图：在佛罗里达州南部捕获的大型成年蟒蛇

这种情况曾发生在佛罗里达大沼泽地。在过去的几十年里，有缅甸蟒（*Python molurus bivittatus*，原产于东南亚）被释放到沼泽地中。缅甸蟒的幼蛇既漂亮又温驯，但它们会长成巨型蟒蛇，是世界上最大的蛇种之一，长达12英尺（约3.7米），甚至更长。据报道，1979年第一条缅甸蟒出现在沼泽地。目前生活在沼泽地的缅甸蟒数量估计在1万~10万条之间，这表明我们还不清楚问题的严重性。但是我们很清楚缅甸蟒吃掉了很多本地的爬行动物、鸟类和哺乳动物，以至于一些被捕食的物种——例如，浣熊的数量正在减少。自2002年以来，已有1800多条缅甸蟒被清除出沼泽地及其周边地区。公众对该外来物种的态度褒贬不一，有人敬畏、欣赏（"在我们的后院里养大蛇多酷啊！别扰了它们的清静！"），有人无比憎恨（"它们吃掉了所有兔子。它们不属于这里。杀了它们！"）。

2013年1月13日，我在犹他州洛根市的《先驱报》上发表了一篇文章，开头写道："一群武装暴民在本周六冲进佛罗里达大沼泽地，要消灭一种身披鳞片的入侵者。"那个星期六，佛罗里达州鱼类和野生动物保护委员会发起了为期一个月的"挑战蟒蛇"的活动，要清除大沼泽地中的缅甸蟒。将近1600人代表38个州、华盛顿特区以及加拿大报名参加了这次活动，他们计划进行一次冒险，并希望获得一个奖项。除了杀死这些入侵者之外，该计划还提高了公众对缅甸蟒给沼泽地生态系统带来的威胁以及宠物主人责任的重要性的认识。该项目还为公众提供了一个机会，与科学家互动，学习有关蛇的生物学知识。

鲁本·拉米雷斯是迈阿密居民，他和他的巨蟒捕猎团队成了大赢家：因为杀死的缅甸蟒数量最多（18条）而获得1500美元，还因为杀死了最长的缅甸蟒（近10英尺7

英寸，约3.2米）而获得1000美元。他们把赢得的奖金捐给了一个正在与癌症抗争的小女孩。在这一个月里，人们总共捕获了68条缅甸蟒，虽然只是九牛一毛，但是在大沼泽地里吞吃兔子、浣熊、山猫、涉禽、短吻鳄和其他本地野生动物的缅甸蟒就少了68条。也许更重要的是，成千上万的人受到了相关的教育——不要把外来物种放生到野外。

14

用歌声呼唤洞穴中的楔齿蜥

拯救楔齿蜥的真正原因，是让人们可以继续唱着歌，将它们从洞穴里引出来。

——阿尔奇·卡尔，引自埃伦费尔德（Ehrenfeld，1970）《生物保护》

"外婆，达尔文蛙消失以后会怎样呢？它们还会回来吗？或者，它们会和锐齿龙[霸王龙（*Tyrannosaurus rex*）]以及独角兽一起生活吗？"

我刚才把我的书《达尔文蛙之谜》（*The Mystery of Darwin's Frog*）读给菲奥娜听。她对在声囊里面孵育小蝌蚪的蛙爸爸很着迷，但她特别好奇和担心那些正在智利逐渐消失的达尔文蛙。如何向三岁的孩子解释，物种灭绝是永远的呢？一个三岁的孩子坚信，霸王龙仍然生活在某个地方，坚信独角兽确实存在，只是不在她的世界里。

于是，我开始说："我们必须保护达尔文蛙生活的那些森林。如果所有的达尔文蛙都死了，它们就会永远消失，再也没有办法让它们回来了。"

"哦。"她喃喃道。

"还记得月光（宠物蛾）死的时候吗？我们把它埋了，我告诉过你它再也不会回来了。现在，想象一下，如果世界上所有的月光都死了，那永远都不会再有月光了。"

"连一只都没有吗？"

"连一只都没有。这就是灭绝的含义。总有一天，我会带你去智利看达尔文蛙。"我向她承诺道。

14.1 图中的雄性达尔文蛙（*Rhinoderma darwinii*）在用自己的声囊孵化蝌蚪。这么奇特的动物若是灭绝了，得多令人心痛啊！

菲奥娜笑了："外婆，我希望我们去的时候，达尔文蛙还在那儿。"

（不到一年，菲奥娜就把"灭绝"纳入了她的词汇库。我女儿打断了菲奥娜自创的"独角兽、小马和蜥蜴"游戏，告诉她该练习铃木小提琴了。菲奥娜回答说："我现在不想练习！我希望小提琴灭绝掉，从无数年前直到明天。我明天再练习。"）

为什么要进行自然保护？

大约50年前，阿尔奇·卡尔强调，必须了解需要开展自然保护的原因的重要性。在他看来，野外环境和野生动物的真正价值在于我们对它们的好奇心。在《旅程》（*Ulendo*）中，他写到，根据我们今天的所作所为，我们的后代要么可以享受被保留下来的自然风景和野生动物，要么质疑我们的为人。按照同样的思路，我认为，当阿尔奇说出我们应该拯救楔齿蜥，这样人们就可以继续用歌声将它们从洞穴里呼唤出来时，他的意思是，自然保护的关键之处不仅仅是保护物种，还要让我们的后代有机会欣赏大自然，享受祖先体验过的野生动植物和景观的重要文化意义。

阿尔奇对楔齿蜥的评论不仅仅是一个比喻。楔齿蜥会对不寻常的声音、人类的声音和音乐做出反应并因此从洞穴中冒出头来。在《新西兰的动物》（*The Animals of New Zealand*，1909）一书中，F. W. 赫顿船长和詹姆斯·德拉蒙德引述了1903年的一份报纸上的报道，提到楔齿蜥"似乎对音乐很敏感。它们会从岩洞里爬出来，只为聆听一首歌，而其他的一切都无法诱使它们出现。它们更喜欢热情洋溢的合唱而非单调的独奏"。

当然，及早为下一代考虑的想法可以追溯到很久以前。我们中的许多人都有一种浪漫的观点，认为北美洲的先民会无条件尊重和敬畏自然界的一切。然而，事实上，在欧洲人来到新大陆的时候，野生动物就已经被人过度开发，自然景观被破坏，土壤肥力也被耗竭。但亦有人为未来考虑，并认识到让人们植根于祖先传下来的土地的必要性。500多年前，易洛魁联盟[1]的大法规定，必须顾虑到当下的行为对往后七代人所造成的影响。这个想法之所以能让我们产生共鸣，是因为我们中的一些人会跟自己的曾祖父母来往，也会认得我们的曾孙辈——刚好七代人。将七代人的想法应用到自然保护中，我们需要思考自己的行为将会如何影响从今往后的七代人所拥有的自然景观、植物和动物。

马克·贝科夫[2]在《不再忽视自然》（*Ignoring Nature No More*）一书中写道："人类遍布四方，是一群大脑袋、大脚、态度傲慢，具有侵略性、威胁性和掠夺性的哺乳动物。无须寻找传说中的大脚怪：人类就是！人类在各地留下了巨大的足迹，却在解决燃眉之急的问题方面相当失败。"

作为环境的监管人，人类做得并不好。人类对周围的环境滥加使用，付出了生活质量下降和身心健康出现问题的代价。除了自我伤害，人类还破坏和污染野生动物的栖息地，并通过人为导致的气候变化威胁着它们的未来。从现在算起七代之后，人类的后代也许会读着鹿角珊瑚、棱皮龟、帝企鹅和北极熊的故事，却从未见过它们活生生的样子。

人类在以惊人的速度不断地丧失生物多样性，保护生物学家们警告说，人类正处于地球第六次大灭绝的早期阶段。这种灭绝与以往不同，主要体现在两个方面。第一，

---

1 美国东北部和加拿大东部最强大的原住民势力。

2 罗拉多大学生态学和进化生物学名誉教授，动物行为学会的会员。

14.2 儿童通常不会对两栖动物和爬行动物表现出厌恶或恐惧的情绪，反而会觉得它们很吸引人。左上：亚特·弗里德的儿子乔和他的宠物球蟒（*Python regius*）。右上：丹泰·费诺利奥的女儿西拉在戳一只番茄蛙（*Dyscophus antongilii*）。左下：杰夫·莱姆的女儿西妮手捧一条埃氏剑螈（*Ensatina eschscholtzii*）。右下：我的女儿凯伦和两只抱对的阿根廷洛可可蟾蜍

灭绝的速度比过去快得多。据估计，目前的灭绝速度比正常灭绝速度（在没有人类影响的情况下的灭绝速度）高出 1000～10000 倍。第二，有一个物种——智人的活动，导致了目前大多数的物种灭绝。2014年1月18日，当我登录世界人口实时数据统计网站（http://www.worldometers.info/world-population/）时，全世界人口数目为 7207275164。但当我一年后再次登录网站时，数字变成了 7288958611，净增长超过 8100 万人。查查这个网站，看看每过一秒增加的数字。在地球生物多样性的"热点"地区和热带地区，人口增长得最快。再加上超过 80% 的两栖动物和爬行动物都出现在热带地区，显然，人口数量的快速增长将会严重影响到这些动物。

保护生物学家们预测，到 21 世纪末，多达三分之二的动植物可能会趋向灭绝。然而，2010年的盖洛普民意调查显示，在 1000 多名被调查的美国成年人中，只有 31% 的人会担心物种灭绝的问题。为什么？也许这些令人难以置信的数字会让人感到无助。也许我们否认或忽视生物多样性的丧失，只是因为我们正赶着在截止日期前完成任务，分不出一点心思烦恼其他事情。也许我们根本不在乎，因为我们与周围的环境缺乏牢固的联系。我们中的许多人并未生活在祖先的故乡，也没有接触到祖先的民间传说。回想一下第 1 章，认知科学家们已经证明，人类天生就是通过故事来学习的。人类在体验自然和讲述自然的故事中学会热爱周围的环境。

大量的证据表明，在世界上的许多地方，孩子们与自然的接触越来越少。他们不是在户外与周围的环境互动，而是在看电视，玩 iPod 或电脑。在 2012 年的一篇论文中，彼得·卡列瓦和米歇尔·马尔维耶引用的一些研究表明，孩子们认识数百种企业标志，但认识的本土植物还不到 10 种。审视一下获得凯迪克奖的 286 部童书中的 8036 幅图像，你会发现，自 1938 年该奖创立以来，获奖作品的图像中自然环境和野生动物出现的频率在持续下降。

教育孩子是让人们了解生物多样性丧失的一个关键起点。研究表明，如果在孩提时代体验过大自然的乐趣，我们长大后会更容易欣赏大自然。加强年轻人与周围环境之间联系的最好方法是以身作则。当我们与孩子们分享我们对自然的热爱时，他们会感受到与户外环境的紧密联系。无论是滚动原木寻找蝾螈、给花卉拍照、划独木舟、徒步旅行还是钓鱼，在探险过程中与"成年人"的互动会使这种体验得到认同。我们不会关心如何去保护自己不了解的东西，也不会了解自己没有经历过的东西。在《超越生态恐惧症》（*Beyond Ecophobia*，1999）一书中，大卫·索贝尔写道："重要的是，在被要求去治愈大自然的创伤之前，孩子们能够有机会与大自然建立联系，学会去热爱它，在自然界中感到舒适。"我们所有人，无论是孩子还是成人，都需要先懂得欣赏自然，然后才能理解自然保护的紧迫性。我们保护自然的理由，源自让子子孙孙能够继续用歌声唤出洞穴里的楔齿蜥或者目睹达尔文蛙"出生"的渴望。

谁会被拯救？谁会被忽视？为什么？

2014年国际自然保护联盟濒危物种红色名录报告称，估计世界上有31%的两栖动物物种和21%的爬行动物物种面临灭绝的威胁。相比之下，红色名录显示，估计有22%的哺乳动物和13%的鸟类面临灭绝的威胁。

2012年，世界自然保护联盟物种生存委员会的8000多名科学家确认了地球上100种濒危的真菌、植物和动物种类。分布于48个国家的100种生物中，有16%是两栖动物和爬行动物（1种蝾螈，8种蛙类，1种蛇类，2种蜥蜴，4种龟类）。人类导致了这100个物种中大部分物种的减少，"如果不采取任何保护措施，它们就会首当其冲，面临完全消失的命运"。该报告建议，如果建议的保护措施得到实施，那么就可以拯救这100个物种中的大多数物种。针对这16种两栖动物和爬行动物所提出的努力方向，包括保护和恢复栖息地，停止非法采集和宠物交易，并及早启动增殖种群数量的计划。但我们愿意划拨出必要的时间、精力以及财政资源吗？

许多生物学家担心，我们可能无法拯救这100个物种，因为它们中的大多数对人类几乎没有或者根本没有明显的益处。数量正在减少的物种被列入保护的优先顺序往往会根据它们对人类和生态系统的直接贡献而定。但我们也需要考虑道德和伦理问题："所有物种，无论其对人类的价值如何，是不是都有生存的权利呢？"换另一种方式来问："我们有权利去迫使物种灭绝吗？"该报告认为，为了拯救这些物种中的多数种类，自然保护主义者和社会作为一个整体，都必须支持这一道德和伦理的立场，即所有物种都有与生俱来的生存权。（这种固有权利的概念，虽然已被许多环保主义者广泛接受，但在很多方面仍然存在着问题。例如，有多少人真正认为，携带疟疾病原体的蚊子和西伯利亚虎有着同样的生存权？我们该如何界定一个物种对人类的影响呢？如果一个物种会让我们得病，但不会杀死我们，那么，它们有生存的权利吗？从另一个层面上来说，一个特定的宗教信仰有权决定物种的权利吗？）

14.3 帝王斑点蝾（*Neurergus kaiseri*）被确认为地球上100种濒危物种之一

　　除了这100个物种之外，即使我们赞同所有动物都有生存的权利（至少是所有那些不会威胁人类健康和福祉的动物），我们也必须做出优先决定，因为我们没有足够的资金、人员和时间去拯救世界上所有正在衰减的物种。我们该如何抉择？公众的支持在物种保护中起着重要的作用。因此，我们需要理解（并且在许多情况下要改变）公众看待需要保护的物种的态度——包括他们对动物的认知和情感，因为这二者可能导致非常不同的结果。从认知的角度来看，许多人能认识到保护蝙蝠、蜘蛛和蛇的生态价值；但从情感的角度来看，他们会把这些动物排在较低的位置，因为认为它们丑陋或者可怕，不具备他们欣赏的特征，比如软乎乎的、毛茸茸的、可爱、聪明、记性好或善于表达情感。人们的心态使得两栖动物、爬行动物和许多其他动物极容易受到损害。

我们如何看待两栖动物和爬行动物？

人类与两栖动物和爬行动物之间相互影响的反差、矛盾和悖论表明，世界各地的人们对这些动物的看法都存在着差异。人们对这些动物的看法不能以一言而蔽之，因为人们的看法会随着时代、环境、动物本身、文化和个人的差异而发生变化。民间故事和民间信仰反映了人们对这些动物各种各样的认知都是基于情感，即人们对这些动物抱有怎样的情感。在效用维度的积极方面——人们如何看待这些动物能为自己所用这件事，揭示了两栖动物和爬行动物在许多方面能够改善人们的生活，但它们可能被重视，也可能不被重视。人们也会把两栖动物和爬行动物放在这种效用维度的消极面上，认为它们不利于自己的福祉。

情感

两栖爬行动物学家、许多其他生物学家还有另外一些人发现两栖动物和爬行动物很吸引人，并在情感维度上将它们置于高位。有些人喜爱它们，而有些人遇到所谓黏糊糊、丑陋、肮脏、长有鳞片或令人毛骨悚然的这些动物时，就会被吓得直退缩。大多数人对两栖动物和爬行动物并没有太多想法（除了通常会令人害怕的毒蛇）。相比之下，在传统信仰影响日常生活和社会价值结构的文化体系中，人们对两栖动物和爬行动物"善"或"恶"的性质持有激烈的看法，这与这些动物在当地民间传说中的角色相对应。

两栖动物和爬行动物的所有类群都会引起一些相互矛盾的情感体验。蛙象征着幸福、生育能力和好运，也象征着丑陋、肮脏与邪恶。美西钝口螈象征着永恒的青春，而美洲大鲵则象征着邪恶。人们羡慕龟的智慧和长寿，却嘲笑它们的懒惰和懦弱。鳄鱼要么被视为圣物，要么会令人害怕和被人杀死。楔齿蜥会被视为逝者的守护神，或者邪恶之神的使者和厄运的传递者。人们相信蜥蜴可以治病救人，也可以杀人；既能带来好运，也会散布厄运。蜥蜴代表守护精灵或者魔鬼本身。人们鄙视、惧怕并污蔑蛇类，因为它们能杀死人，但人们也敬佩它们起死回生以及抵御疾病和邪恶力量的能力。人们崇拜蛙和蛇，因为它们会带来急需的雨水，但人们也担心它们会引发洪水、干旱和其他自然灾害。

人们对动物的态度会随着时间的推移而迅速改变。想想过去几十年来人们对两栖动物，特别是蛙类的看法。科学家和新闻工作者们已经有效地向公众传达了全世界的两栖动物正在逐渐减少的消息。公众的反应是同情两栖动物，也许是因为我们在为弱者鼓劲。一些色彩最丰富和最吸引人的物种已经成为自然保护工作的"榜样"，这不仅适用于两栖动物，也适用于其他所有野生动物。红眼树蛙和花哨的毒蛙图案从杂志封面上跳下来，从自然保护组织发出的请求书里探出头来。这些无所不在的"海报美人"（说来奇怪，它们大多数眼睛都很大）提高了所有蛙类的地位。当然，还有了不起的青蛙大使、《芝麻街》和布偶电影里面讨人喜欢的明星科米蛙，它温暖了全世界儿童心灵。

14.4 在已被人类改变的自然景观中，有许多人在关注并开展两栖动物和爬行动物的自然保护。例如，贴出标志警告驾驶员会有动物横穿道路，尤其是在迁徙期间

14.5 虽然在几十年前除了两栖爬行动物学家之外很少有人熟悉新热带区[1]的毒蛙，但如今，这些色彩鲜艳的毒蛙图像经常出现在T恤衫、咖啡杯和保护组织的请求书上。加大这些迷人物种——例如，这种网纹毒蛙属（Ranitomeya）的曝光率，也许能够提高所有蛙类的地位

效用

　　效用在人们对两栖动物和爬行动物的看法上能够施加多大的影响，在很大程度上取决于文化与个人。有些人将这些动物用于民间药物和巫术，因为他们认为它们有治愈疾病、改善生活或对他人施以邪术的力量，所以他们珍视这些动物。外行人是不会因为这些属性而珍视动物的。许多人承认两栖动物和爬行动物对人类有益，因为它们可以吃掉害虫和啮齿动物，并且是水陆生态系统中食物链的关键组成部分。不是所有人都了解生态系统的功能。

　　这种情况适用于效用的其他方面。生物医学研究人员因为毒液而珍视蛇，也因为分泌物珍视蛙类和蝾螈，但大多数公众并不知道两栖动物和爬行动物被用于现代医学。把这些动物养作宠物的人认为它们很有用，但这样的只是少数。依靠两栖动物和爬行

1　新热带区，动物地理区名称，包括南美次大陆与中美洲，西印度群岛和墨西哥南部，有许多特有的动物类群，且与其他区域的关系较少。

动物获取蛋白质的人，比那些偶尔吃甲鱼汤或炖美洲鬣蜥的人更珍视这些动物。那些崇拜动物并视其为神的使者的人，或者用其他方式将两栖动物和爬行动物与宗教或灵修联系起来的人，认为这些动物是神圣且不可侵犯的。而其他人则不会对两栖动物和爬行动物产生精神上的敬意。

对于会损害人类利益的动物，人们会因为觉得它们很烦人而心生厌恶，甚至会因为害怕而憎恨它们。我在佛罗里达州盖恩斯维尔（美国）的邻居不喜欢夜晚爬上落地窗的树蛙，因为它们会在那里留下脏脏的黏液痕迹，还抱怨说，夜里聒噪的繁殖大合唱吵得他们无法入睡。有些人不喜欢那些进到他们家里面，还在台面和地板上拉屎的壁虎。在效用范围负面的远端，很多人害怕某些爬行动物。在一些情况下，这种恐惧是合情合理的（例如，与人类生活在同一片土地上的危险的鳄鱼和毒蛇）。在其他情况下，这种恐惧源自想象（例如，许多民间信仰称巨蜥会带来不幸，而且有毒）。

在不同的文化和漫长的历史时期中，人们对两栖动物和爬行动物爱恨交加，这在萨满哲学中是完全合乎道理的。像所有动物一样，也包括我们自己，它们既有可取的特性，也有不可取的特性。也许人们对这些动物的看法，最全面的描述就是"强而有力"。事实上，人性使人们对权力既热爱又鄙视，这有助于解释人们对两栖动物和爬行动物那种复杂、有时又矛盾的看法。

人们的看法会影响到自然保护

在英语中，日常谈话使用的大多数涉及两栖爬行类的用词都传达出消极的态度。我们来仔细探讨一下那些常见的隐喻。我们轻蔑地称某人为"草丛中的蛇"或者"狡猾的蛇"。一触即发的局势就是一窝愤怒的蛇。把政治家称为蛇，意味着他或她口是心非——对待选民是说一套做一套（反映了蛇是双重性的象征，具有分叉的舌头、两个半阴茎，还会蜕皮）。欺诈之人是哭泣的鳄鱼。被延迟的解决方案就是慢吞吞的乌龟。没有吸引力的人是丑陋、令人讨厌或者可恨的癞蛤蟆。我们说："如果你早上第一件事就是吃掉一只癞蛤蟆，那么接下来的一整天就不会有更糟的事情发生了。""吃癞蛤蟆"这种表达是指要忍受一些负面的事情。我们确实有一些中性的表达，比如说"喉咙里有一只青蛙"或者"要成为小水坑里的一只大青蛙"，但在我能想得起来的有关两栖动物或爬行动物的比喻中，真正积极正面的只有这些动物所象征的一些属性，比如蛙与幸福、蛙和蛇与重生、龟与长寿。两栖动物和爬行动物不柔软也不可爱，我们也不觉得它们忙碌、热切、快乐或者好玩。

亚里士多德写过隐喻的力量和乐趣，而作家们仍会利用隐喻语言的力量。我们用隐喻的方式来说话和写作，因为，它们可以通过与熟悉的物体或概念类比，提供独特的视角。罗伯特·弗罗斯特的短语"未选择的路"是指在人生旅途中被命运抛弃的可能性。"大熔炉"是指文化和民族背景的混杂。"沉浸在悲伤的海洋中"是指陷入了深深的悲伤之中。这些隐喻具有诱惑力和说服力，但隐喻也可能是危险的。

2011年，斯坦福大学的心理学家保罗·锡伯杜和莱拉·博格迪特斯基报告了他们的调查研究。实验时，他们用截然不同的比喻——将犯罪比喻为感染一座城市的病毒，以及将一座城市视作猎物的野兽——向参与者提问，观察参与者对特定问题的反应。当犯罪被说成病毒时，参与者更有可能建议将改革作为减少犯罪的解决方案；当犯罪被比喻为野兽时，参与者则更倾向于建议实行监禁。奇怪的是，参与者们并没有意识到比喻对他们的推理或决定造成的影响。调查人员得出的结论是，即使是一闪而过、看似无人留意的比喻，也拥有巨大的力量，会影响到人们的推理过程。

如果被用来喻指犯罪的"病毒"和"野兽"能对人们的推理产生如此强大的影响，那么，人们在日常会话中使用的负面的两栖爬行类表达，比如"癞蛤蟆"或"狡猾的蛇"，是不是也有同样大的影响？也许这些表达无意中强化了人们的负面感受，并影响了听者对动物的感受。这么推理下去，这些负面的表达会不会影响人们在自然保护工作中对物种优先级的划分？色彩斑斓的毒蛙比满身长疣的癞蛤蟆更值得保护吗？

现在让我们先把这些谚语放在一边，集中讨论几个民间信仰影响

14.6 "丑得像只癞蛤蟆"这样的表达加强了人们对蟾蜍的负面态度

动物福祉的现实例子。我目睹过民间信仰的力量，当时我在厄瓜多尔亚马孙东南部的一个地区调查动植物，这个地区后来被划为亚苏尼国家公园。

那是1977年，我们的组员有四名美国生物学家、两名和平队志愿者、两名厄瓜多尔林业专家、一名来自基多的厄瓜多尔生物学家，以及两名来自亚马孙厄瓜多尔的厨师和船夫。厄瓜多尔政府知会我们，从80年前橡胶树种植工人开发该地区到现在，我们是第一批进入该地区的非原住民。没有人敢踏进这个地区，因为害怕怀有敌意的华欧拉尼部落。在20世纪50年代传教士涉足这里之前，以游牧为生的华欧拉尼部落与外部世界几乎完全隔绝。他们以小部落形式聚居，会杀死所有的入侵者，包括其他华欧拉尼人。到了1977年，仍生活在那里的华欧拉尼人有1200～1500名，大多数人对外来者的敌意已有所减弱。然而，有两个从未被接触过的分裂族群，仍然出没在亚马孙河流域这片我们打算涉足调查的处女地上。厄瓜多尔政府官员并不认为这两个分裂族群在我们附近，但他们真的不太确定。"要小心！"他们提醒道。

我们六个外国佬担心会遇上分裂族群，而我们的厨师和船夫却更害怕夜晚的森林。他们劝我天黑以后不要去探险，因为森林里有恶魔，还有蛇。孩提时代，他们就被警告要远离黑暗的森林，还有要杀死遇到的每一条蛇，因为它们有杀人的能力。我说，我在夜间工作是因为许多两栖动物和爬行动物是在夜间活动的，我一直喜欢夜间在野外工作。也许我的头脑在日光中，在连周围郁郁葱葱的热带雨林都吸收不完的日光中，会过于兴奋。相反，在晚上，除了头灯光束所及之处，一切都被隔绝在外。粉红色、白色和黄色的兰花攀附在长满苔藓的树杈上，翠绿的矮鬣蜥有如一条沉睡的龙，一只白纹叶蛙在高高的栖木上俯瞰着我。在我滔滔不绝地讲述时，那几个大男人直勾勾地盯着我看，仿佛我是一个恶魔。我怀疑他们还把我当成了女巫，因为我会拿起那些蛙、蟾蜍、蜥蜴和蛇。

晚些时候，我躺进潮湿的睡袋里面，思考着我们截然不同的恐惧意识。这三个厄瓜多尔人知道夜间森林里藏有邪恶的魔鬼和想要杀人的蛇，却对来自华欧拉尼部落的威胁没有把握。对于这些在厄瓜多尔东部雨林长大的人来说，夜晚的森林世界茂密、黑暗、神秘，夹杂着无法辨别的奇怪声音。危险的动物可能会杀死你，扭结的树根和藤蔓会绊倒你，邪恶的魔鬼会惩罚你。而我知道森林里没有恶魔，我的头灯会保护我不受暗中使坏的藤蔓和树根的伤害，而相比之下，蛇应该更害怕我才是。华欧拉尼部落的威胁是真实存在的。我读过华欧拉尼部落用长矛刺死传教士的记述，并且知道那种袭击仍会发生。

正如传统的民间信仰导致我的厄瓜多尔同伴去杀死遇到的每一条蛇一样,许多其他文化的民间传说也影响着动物是会被残害,还是会得到保护。我们来看一看民间传说在尼日利亚西部埃多州雨林的自然保护中所起的作用。

埃多人对待当地动植物的方式,取决于他们通过民间传说认知这些生物的方式。民间传说认为每种生物要么是圣洁的,要么是不洁的。圣洁的资源被认为是神圣的,可用于疗愈、防御邪灵,并通过传统仪式纠正社会问题。两种神圣的爬行动物包括尼罗鳄和非洲岩蟒(*Python sebae*)。不洁的动物包括彩虹飞蜥(*Agama agama*)、鼓腹咝蝰和球蟒,被看作能够伤害人的邪灵。埃多人经常杀死很多邪恶的动物。一些埃多人部落认为乌龟是神圣的,而另一些则认为乌龟是不洁的。当地人的态度严重影响了该地区的资源管理和自然保护。到目前为止,民间传说已经确保少数雨林和某些特定物种得到了长期保护。然而,宗教信仰的改变已经瓦解了民间传说所依存的许多传统,对于埃多人来说,如今民间传说对自然保护的影响已经不如从前了(回想一下出现在日本的类似情况,传统迦微信仰的衰落使得蛇类不再像从前那样受到重视与保护了)。

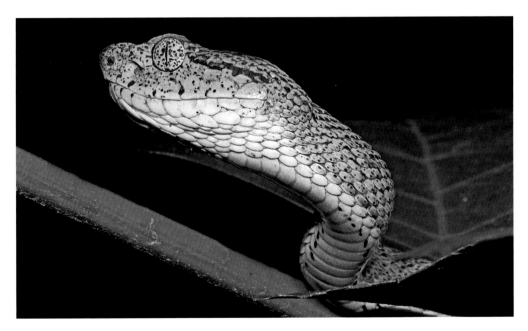

14.7 在亚苏尼调查的一天晚上,我抱着一条巨大的双纹森林矛头蝮(*Bothrops bilineata*)回到了营地。通常遇蛇杀蛇的厄瓜多尔共和国的厨师和船夫看到后,大叫起来:"*No es una mujer! Tiene cojones!*"(她不是女人!她胆子真够大!)我怀疑他们把我当成女巫了,因为我晚上在森林里游荡,还会弄蛇

禁忌作为约束人类行为的社会规范，对自然资源的管理有着巨大的影响。无论一种文化认为某种特定的动物是邪恶的还是神圣的，禁止杀死该动物的禁忌都能保护它们。毫无疑问，许多濒临灭绝的物种仍然与我们同在，正是因为当地人禁止屠杀它们。

有些禁忌与动物的正面属性有关。阿善提部落有一个禁忌——禁止杀死蟒蛇，它们因教导人类有关生育的知识而备受崇拜。南非的佩迪人不吃青蛙，怕天因此而不再下雨。传统禁忌禁止纳瓦霍人和切罗基人杀死响尾蛇，因为它们有控制雨水的能力。纳瓦霍人不杀角蜥，因为他们敬重它们的智慧，并将其视为祖先。一些马尔加什文化认为鳄鱼神圣不可侵犯，禁止人们去触碰鳄鱼蛋。马达加斯加人不会杀死甚至不会触摸豹变色龙，因为顾忌它们拥有的力量。马达加斯加的原住民安坦德罗伊人和马哈法利人认为射纹龟是神圣的，并且因为传统禁忌而不会食用射纹龟。

其他禁忌与憎恶有关。巴西的一些地方禁止食用枯叶龟，因为它们外表"丑陋、可怕、恶心"。斯威士兰禁止吃蛙，因为人们认为所有蛙都有毒。生活在巴西圣保罗州海岸边的布希奥斯岛上的人们认为，泰加蜥（*Tupinambis teguixin*）[1]既恶毒又肮脏。看到一只长达2～3英尺（约61～91厘米）的泰加蜥时，他们通常会往地上啐上一口。尽管这些大型蜥蜴是蛋白质的一个主要来源，但对于布希奥斯岛居民来说，在所有动物食品中，泰加蜥是他们避之唯恐不及的一种。然而，他们会用泰加蜥的脂肪来治疗毒蛇咬伤和风湿病，并认为这种蜥蜴是他们最重要的药用动物。禁止食用这些"恶心"蜥蜴的严格禁忌使它们得以在人类周围生存下来，并被用于医药用途。被杀死入药的泰加蜥远远少于供人类食用的，因此禁食禁忌对于这种蜥蜴来说是有利的。

图腾崇拜——是一群人与一件物体（图腾）之间超自然联系的信仰，比如一种特殊的动物或景观——也能保护一些特别的物种和自然环境。当动物、溪流和森林被视为图腾时，它们就会受到人类的崇拜和尊重。例如，尼日利亚三角洲的乌西夫伦和乌杰夫乌社区的人们把巨蟒视为图腾。传说在一场部落战争中，巨蟒跟随在人们身后，抹去了他们的脚印，使得敌人无法追寻他们的踪迹。今天，人类们依然不会杀死或者吃掉蟒蛇，而是对它们崇拜爱戴有加，还在社区里喂养保护它们，并允许它们在里面随意漫游。

在没有禁忌和图腾信仰的情况下，许多文化背景下的人们会杀死他们认为危险的两栖动物和爬行动物，例如，蛇、巨蜥、吉拉毒蜥和鳄龟，而且他们会毫不犹豫去破

1　根据拉丁学名，该品种中文名应该为"双领蜥"。

坏这些动物的栖息地。还有许多人会杀死他们认为丑陋、可憎或邪恶的两栖动物和爬行动物，一个典型例子就是渔民杀死美洲大鲵。冷漠的汽车司机突然转向，想碾过正在横穿道路、去池塘繁殖的蝾螈和青蛙或者在道路上晒太阳的蛇。有些人从乌龟身上轧过就为听到乌龟身体突然爆开的声音。这些行为背后的态度是显而易见的：两栖动物和爬行动物应该被淘汰，或者它们根本就不重要。幸好这种人只是少数。

我在这本书中分享的大量例子说明，民间信仰和人类行为可以通过正面和负面的方式影响到自然保护。为此，生物学家不仅要关注他们希望保护的动物，还要关注当地人对濒危动物所持有的看法。不妨仔细考虑一下下面的例子。

2004年，克里斯蒂娜·拉姆斯塔德和她的合作调查者采访了毛利人的长老，发现他们对楔齿蜥文化意义的传统认识，比他们的传统生态知识更为广泛和细致。总的来说，很多长老都感觉自己与楔齿蜥有着很强的个人联系。他们意识到了现存的楔齿蜥面临的威胁，并表达了想要保护它们的强烈愿望。许多接受采访的长老认为，他们不必从科学的角度去了解楔齿蜥就很愿意保护这个物种。他们认为从文化视角，从传统民俗文化的角度去了解楔齿蜥，同样能产生积极的自然保护准则。我们最好能够从毛利人那里吸取教诲，不要忽视这些动物对当地人的意义。

人们能做什么？该怎么做？

来自任何文化的人都会贬低其他文化。那些责备别人不与自然和谐相处的人通常也同样犯有过错，尽管方式可能不同。尽管大多数文化下的人都会使用石油、木材和矿物产品，而且大多数文化下的人也会采用野蛮的方法来饲养、捕猎和杀害动物作为食物，人们依然会指责对方过度开采和滥加使用。大多数文化下的人都在过度地开发利用野生动物和其他自然资源，而不是以可持续的方式获取这些资源。

从古希腊人和古印度人争论什么是对的什么是错的开始，伦理相对主义——道德与文化规范相对的一种理论——已经争论了好几千年。我们仍在讨论这一概念，并争论在干涉他人的信仰（例如，堕胎、女性割礼和性别不平等）时应该如何划定界限。保护生物学家反对肆意捕杀海龟、金雕和北极熊。但我们有权这样做吗？

一位律师朋友向我指出，当你去调解的时候，你要处理的是事实，而不是价值观。不管提供信息的是谁，事实都是一样的。而与此相反，价值观代表着被人们视为珍宝的核心信仰，因此会根据当时的情况、涉及的人和文化的不同而改变。律师们会遇到不少难缠的问题就是因为价值判断是主观的，因此，在某些道德准则下，即使是卑鄙的行为也可以被认为是合乎道德情理的。我知道保护生物学家也面临着同样的困境，在试图说服当地人保护野生动物时，他们经常要面对事实与价值观之间的冲突。

回到我在导言中提出的那个问题：自然保护主义者试图改变其他文化的人们所持有的信仰是否合乎道德？一些冈比亚人杀死变色龙，是因为他们认为变色龙是邪灵的使者；一些伊朗人杀死蜥蜴，是因为他们认为它们的身体里藏着魔鬼的灵魂；还有一些霍皮人杀死进入家中的牛蛇，是因为他们认为它们是巫师。其他人有权告诫这些人他们错了吗？

人们的意见各不相同。一个极端的情况是，有些人采取《星际迷航》的"最高指导原则"[1]方式，认为我们无权干涉其他文化的信仰。而另一个极端是，有些人认为允许一个物种（智人）的一个亚群的信仰导致其他物种的衰落甚至灭绝是不道德的，因此，人们不仅有权干涉，而且有义务干涉。许多人站在中间立场，认为人们作为自然的管理者，有责任通过理解和尊重的方式教育他人。那么，如果教育不起作用，就该后退一步，以免践踏了另一种文化的信仰。

如果人们相信自己有权利，甚至有义务干涉另一种文化的社会价值观和信仰，以拯救物种免于灭绝，那么做到这一点最合乎道德又最有效的方式是什么呢？基本信仰的改变只会发生在文化的内部，需要与那些备受人尊重的文化首领合作。即便如此，态度的改变也会是一个缓慢而艰难的过程。保护生物学家在寻求这些问题的解决方案时，经常感到他们就像踏入了一片未知的水域。我们需要将更多的注意力放在该如何划定人类道德行为的界限，以及该由谁来划定界限这样的问题上面。

人类的道德行为也适用于无法为自己辩解的物种。人们的行为准则是否应该因为受此影响的物种在系统进化上所处的位置而变化，比如说鼻涕虫和熊猫？人们不忍心为了使用传统药物而杀死老虎或者为了象牙而杀死大象，却不怎么关心两栖动物和爬行动物。人们的反应是否取决于目标物种的地理分布？雨林物种是否要比沙漠灌丛物种更有"价值"？

---

1 即不得干涉有智慧的外星种族的生活与文化发展。

人们在做什么？

与以往任何时候相比，现在的科学家们能更好地分享他们的故事。科学家们可以通过杂志文章和回忆录、电台和电视采访、公共讲座以及博客和Facebook等社交媒体分享各自的故事。为什么？因为激情和热情是可以传播的。与公众分享激动人心的发现能够为自然保护工作提供大力的支持。

让"公民科学家"参与到发现和科学研究过程当中，例如，搜集用于整理名录和监测研究的数据，这是又一种获得公众支持的理想方式。在缅因州巴尔港的大西洋学院，史蒂夫·雷塞尔率先开展了一个这样的公共推广项目。该项目在阿卡迪亚国家公园进行，内容包括监测红背蝾螈（*Plethodon cinereus*）的种群动态。除了搜集有用的科学数据，史蒂夫和他的同事们还希望加强人们对红背蝾螈保护工作的科学理解。从2008年到2014年（此项目仍在进行），受过培训的志愿者，从儿童到大学本科生和岛上的成年人，每周或每月都会检查放置在地面上的人造木罩板下是否有蝾螈。每个观察者都会记录蝾螈的出没情况，测量它的体长，留意它的体色阶段（带红色条纹还是灰色），还记录尾巴是完整的还是再生的。这个项目获得了巨大的成功，公民科学家们很喜欢野外调查并获得他们的数据。许多人渐渐地喜欢上了蝾螈。有个孩子曾经自豪地对父母说道："我们今天做了科学研究！"

尽管各国政府为自然保护只拨出了一小部分资源，但全世界成千上万热心的行外人士和科学家都在开展以两栖动物和爬行动物为重点的保护项目。很多人利用那些微薄的资金支持在默默无闻地工作着。他们抱着满

14.8 让儿童参与科学研究过程可以增强他们对大自然的愉快体验和欣赏之情。上图：红背蝾螈。下图：在缅因州阿卡迪亚国家公园里监测红背蝾螈种群的儿童

14.9 国家地理频道的《动物零距离》电视节目主持人布莱迪·巴尔抱着一只成年日本大鲵。自然题材的节目让我们有机会看到从未看到过的动物。日本大鲵受到国内和国际法律的全面保护，是在民众自然保护工作中的重点保护对象

腔热血，在拯救日本的大鲵、中国台湾地区的褐树蛙、加利福尼亚的沙漠陆龟、得克萨斯州的角蜥、马达加斯加的泰山变色龙以及它们的栖息地。

许多现有的自然保护项目都带有很强的教育意义，逐渐改变着人们对动物的看法。其中有一个项目涉及葡萄牙的壁虎。在北美，由于壁虎盖科的卡通形象可爱，所以人们认为壁虎是无害的动物。但是路易斯·米格尔·皮雷斯·塞里亚科和同事们已经证实，葡萄牙南部的人们往往害怕、憎恨两种壁虎［地中海家壁虎（*Hemidactylus turcicus*）和摩尔壁虎（*Tarentola mauritanica*）］，这两种壁虎常出现在家中或者住所周围，它们聚集在那里吃被亮光吸引来的昆虫。

塞里亚科和同事采访了该地区的865人，并记录了他们对壁虎的看法。10%的受访者认为壁虎会分泌毒液或者有毒。10%的人认为，如果壁虎接触到人的皮肤，人就会患上"科布罗"（cobro）——一种会长皮疹，起疱、发炎、疼痛和发烧的皮肤病。有人认为，如果壁虎掉到你头上，你的头发就会脱落。50%的人认为壁虎很丑。尽管有55%

的人认为壁虎是益虫，因为它们吃蚊子和其他昆虫，但71%的人仍然觉得壁虎对他们的生活并没有什么益处。48%的人表示遇到壁虎时会当作没看见，22%的人会杀死壁虎，20%的人会赶走壁虎，13%的人会被吓得逃走，而8%的人则会让别人去杀死壁虎。大多数人（71%）不赞同壁虎应该受到法律保护。尽管这些壁虎是受法律保护的，但96%的受访人并不知道有这项法律。

自2010年起，塞里亚科与其他人在葡萄牙南部开展了一个名为"拯救壁虎！"（*Salvem as Osgas!*）的项目，目的是加强人们对壁虎的认识，包括让公众知道壁虎没有毒，也没有证据表明壁虎是传播任何可能导致皮肤病的细菌、真菌或病毒的媒介。从2011年至2012年，他们访问了幼儿园和小学，涉及114名儿童，并讲述了一个男孩与壁虎的儿童故事。这个故事融合了当地壁虎的基本生物学和生态学知识，并破除了民间传说所推崇的迷信。孩子们对壁虎的态度在访问前后发生了很大的变化。

在这个故事中，一个小男孩在房间里发现了一只壁虎。起初，他很害怕，因为他听说这种壁虎有毒，身上还携带着"科布罗"。壁虎承诺让小男孩免受蚊子的叮咬，于是他俩就成了朋友。一切都好好的，直到小男孩的妈妈在儿子的房间里发现了壁虎。她想杀死壁虎，但壁虎逃走了，并把事情经过告诉了其他壁虎。为了让人们看清楚没有壁虎的生活会变成什么样子，它们都不再捕食蚊子了。几天之后，镇上的居民被蚊子叮咬得满身是包，于是就召开了市政厅会议商讨如何解决蚊灾。小男孩介绍了他的壁虎朋友，并解释是镇里的壁虎让他免受蚊子的叮咬，它们并不危险。从此以后，镇上的居民因为得到了壁虎的帮助而尊重它们，再也不捕杀壁虎了。

形容词	项目开展前的使用次数	项目开展后的使用次数
有毒的	86	0
危险的	90	0
丑陋的	77	20
友善的	0	90
可爱的	1	70
有用的	0	80

这个故事让孩子们的态度发生了一百八十度的大转变。在这个项目的开展过程中，

孩子们用了15个形容词来形容当地的壁虎，以上是孩子们听了故事前后所使用的其中6个形容词。

这么小的孩子就接受从祖父母、父母那里口头传下来的错误观念，真是可悲啊！这项研究的成果证明了环境教育在消除误解方面的价值。知识战胜了恐惧。不仅如此，这项研究还强调了在开展自然保护工作之前，先要了解当地民俗的重要性。

危地马拉的莫塔瓜山谷是日益减少的危地马拉珠毒蜥的唯一栖息地。危地马拉珠毒蜥是世界上最稀有的蜥蜴之一，据估计只剩下了200条。莫塔瓜山谷的大部分地区已被开垦为农田，树木被砍伐用作木柴。除了栖息地遭到破坏之外，危地马拉珠毒蜥数量减少的另一个主要原因是当地人会直接杀死它们，因为当地流传着它们会致命的神话和迷信。危地马拉珠毒蜥的俗称是"*escorpión*"（蝎子），这反映出人们认为它们会使用尾刺蜇人。长期以来，当地居民一直认为这种蜥蜴的毒液毒性极强，它只要从人的影子上面爬过就可以将人杀死，它的气息能使人头晕目眩，迷失方向。一个可能起源于莫塔瓜山谷玛雅文明的传说讲述了珠毒蜥从天空中吸引电力，然后被闪电劈中地下藏身之地的故事。

为了保护这种极度濒危但又令人极其恐惧的蜥蜴，保护生物学家开展了一个环境教育项目以驳斥这些神话，并期望能说服当地人将蜥蜴视为国宝。一个正在进行的研究项目鼓励村民们担任野外考察助手，这种亲身实践的经历可以增进他们对珠毒蜥的了解和欣赏之情。在莫塔瓜山谷，已经有超过2.5万人受到该自然保护项目的影响。现在很少会有人去捕杀危地马拉珠毒蜥了，使它们的种群得到了恢复的机会。又一次，知识战胜了恐惧。

2008年，生态学家克里·克里格博士创立了"拯救青蛙！"组织，这是一个由科学家、教育工作者、政策制定者和自然学家组成的国际非营利组织，其宗旨是："保护两栖动物种群，促进形成尊重和欣赏自然及野生动物的社会环境。"除了重建对两栖动物至关重要的栖息地，开发教材，呼吁不要在课堂上解剖青蛙、不要在餐馆里食用青蛙腿等活动，科学家和其他志愿者还代表"拯救青蛙！"组织在59个国家举办了1300多场教育活动。这些活动教育人们两栖动物数量正在减少，并通过教育的方式使人们保护自己社区内的两栖动物。"拯救青蛙！"不仅仅是一个组织，它还是一场运动。想要了解该组织的更多信息，请登录网站www.savethefrogs.com查看。

在那些旨在提高公众对两栖动物和爬行动物认知的项目中，我要着重介绍一下

PARC——两栖动物与爬行动物保护合作伙伴组织（Partners in Amphibian and Reptile Conservation）。该组织成立于1999年，成员来自不同的行业，包括自然中心、宠物贸易行业、州和联邦机构、学术研究机构、博物馆、林业机构、环境咨询公司等。该组织为解决自然保护问题提供了一个开放的论坛，并且重视各种各样的观点。已经实施的一个有效的项目增进了公众对特定生物分类群自然保护问题的认识。2011年被指定为"龟年"。PARC通过新闻稿、时事通讯、采访、摄影比赛以及其他活动和教育材料，强调了龟类的重要性并致力于识别和减轻威胁它们生存的因素。该项目鼓励所有人通过共同的努力，改善龟类长期生存的前景。类似的活动也在其他年份陆续开展，2012年是"蜥蜴年"，2013年是"蛇年"，还有2014年是"蝾螈年"。想要了解更多关于PARC的信息，请登录网站www.parplace.org查看。

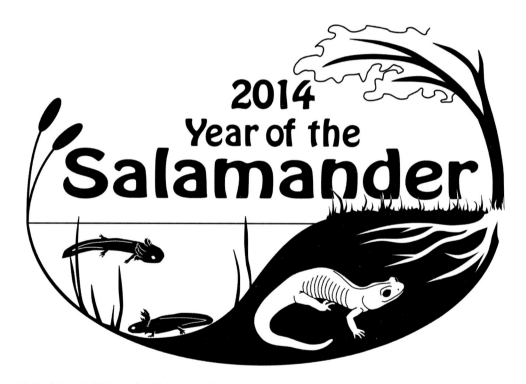

14.10 自2011年以来，两栖动物与爬行动物保护合作伙伴组织每年重点关注一类两栖动物或爬行动物，以增进公众对该类动物自然保护问题的认识

最后，同样重要的是，全世界的人们都在努力通过分享各自对两栖动物和爬行动物的认识和正面感受，来改善人们对它们的态度。他们与一群又一群学生交谈，进行实地考察，在自然中心提供实践项目；撰写博客、网站、杂志文章和出版书籍；创作

和分享艺术作品。他们以身作则行动了起来，你们也可以的！

❖

接下来，让我们围坐在篝火旁边，听我讲完最后两个故事。

很久很久以前，在欧洲人踏上后来成为美利坚合众国的那片土地之前，有两个猎人乘着独木舟向东划去，想要寻找更富饶的狩猎场。在离出发地很远的一个地方，他们发现了两条小蛇，一条是银色的，一条是金色的。蛇闪闪发光，在天空中映照出绚烂夺目的色彩。两人把蛇捡起来放进独木舟，以保护它们不受伤害。他们还想象着当他们亮出这两条蛇时，村民们对他们赞不绝口的情景。

果然，所有人都围聚在返家的猎人身旁，欣赏这两条蛇和它们发出的美丽光芒。村民把蛇养在独木舟里，每天给它们喂食，先是喂蚊子、苍蝇，然后是兔子、浣熊和麝鼠。当蛇长得比独木舟还要长的时候，村民为它们建造了一个围栏，给它们吃鹿，最后还给它们吃驼鹿。有一天两条蛇逃出了围栏，袭击并吞吃了村里的小孩子。村民用棍棒、长矛和箭来还击，但都没有成功。当村民争论着阻止这两条蛇行凶最好的办法是什么的时候，蛇却消失在森林中。银蛇往北，金蛇往南。在前行过程中，它们凿穿山脉，堵塞河流，杀死猎物，毁灭森林，污染水源，还留下了肮脏的污物。

三百年后，同村的一个猎人看见了那条金蛇，现在它有一座山那么大了，正朝着莫霍克乡村的方向爬去。那条银色的蛇，现在也成了一个庞然大物，已经转过头来爬往南方。村民们知道蛇吞食了祖先许多孩子的传说，他们就争论该如何去杀死这两条蛇。最终，由于不能达成一致意见，他们逃进了大山里。在那儿，造物主告诉村民，将来有一天，一个小男孩会用柳木做一把弓，然后用家族母亲们的头发给它装上弦。他会做一支箭，用村里的白燧石做箭头。这个小男孩会向人们展示，如何用这件武器来保护自己免受美国和加拿大这两条毒蛇的伤害。（莫霍克人的故事《两条蛇的预言》）

莫霍克人的这个故事鼓励人们要团结一致，反抗不公正的待遇，将领导权赋予未来一代，并强调了保护自然的必要性。这就是故事的力量。我希望科学永远不要把民间传说从诠释周围世界——从宇宙的诞生到人类会死亡的原因——的工具箱里清除掉。

科学和民间传说都有立足之地，而且我们都需要。科学是一种认知方法，它需要对备选的假设进行实验来解释观察到的现象。民间传说则是幻想和魔法。科学和民间传说都加强了人们与世界之间的联系，只是二者达成这个目的的方式不同。科学家们可以通过关注民间传说，尤其是通过了解与某些动物有关的偏见学到很多东西。

14.11 根据莫霍克人的故事，两个猎人为了寻找更富饶的狩猎场，发现了两条小蛇，一条是银色的，另一条是金色的。在这个故事中，蛇以其无穷的力量成了强权的隐喻

阿尔奇·卡尔是对的。我们必须保护自然，这样人们才能继续唱起歌，将楔齿蜥从洞穴中呼唤出来。这样我们的后代才能从充满生物多样性的野外环境中获取灵感，

体验祖先时代动物和自然景观的文化意义。这种与自然奇观和自然之美的个人联系，将会反过来促进自然保护。

在最后一个故事中，我将菲奥娜和阿尔奇、青蛙和楔齿蜥联系在了一起。菲奥娜的母亲凯伦出生三天之后，阿尔奇敲响了我家的房门。他递给我一个蛋黄酱罐子，里面装着植物的小枝条和十九只刚刚完成变态发育的掘足蟾。他露出他特有的羞赧笑容，解释说："在你居住的这片湿润的小丘地上，掘足蟾曾经到处可见，可现在它们消失了。我想你要是能把这些小家伙放生，或许有一天，凯伦会很喜欢掘足蟾在她的后院里唱歌。"人们为楔齿蜥而歌唱，掘足蟾为伴侣而歌唱——阿尔奇，他总是想着为下一代去保护自然，而这下一代间接地也包括了菲奥娜。

致谢

我要感谢我的编辑克里斯蒂·亨利，再次感谢她，感谢她多年来给予我的友情、见解、指导和支持。感谢编辑助理艾米·克莱纳克，耐心地解答了我的许多问题。很荣幸能再次与优秀的文字编辑埃林·德维特合作。

本书内容建立在过去几个世纪的创作家的故事之上，无论是真实发生的还是虚构的。对所有这些来自世界各地、各个时期以及各行各业的人，我要向你们致以我最衷心的感谢。

一幅图片能够胜过千言万语。感谢我的朋友、同事、家人和素不相识的陌生人（我早已把你们当作了朋友），他们慷慨地赠予了照片和原创艺术作品，以便读者可以看到这些奇丽的动物和它们的故事。

感谢以下各位的原创艺术作品，感谢艾伦·克伦普、埃尔玛·克伦普、海伦娜·金登、布朗温·麦克沃和雪莉·桑德斯。在照片方面，感谢阿赫马德·阿里芬迪、布莱迪·巴尔、小布奇·布罗迪、雷内·克拉克（起舞之蛇自然摄影[1]）、波莉·康拉德、艾伦·克伦普、埃尔玛·克伦普、莱克西·迪克、安德鲁·杜索、马特·爱德华兹、莉莉·尤瓦辛格尔、丹泰·B.费诺利奥、亚特·弗里德、保罗·弗里德、珍妮特·黑德兰、黛比·哈钦森、比尔·拉马尔、杰夫·莱姆、比尔·洛夫、凯伦·麦克雷，乔·米切尔、阿基拉·莫里、国家公园管理局、亚历克萨·纳尔逊、哈维·波格、鲁克里湾国家河口研究保护区、阿尔·萨维茨基，以及海龟保护组织。感谢安德

---

1 Dancing Snake Nature Photography，是自然摄影师雷内·克拉克的自然摄影作品。他专门捕捉南亚利桑那州野生动物的美丽瞬间，并与多位作者合作，为科学和博物研究提供照片资料。

鲁·杜索协助我创作了情感/效用图。特别感谢丹泰·B.费诺利奥在为本书制作图版时所做的不懈努力，感谢阿尔·萨维茨基教我如何使用PS软件，也感谢他千方百计地指导我的图像处理工作。

感谢爬行动物学会等各个组织及个人慷慨捐赠的彩色照片和原创艺术彩版复印件。犹他州立大学生态中心提供了大量资金。其他提供资金支持的组织和个人还有两栖与爬行动物保护合作伙伴、两栖动物与爬行动物保护协会、哈佛大学比较动物博物馆、南内华达爬行动物学会、伊夫林·萨维茨基、"拯救青蛙！"、芝加哥爬行动物学会、东得克萨斯爬行动物学会、图森爬行动物学会、南希·亨特利、汤姆·洛夫乔伊、阿尔·萨维茨基、一位匿名捐赠者以及北卡罗来纳爬行动物学会。感谢所有人对我这本书的信任。

许多朋友和同事阅读了书稿的部分或全部内容，并提出了建设性的反馈意见。犹他州立大学爬行动物组和生物系的成员阅读了书稿的全部或部分内容，还提出了修改意见，包括小布奇·布罗迪、朱迪·布罗迪、安德鲁·杜索、苏珊娜·弗兰克、加雷斯·霍普金斯、沙布·穆罕默迪、洛里·纽曼－李、阿尔·萨维茨基、吉奥夫·史密斯、奥斯汀·斯彭斯和安珀·斯托克斯。吉奥夫·史密斯读完了全书十四章的内容，阿尔·萨维茨基每章都读了两遍。

犹他州立大学生物系的成员扎克·贡珀特、南希·亨特利、劳伦·卢卡斯和肯达林·莫里斯，就几个章节提供了反馈意见。犹他州立大学英语系写作组的布洛克·迪塞尔、基思·格兰特－戴维、本杰明·冈斯伯格、凯里·霍尔特、克里斯汀·库珀·隆帕托和丽贝卡·沃尔顿给了我一些章节的反馈意见。也感谢我的写作伙伴南希·波·弗洛德，从非爬行动物学的角度提供了许多章节的反馈意见。感谢丹泰·B.费诺利奥、加雷斯·霍普金斯、比尔·拉马尔、阿尔·萨维茨基、约翰·西蒙斯和吉姆·斯托特帮忙搜集了那些鲜为人知的故事。

最后，我感谢我的丈夫阿尔·萨维茨基，在我们结婚的最初三年里，他一直以各种可能的方式支持我，而我却一心沉湎在本书的写作之中。谢谢你一直在身边支持我、信任我，就像菲奥娜的毛毛虫会变成独角兽一样，为我的生活带来了神奇的魔法。

插图列表

插画

艾伦·D.克伦普：图2.2，4.9，9.15，10.3，11.6，13.3

埃尔玛·L.克伦普：图2.3

海伦娜·金登：图8.2，12.5，14.6

布朗温·麦克沃（Bronwyn Mcivor）：图1.1，2.5，3.2，4.11，5.1，6.3，7.1，7.9，8.4，9.3，9.5，11.8，12.2，13.1，14.11

雪莉·A.桑德斯：图14.10

照片

阿赫马德·阿里芬迪：图6.5

布莱迪·巴尔：图14.9

小E. D. 布罗迪：图3.11，4.4，8.10（左上，右上，左下），8.11（下图），9.1，9.11，11.3，12.4（左图，右图），13.10（左图，右图）

R. C. 克拉克（起舞之蛇自然摄影）：图1.5（左上，右上，左下），1.6（右下），1.11（左中），1.13（左上，左中，右下），3.9（上图，下图），3.10（下图），6.7（右上，右下），8.3（下图），9.14（左图），9.16，13.3，13.17（左中，右中）

波莉·康拉德：图7.5（左），9.14（右）

艾伦·D.克伦普：图1.6（左上），1.10（右上）

埃尔玛·L.克伦普：图1.3

马蒂·克伦普：图1.4（左上，右下），1.6（右上），1.8（上图），1.13（右上），2.1（上图），2.7，3.8，4.1（上图，中图，下图），4.5，4.6，5.4，8.3（上图），8.13（右中），9.4，10.9（上图，下图），11.1，11.4，12.1，12.3（右上，右下），12.8（左中），13.2（右上，右下），13.9（左上，右上，左下，右下），13.11（左下），13.12（上图，下图），13.16（右图），14.1，14.2（右下），14.8（上图）

莱克西·迪克：图5.3

安德鲁·M.杜索：图1.2，13.11（右上，左中），14.4（中图）

马特·K.爱德华兹：图1.4（左下）

莉莉·玛格丽特·尤瓦辛格尔：图13.11（右下）

丹泰·B.费诺利奥：图扉页；1.3（左上，左下），1.7（左上，右上，下图），1.8（下图），1.9（右上，左中，右中，左下，右下），1.10（右中，下图），1.11（左上，右上，右中），1.12（左上，右上，左中，右中，左下，右下），1.13（右中，左下），2.4，2.8（左上，左下，右图），3.1，3.5（上图，下图），4.2（上图），4.12（左图，右图），5.9，6.7（左上），8.1，8.6，8.7（左图），8.10（右下），8.12（左图，右图），10.4，10.6，10.8，11.5（右图），12.3（左下），12.8（左上），13.4，13.17（左上，右上，左下，右下），14.2（右上），14.3，14.4（上图），14.5，14.7

亚特·N.弗里德：图14.2（左上）

保罗·弗里德：图1.5（右下），1.6（左下），1.9（左上），1.10（左上，左中），1.11（右下），4.7，4.8，4.10，5.2，5.6（上图），5.7，6.2，6.4，6.6，6.8，7.2，7.4，7.5（右图），7.6，7.8，8.7（右图），8.8，8.9，8.11（上图），9.2（右图），9.7，9.9，9.12，9.13，10.7，10.10，11.2（上图，下图），11.5（左图），12.7（上图，下图），12.8（右上，右中，左下，右下），13.5，13.14，13.18（左图）

珍妮特·D.黑德兰：图3.6

黛博拉·A.哈钦森：图12.6

威廉·W.拉马尔：图3.7（右下），9.2（左图）

杰夫·M. 莱姆：图1.11（左下），2.1（下图），2.6，2.8（左中），3.7（左上），3.10（上图），4.2（下图），4.3（上图，下图），7.7，10.2，14.2（左下）

比尔·洛夫/蓝变色龙公司：图6.7（左下），9.10

凯伦·E.麦克雷：图1.3（右上），1.14（右图），13.11（左上）

约瑟夫·C.米切尔：图3.7（左下），7.3（上图）

阿基拉·莫里：图7.3（下图）

亚历克萨·纳尔逊：图1.4（右上），14.4（下图）

国家公园管理局/沃洛夫斯基：图14.8（下图）

F.哈维·波格：图9.8

鲁克里湾国家河口研究保护区：图13.18（右图）

艾伦·H.萨维茨基：图3.7（右上），5.5，5.6（下图），5.8（上图，下图），6.1，8.5，8.13（左上，右上，左中，左下，右下），9.6（上图，下图），10.1（上图，中图，下图），10.5（左上，右上，左中，右中，左下，右下），11.7，12.3（左上），13.2（左上，左下），13.11（右中），13.15（上图，下图），13.16（左图）

海龟保护组织：图1.14（左图）